Mathematische Logik –
kurzgefaßt

Hans-Peter Tuschik / Helmut Wolter

Mathematische Logik – kurzgefaßt

2. Auflage

Autoren:
Prof. Dr. Hans-Peter Tuschik
Prof. Dr. Helmut Wolter
Institut für Mathematik
Humboldt-Universität zu Berlin
e-mail: tuschik@mathematik.hu-berlin.de
wolter@mathematik.hu-berlin.de

Die erste Auflage dieses Buches erschien im B.I.-Wissenschaftsverlag (Bibliographisches Institut & F. A. Brockhaus AG, Mannheim).

Die Deutsche Nationalbibliothek verzeichnet diese Publikation in der Deutschen Nationalbibliografie; detaillierte bibliografische Daten sind im Internet über http://dnb.d-nb.de abrufbar.

Springer ist ein Unternehmen von Springer Science+Business Media
springer.de

2. Auflage 2002, Nachdruck 2011

Spektrum Akademischer Verlag ist ein Imprint von Springer
11 12 13 14 15 5 4 3 2

Lektorat: Dr. Andreas Rüdinger, Barbara Lühker
Satz: Autorensatz
Umschlaggestaltung: SpieszDesign, Neu-Ulm

ISBN: 978-3-8274-1387-1

Gebraucht der Zeit, sie geht so schnell von hinnen!
Doch Ordnung lehrt Euch Zeit gewinnen.
Mein teurer Freund, ich rat Euch drum
Zuerst Collegium Logicum.
Da wird der Geist Euch wohl dressiert,
In Spanische Stiefeln eingeschnürt,
Daß er bedächtiger so fortan
Hinschleiche die Gedankenbahn
Und nicht etwa, die Kreuz und Quer,
Irrlichteliere hin und her.
Dann lehret man Euch manchen Tag,
Daß, was Ihr sonst auf einen Schlag
Getrieben, wie Essen und Trinken frei,
Eins! Zwei! Drei! dazu nötig sei.

(GOETHE, Faust I)

Vorwort

Der vielfältige Einsatz moderner Computertechnik hat auch das allgemeine Interesse an mathematisch–logischen Fragestellungen wachsen lassen. Die Wurzeln der mathematischen Logik liegen in der Untersuchung des logischen Schließens mittels mathematischer Methoden. Als bedeutsam erwies sich dabei die mathematische Präzisierung des Sprachbegriffs.
Im vorliegenden Buch werden spezielle formale Sprachen – die elementaren Sprachen – eingeführt und ihre Ausdrucksmöglichkeiten dargelegt. Da aussagenlogische Konnektoren zum festen Bestandteil elementarer Sprachen gehören, beginnen wir mit einer Einführung in die Aussagenlogik.
In den weiteren Kapiteln werden Syntax und Semantik elementarer Sprachen beschrieben und die wichtigsten Zusammenhänge erarbeitet. Die Einbeziehung von Modelltheorie, Entscheidbarkeit und Mengenlehre dient sowohl dem Verständnis der elementaren Logik als auch der Vorbereitung auf allgemeinere Logikkalküle.
An dieser Stelle möchten wir auf die Frage eingehen, ob ein weiteres Buch über mathematische Logik überhaupt nötig ist. Derjenige, der sich auf dem Gebiet der mathematischen Logik spezialisieren will, findet zahlreiche grundlegende Bücher. Diese erfordern aber in der Regel ein intensives und zeitaufwendiges Studium, da stets größte Allgemeinheit und Genauigkeit angestrebt wird. Für den Nicht-Spezialisten ist diese Allgemeinheit oft gar nicht erforderlich und für das Verständnis mitunter sogar hinderlich. Es war deshalb unser Anliegen, vor allem Basiswissen zu vermitteln und so die logischen Grundlagen einem breiteren Kreis – wir denken dabei an Mathematiker, Informatiker, Naturwissenschaftler, Mathematiklehrer und Studenten – zugänglich zu machen. Wie jeder Naturwissenschaftler selbstverständlich Grundkenntnisse in Analysis und linearer Algebra besitzt, sollte er auch über grundlegende logische Zusammenhänge informiert sein.

Juli 2002 H.-P. Tuschik H. Wolter

Inhalt

Einleitung

Aus der von ARISTOTELES geschaffenen und seit dieser Zeit fast unverändert bestehenden traditionellen Logik entstand im 19. Jahrhundert eine eigenständige mathematische Theorie – die Mathematische Logik. Auslösend für diese Entwicklung war die enorme Ausweitung naturwissenschaftlichen Denkens und die dadurch schärfer hervortretenden unbewältigten Probleme der Grundlegung der Mathematik. Dabei zutage gekommene Widersprüche erforderten eine gründliche Analyse der verwendeten mathematischen Ausdrucksmittel.
Die in diesem Zusammenhang gewonnenen Erkenntnisse über die Rolle der Sprache waren nicht nur für die Fundierung der Mathematik bedeutungsvoll, sondern gleichermaßen förderlich für die Entwicklung intelligenter Maschinen. Erst die präzise mathematische Analyse des logischen Schließens erbrachte das notwendige Verständnis der Denkvorgänge, das für den Bau der heutigen leistungsfähigen Computer und Roboter erforderlich ist.
Im vorliegenden Buch werden für die elementaren Sprachen die hauptsächlichen Ideen, Methoden und Ergebnisse der mathematischen Logik entwickelt. Die thematische Beschränkung auf elementare Sprachen ermöglicht eine Vereinfachung der Fragestellungen.
In den ersten beiden Kapiteln werden die wichtigsten Begriffe des Aussagen- und des Prädikatenkalküls dargelegt und ihre wesentlichen Beziehungen zueinander bewiesen. Die Darstellung erfolgt so, daß die Gemeinsamkeiten beider Kalküle besonders augenfällig werden und sich Beweise für entsprechende Sätze unmittelbar oder mit nur leichten Modifikationen übertragen lassen. Durch den Strukturbegriff läßt sich für elementare Sprachen in befriedigender Weise eine „Wahrheitsdefinition“ angeben. Der auf der Grundlage der Mengenlehre bestimmte Folgerungsbegriff erweist sich als identisch mit der durch das formale Ableiten erzeugten Beweisbarkeitsbeziehung. Diese auch als Vollständigkeit des Kalküls bezeichnete Eigenschaft ist der Leitgedanke in beiden Kapiteln. Ihr Beweis ist recht aufwendig; die dafür benötigten formalen Ableitungen sind in den Kapiteln zum großen Teil ausgeführt oder lassen sich leicht selbst erstellen.
Auf den Zusammenhang zwischen der Form der Axiome einer Theorie und den Eigenschaften ihrer Modellklasse wird im 3. Kapitel eingegan-

gen. Nach der Untersuchung universaler und induktiver Theorien werden insbesondere die Eigenschaften modellvollständiger Theorien dargestellt. In Verbindung mit den reduzierten Produkten wird die Klasse der Hornaussagen, die auch in der Theorie der logischen Programmierung von grundlegender Bedeutung ist, charakterisiert.

Für die Entwicklung der allgemeinen Ideen ist es unerheblich, in welcher Form die Axiome einer elementaren Theorie gegeben sind. Erst die Berücksichtigung konstruktiver Aspekte macht die Präzisierung unserer Vorstellungen über Berechenbarkeit notwendig. Im Kapitel 4 werden die rekursiven Funktionen, die wir als die im intuitiven Sinne berechenbaren Funktionen betrachten, mit Hilfe einer elementaren Programmiersprache eingeführt. Diese Art der Definition betont den engen Zusammenhang mit der Computertechnik. Anschließende grundsätzliche Betrachtungen vermitteln einen Einblick in die Entscheidbarkeits- und Unentscheidbarkeitsproblematik elementarer Theorien.

Der Erfolg mathematischer Methoden erklärt sich zum Teil auch durch den universellen Charakter mathematischer Symbolik. Für die Einführung und Begründung des mathematischen Begriffssystems ist die Mengenlehre gut geeignet. Bedauerlicherweise haben selbst Mathematiker mitunter unklare Vorstellungen über Mengen und den regelgerechten Umgang mit ihnen. Aus diesem Grund erschien es uns ratsam, die Grundideen der Mengenlehre in einem eigenen Kapitel zusammenfassend anzugeben.

Zunächst werden die einzelnen Axiome schrittweise eingeführt und ihre Verwendbarkeit demonstriert. Es folgen die Definitionen einiger wichtiger Grundbegriffe, deren Nützlichkeit dargelegt wird. Die Methode der transfiniten Induktion und die Rechtfertigung der „Definition durch Rekursion" werden begründet. Weiterhin gehen wir auf die mit dem Auswahlaxiom verbundene Problematik ein und geben einige wichtige Äquivalenzen zu diesem nicht unumstrittenen Axiom an.

Grundsätzliche Betrachtungen über Ordinal- und Kardinalzahlen sollen helfen, Vorbehalte gegenüber transfiniten Methoden abzubauen. Anschließend befassen wir uns noch mit möglichen Erweiterungen der Mengenlehre, insbesondere mit der Kontinuum-Hypothese und der Existenz unerreichbarer Kardinalzahlen. Auf die interessante Kardinalzahlarithmetik verzichten wir völlig und verweisen auf die darüber zahlreich vorhandene Literatur.

Aus methodischer Sicht ist folgendes anzumerken. Es werden keine Vorkenntnisse über mathematische Logik vorausgesetzt. Alle benötigten Begriffe und Hilfsmittel werden an gegebener Stelle eingeführt. Bei Begründungen und Beweisen bemühen wir uns, diese möglichst detailliert und vollständig anzugeben. Unserer Erfahrung nach unterstützen ausführliche Beweise das Verständnis ganz erheblich und helfen Mißverständnisse zu vermeiden.

Weder philosophische Fragestellungen noch die historische Entwicklung der verschiedenen Konzepte innerhalb der mathematischen Logik werden bei unseren Ausführungen berücksichtigt. Wir haben auch nicht den Versuch unternommen, für jedes Resultat den Autor zu benennen. Wenn einige Sätze einen Namen tragen, so folgen wir damit lediglich der üblichen Bezeichnungsweise.

Die einzelnen Kapitel des Buches sind in dem Sinne voneinander abhängig, daß in ihnen jeweils auch Begriffe der anderen Kapitel direkt oder indirekt verwendet werden. Die Mengenlehre z.B. wird in allen Abschnitten benötigt. Andererseits werden für die Entwicklung der Mengenlehre wiederum die Ergebnisse der anderen Kapitel benutzt. Da wir hier keine Grundlegung der Mathematik anstreben, stört diese gegenseitige Abhängigkeit nicht.

Die von uns verwendeten Zeichen und Bezeichnungen sind in der Fachliteratur weitgehend üblich. Alle relevanten Sonderzeichen sind in einer gemeinsamen Liste erfaßt. Daneben benutzen wir Abkürzungen wie $\iff$ und gdw (genau dann, wenn), o.B.d.A. (ohne Beschränkung der Allgemeinheit) oder andere Bezeichnungen, deren Bedeutung unmittelbar einsichtig sein dürfte. Das Ende eines Beweises wird mit ❑ gekennzeichnet. Um ein späteres Nachschlagen zu erleichtern, sind in den Text Boxen eingearbeitet. In diesen werden jeweils wesentliche Gesichtspunkte zu einer Thematik übersichtlich zusammengefaßt.

Kapitel 1

Aussagenlogik

Durch Verwendung verbindender Wörter lassen sich aus einfachen Aussagen kompliziertere Sätze bilden. Interessanterweise hängt der Wahrheitsgehalt so gebildeter Sätze nicht vom Inhalt der Teilaussagen ab, sondern nur von deren Wahrheitswert und von der Art der Zusammensetzung. Die Abhängigkeit des Wahrheitswertes vom Aufbau der Aussage läßt sich mit mathematischen Mitteln untersuchen. Als Ergebnis erhält man eine Charakterisierung der Struktur allgemeingültiger Aussagen. Derartige Resultate sind nicht nur von theoretischem Interesse, sie finden auch praktische Anwendung z.B. in der Elektronik und der Informatik. Die eingeführten Begriffsbildungen entfalten ihre volle Wirksamkeit aber erst nach Übertragung auf den Prädikatenkalkül.

1.1 Ausdrücke und Konnektoren

Wir wenden uns nun der mathematischen Präzisierung und Untersuchung grundlegender Begriffe der Aussagenlogik zu. Betrachten wir als Beispiel die folgende umgangssprachlich formulierte Aussage:

(A) „Wenn ich den Computer benutze und den fertigen Text ausdrucke, so kann ich den Brief heute oder morgen früh abschicken.“

Diese Aussage soll jetzt in einfachere Teilaussagen zerlegt werden. Dem Sinn nach drückt sie doch gerade den folgenden (wenn auch umständlicher formulierten) Sachverhalt aus:
„Wenn ich den Computer benutze und ich den fertigen Text ausdrucke, so kann ich den Brief heute abschicken oder ich kann den Brief morgen früh abschicken.“
Die letztere Aussage besteht aus „einfacheren“ Teilaussagen, sie ist gewissermaßen zusammengesetzt aus den Teilen:

A_1 := „Ich benutze den Computer.“

A_2 := „Ich drucke den fertigen Text aus.“

A_3 := „Ich kann den Brief heute abschicken.“

A_4 := „Ich kann den Brief morgen früh abschicken.“

Dann läßt sich die Aussage (A), allerdings in sehr schlechtem Deutsch, auch wie folgt formulieren:

(B) „Wenn 'ich benutze den Computer' und 'ich drucke den fertigen Text aus', so 'ich kann den Brief heute abschicken' oder 'ich kann den Brief morgen früh abschicken'.“

Mit den oben eingeführten Abkürzungen ergibt sich also:

(A) ist äquivalent zu

(C) „Wenn (A_1 und A_2), so (A_3 oder A_4).“

Aus dem Beispiel ist folgendes klar ersichtlich:
Obwohl (B) in schlechtem Deutsch formuliert wurde, tritt die logische Struktur wesentlich deutlicher zutage als in der ursprünglichen Formulierung (A). In der Darstellung (C) haben wir bereits eine „mathematisierte“ Form der Aussage vor uns. Wie ist das zu verstehen? Nehmen wir an, daß $A_1, \ldots, A_4$ folgende Sachverhalte ausdrücken:

A_1 := „Silvester stürmt es.“

A_2 := „Silvester schneit es.“

A_3 := „Das Wetter ändert sich.“

A_4 := „Das Wetter bleibt wie es ist.“

In diesem Falle drückt (C) etwa aus:

„Wenn es Silvester stürmt und schneit, so ändert sich das Wetter oder es bleibt wie es ist“.

Wir erhalten eine Aussage, die die gleiche logische Struktur besitzt wie (A), wobei einfach die Teile $A_1, \ldots, A_4$ durch andere Aussagen ersetzt wurden.
$A_1, \ldots, A_4$ verhalten sich wie Variablen für Aussagen und die verbindenden Wörter „und“, „oder“ und „wenn ..., so ...“ wie zweistellige Operationen, die jeweils zwei Aussagen A, B in eine neue Aussage „A und B“, „A oder B“ bzw. „Wenn A, so B“ überführen. Derartige Operationen heißen *Konnektoren.* Die Untersuchung der Eigenschaften von Konnektoren macht einen wesentlichen Teil der Aussagenlogik aus. Zur technischen Vereinfachung dieser Untersuchungen hat sich ein geeigneter Kalkül, der *Aussagenkalkül*, als sehr nützlich erwiesen.

Box 1. Aussagenkalkül

(1) *Grundzeichen des Aussagenkalküls*

a) *Aussagenvariablen*: $p_0, p_1, p_2, \ldots$

b) *Konnektoren*: $\neg, \wedge, \vee, \rightarrow, \leftrightarrow$

c) *Technische Zeichen*: (,).

(2) *Bildungsregeln für Ausdrücke oder auch Formeln*

Formeln werden mit Hilfe der Grundzeichen nach folgenden Regeln gebildet:

a) Jede Aussagenvariable selbst ist ein Ausdruck.

b) Sind φ, ψ Ausdrücke, dann sind auch

$(\neg\varphi)$, $(\varphi \wedge \psi)$, $(\varphi \vee \psi)$, $(\varphi \rightarrow \psi)$, $(\varphi \leftrightarrow \psi)$

Ausdrücke, die der Reihe nach als *Negation, Konjunktion, Alternative, Implikation* und *Äquivalenz* bezeichnet werden.

c) Die Menge der Formeln ist die kleinste Menge mit den Eigenschaften a) und b).

Wir vereinbaren, daß überflüssige Klammern weggelassen werden können.

Beispiele für Formeln: p_1, $p_i \wedge p_j$, $p_1 \wedge (p_2 \vee p_3)$, $p_i \wedge (p_j \wedge p_j)$, $p_3 \vee \neg p_3$, $p_1 \rightarrow (p_2 \rightarrow p_1)$, $(p_1 \rightarrow p_2) \wedge (p_2 \rightarrow p_1) \rightarrow (p_1 \leftrightarrow p_2)$.
Folgende Zeichenreihen sind keine Formeln: $p_1 \wedge$, $\wedge(p_i \vee p_j)$, $p_i \wedge \vee p_j$, $\vee\neg p_1 p_2$, $p_1 \rightarrow p_2 \rightarrow p_3$, $\vee p_2 \vee p_1$, $\vee\neg p_i$.

Durch das Aneinanderreihen von Grundzeichen entstehen *Zeichenreihen*, von denen wir die „sinnvollen", nämlich die Ausdrücke, induktiv ausgesondert haben (Box 1). Für den praktischen Gebrauch benutzen wir auch p, q, r als Aussagenvariablen und [,] als weitere technische Zeichen. Formeln werden in der Regel mit φ, ψ, χ, ϑ bezeichnet. Um die Häufung von Klammern zu vermeiden – man kann theoretisch auch ohne sie auskommen – vereinbaren wir folgende Regeln zur Klammerneinsparung:

(1) Außenklammern können weggelassen werden;

(2) $\neg$ bindet stärker als alle anderen Konnektoren;

(3) $\wedge$ und $\vee$ binden stärker als $\rightarrow$ und $\leftrightarrow$.

Regel (3) wird nur angewandt, wenn die Übersichtlichkeit des Ausdrucks nicht darunter leidet.

Beispiele

Ausdruck φ	Ausdruck φ ohne überflüssige Klammern
$(p \wedge q)$	$p \wedge q$
$((\neg p) \rightarrow q)$	$\neg p \rightarrow q$
$(\neg(p \rightarrow q) \vee q)$	$\neg(p \rightarrow q) \vee q$
$((p \wedge q) \rightarrow (r \vee q))$	$p \wedge q \rightarrow r \vee p$
$(p \wedge ((q \rightarrow r) \vee p))$	$p \wedge ((q \rightarrow r) \vee p)$

Die korrekte Bildung der Formeln gehört zum *syntaktischen* Teil des Aussagenkalküls. Wir wollen noch eine Besonderheit der Ausdrucksdefinition hervorheben. Der Begriff „Ausdruck" wurde nicht „in einem Zuge", sondern in Schritten a) und b) definiert. Definitionen dieser Art heißen *rekursive* oder *induktive Definitionen* oder auch *Rekursionen.* Die bekannteste Menge, die auf diese Art und Weise definiert werden kann, ist die Menge $\mathbb{N}$ der natürlichen Zahlen:

a) 0 ist eine natürliche Zahl.

b) Ist n eine natürliche Zahl, dann ist auch n', der Nachfolger von n, eine natürliche Zahl.

c) $\mathbb{N}$ ist die kleinste Menge mit den Eigenschaften a) und b).

Das wichtigste Beweisverfahren zum Nachweis von Gesetzmäßigkeiten natürlicher Zahlen ist die Methode der *vollständigen Induktion.* Sie basiert auf der Möglichkeit, die natürlichen Zahlen durch Rekursion zu definieren. Bedingung a) sichert, daß 0 eine natürliche Zahl ist. b) besagt, daß jede natürliche Zahl n einen Nachfolger besitzt, der ebenfalls eine natürliche Zahl ist. c) drückt schließlich aus, daß jede natürliche Zahl durch sukzessives Bilden des Nachfolgers aus 0 entsteht. Genau dieser Mechanismus wird bei der vollständigen Induktion ausgenutzt. Zum Nachweis einer Eigenschaft $E(n)$ für alle natürlichen Zahlen n beweist man zunächst $E(0)$ (*Induktionsanfang*) und zeigt dann, daß sich die Gültigkeit der Eigenschaft E von n auf den Nachfolger n' „vererbt" (*Induktionsschritt*).

Diese Beweismethode läßt sich analog auf alle durch Rekursion definierten Mengen übertragen. Insbesondere nennen wir die Übertragung auf die Menge der Ausdrücke *Induktion über den Formelaufbau.* Der Beweis von Satz 1.1 (siehe Abschnitt 1.2) wird z.B. so geführt.

Weiterhin ist es möglich, Funktionen auf der Menge der Ausdrücke durch Rekursion über den Formelaufbau zu definieren. Dies soll sogleich an einem Beispiel demonstriert werden. Offensichtlich kommen in jedem Aus-

druck nur endlich viele Aussagenvariablen vor. Im folgenden sei $V(\varphi)$ die Menge der im Ausdruck φ auftretenden Aussagenvariablen. Anschaulich ist völlig klar, aus welchen Elementen die Menge $V(\varphi)$ gebildet ist, und bei gegebenem φ könnte man sehr leicht $V(\varphi)$ angeben. Für viele Untersuchungen reicht diese „Anschaulichkeit“ aber nicht aus, insbesondere dann nicht, wenn es um die Grundlegung der Mathematik geht. Wir wollen jetzt $V(\varphi)$ durch Rekursion über den Formelaufbau definieren. φ ist entweder nach Regel a) oder nach Regel b) der Ausdrucksdefinition gebildet.
Fall a). φ ist eine Aussagenvariable p_i. Dann setzen wir $V(\varphi) = \{p_i\}$.
Fall b). φ ist ein zusammengesetzter Ausdruck. Dann existieren also Ausdrücke ψ und χ, so daß φ eine der Formeln $\neg\psi$, $\psi \wedge \chi$, $\psi \vee \chi$, $\psi \rightarrow \chi$, $\psi \leftrightarrow \chi$ ist. Für $\varphi := \neg\psi$ setzen wir $V(\varphi) = V(\psi)$. In allen anderen Fällen sei $V(\varphi) = V(\psi) \cup V(\chi)$. Die Rechtfertigung für die Definition von Funktionen durch Rekursion erfolgt in Kapitel 5. Als Beispiel berechnen wir $V(\varphi)$ für $\varphi := \neg(p \vee q) \wedge (p \wedge r)$. Dazu berechnen wir $V(\varphi)$ schrittweise für alle Teilausdrücke von φ.

$$V(p \vee q) = V(p) \cup V(q) = \{p\} \cup \{q\} = \{p, q\},$$
$$V(p \wedge r) = V(p) \cup V(r) = \{p\} \cup \{r\} = \{p, r\},$$
$$V(\neg(p \vee q)) = V(p \vee q) = \{p, q\}$$

und schließlich

$$V(\varphi) = V(\neg(p \vee q)) \cup V(p \wedge r) = \{p, q\} \cup \{p, r\} = \{p, q, r\}.$$

Man sieht, daß $\{p, q, r\}$ genau aus den Variablen besteht, die in φ vorkommen. Natürlich hätte man auch ohne große Rechnung die Gleichheit $V(\varphi) = \{p, q, r\}$ sofort bestätigen können. Aber wie soll ein Computer so etwas einsehen? Er könnte ohne Schwierigkeiten die obige Berechnung durchführen. Insofern bedeutet die Forderung nach Präzisierung nichts weiter, als daß sich daraus die Programmierbarkeit von $V(\varphi)$ ergibt. Das Streben nach Präzisierung der Begriffe der mathematischen Logik eröffnet letztlich die Möglichkeit einer maschinellen Behandlung dieser Begriffe.

1.2 Semantik

Jede Sprache kann unter verschiedenen Gesichtspunkten untersucht werden. Im vorigen Abschnitt stellten wir grundsätzliche syntaktische Überlegungen an, wobei es vorwiegend um die Frage ging, ob ein gegebener

Satz entsprechend den grammatischen Regeln korrekt gebildet war.

Von den Programmiersprachen her ist vielleicht die Fehlermeldung „Syntax-Error in ...“ bekannt, die darauf hinweist, daß das eingegebene Programm syntaktisch inkorrekt ist. Ganz anders als bei der Verständigung zwischen Menschen spielt bei der Kommunikation mit der Maschine die syntaktische Korrektheit eine entscheidende Rolle: Der Computer toleriert keine grammatischen Fehler!

Sinn einer Sprache ist es, eine Verständigung zu ermöglichen. Die *Semantik* der Sprache befaßt sich mit der Bedeutung der Wörter. Wir wollen jetzt semantische Grundbegriffe in dem Umfang einführen, wie sie für unsere mathematischen Untersuchungen notwendig sind. Sämtliche Betrachtungen werden vom mathematischen Standpunkt aus gemacht, auf mögliche Zusammenhänge mit Problemen aus der Sprachwissenschaft wird hier nicht eingegangen.

Ein Grundproblem der Semantik besteht in der Bestimmung des Wahrheitswertes einer Aussage. Auf den ersten Blick scheint es gar nicht so schwierig zu sein festzulegen, wann eine gegebene Aussage als wahr anzusehen ist. Bedenkt man aber, wieviele Konflikte im täglichen Leben nur dadurch entstehen, daß sich die Beteiligten nicht über den Wahrheitsgehalt bestimmter Aussagen einigen können oder sie sogar bewußt falsch interpretieren, dann wird klar, daß man es hier mit einem der schwierigsten Probleme überhaupt zu tun hat. An dieser Stelle soll das Problem zumindest für die Mathematik geklärt werden. Mathematische Aussagen sind in der Regel so präzise formuliert, daß sie entweder wahr oder falsch sind. Für unsere nachfolgenden Betrachtungen legen wir dieses *Prinzip der Zweiwertigkeit* zugrunde (im täglichen Leben hat das Prinzip keine uneingeschränkte Gültigkeit). Jeder mathematischen Aussage ist also ein *Wahrheitswert* (in unserem Falle wahr oder falsch) zugeordnet. Für die Wahrheitswerte können beliebige Symbole benutzt werden, wobei sich 1 für *wahr* und 0 für *falsch* als zweckmäßig erwiesen haben.

Für die Entwicklung der Theorie ist die folgende Erkenntnis von grundlegender Bedeutung: Der Wahrheitswert einer zusammengesetzten Aussage hängt nicht vom Inhalt, sondern nur vom Wahrheitsgehalt der Teilaussagen ab.

Eine Aussage „φ und ψ“ ist genau dann wahr, wenn beide Teilaussagen φ und ψ wahr sind. Analoge Festlegungen treffen auch auf die anderen Konnektoren zu.

Die *Semantik* des Aussagenkalküls untersucht den Wahrheitsgehalt zusammengesetzter Aussagen, wobei die Wahrheitswerte der Teilaussagen als gegeben angenommen werden. Obwohl im folgenden keine generelle

Lösung des Wahrheitsproblems angeboten wird, ist die gegebene Teillösung für die Mathematik und für viele andere Fragestellungen völlig ausreichend.
Es sei ein Ausdruck $\varphi := (p \wedge q) \rightarrow p$ gegeben. Durch Einsetzen von konkreten Aussagen für die Aussagenvariablen p und q erhält man neue zusammengesetzte Aussagen. Der Wahrheitsgehalt von φ hängt nur vom Wahrheitswert der für p und q eingesetzten Aussagen ab. Damit können p und q auch als Variable für Wahrheitswerte aufgefaßt werden. Man setzt für p und q alle möglichen Kombinationen von Wahrheitswerten ein und kann so jeweils den Wahrheitswert von φ bestimmen. Insbesondere kann festgestellt werden, ob φ für jede Wahrheitswertkombination immer den Wert 1 (wahr) annimmt. In diesem Fall heißt φ *allgemeingültig*.

Box 2. Belegungen

Eine Abbildung $F : V \rightarrow \{0, 1\}$ der Menge V der Aussagenvariablen in die Menge {0,1} der Wahrheitswerte heißt *Belegung*. Durch Rekursion über den Formelaufbau kann F zu einer Abbildung $F^* : \text{Ausd} \rightarrow \{0, 1\}$ der Menge Ausd aller Ausdrücke in die Menge {0,1} der Wahrheitswerte erweitert werden:

a) $F^*(p) = F(p)$ für Aussagenvariablen p.

b) Ist φ zusammengesetzt, dann wird $F^*(\varphi)$ entsprechend dem Aufbau von φ wie folgt definiert:

$$F^*(\neg\psi) = 1 - F^*(\psi),$$

$$F^*(\psi \wedge \chi) = \min\{F^*(\psi), F^*(\chi)\},$$

$$F^*(\psi \vee \chi) = \max\{F^*(\psi), F^*(\chi)\},$$

$$F^*(\psi \rightarrow \chi) = \max\{1 - F^*(\psi), F^*(\chi)\},$$

$$F^*(\psi \leftrightarrow \chi) = \begin{cases} 1, & \text{falls } F^*(\psi) = F^*(\chi), \\ 0 & \text{sonst.} \end{cases}$$

$F^*(\varphi)$ heißt *Wert* von φ bei der Belegung F. F *erfüllt* φ, wenn $F^*(\varphi) = 1$ ist. Anstelle von $F^*(\varphi) = 1$ bzw. $F^*(\varphi) = 0$ schreiben wir auch $F \models \varphi$ bzw. $F \not\models \varphi$. φ heißt *erfüllbar*, wenn eine Belegung F existiert mit $F \models \varphi$. Ist dagegen φ nicht erfüllbar, dann ist φ eine *Kontradiktion*. Wird φ durch jede Belegung erfüllt, dann nennt man φ *allgemeingültig* oder eine *Tautologie*.

Jede Belegung F läßt sich zu einer Wertefunktion F^* erweitern (siehe Box 2). F^* liefert für jeden Ausdruck den Wahrheitswert bei der Belegung F. $F^*(\varphi) = 1$ bedeutet soviel wie: φ ist wahr (bei der Belegung F). Aus der Festlegung von F^* für Ausdrücke der Form $\varphi \wedge \psi$ ergibt sich die folgende inhaltliche Deutung des Zeichens $\wedge$:

$F^*(\varphi \wedge \psi) = 1$ ist gleichbedeutend mit $F^*(\varphi) = 1$ und $F^*(\psi) = 1$.

Also ist $\varphi \wedge \psi$ genau dann wahr, wenn φ und ψ wahr sind. Wir können den Ausdruck $\varphi \wedge \psi$ in der Tat als „φ und ψ" deuten. Eine Analyse der Definition von F^* ergibt für die Konnektoren $\neg, \wedge, \vee, \rightarrow$ und $\leftrightarrow$ die inhaltlichen Bedeutungen „nicht", „und", „oder", „wenn ..., so ..." bzw. „... genau dann, wenn ...".
Zur Überprüfung der Erfüllbarkeit eines Ausdrucks φ durch eine gegebene Belegung genügt es offensichtlich, die Werte nur der Variablen zu berücksichtigen, die in φ wirklich vorkommen.

Satz 1.1 *Sind F_1 und F_2 Belegungen mit $F_1(p) = F_2(p)$ für alle $p \in V(\varphi)$, dann ist $F_1^*(\varphi) = F_2^*(\varphi)$.*

Beweis (durch Induktion über den Formelaufbau).
a) Ist φ eine Aussagenvariable, $\varphi := p$, dann ist $F_1^*(p) = F_2^*(p)$ nach Voraussetzung.
b) Es sei nun φ zusammengesetzt. Wir demonstrieren nur den Fall $\varphi := \psi \wedge \chi$. Nach Induktionsvoraussetzung gilt $F_1^*(\psi) = F_2^*(\psi)$ und $F_1^*(\chi) = F_2^*(\chi)$. Folglich ist

$$\begin{aligned} F_1^*(\varphi) &= \min\{F_1^*(\psi), F_1^*(\chi)\} \\ &= \min\{F_2^*(\psi), F_2^*(\chi)\} \\ &= F_2^*(\varphi). \end{aligned}$$

Die anderen Fälle beweist man analog. ❑

Aus Satz 1.1 erhalten wir eine wichtige Konsequenz:

Satz 1.2 *Für jeden Ausdruck ist effektiv entscheidbar, ob er allgemeingültig ist oder nicht.*

Beweis. Ist φ gegeben, dann kann $V(\varphi)$ effektiv bestimmt werden. Enthält $V(\varphi)$ genau n Variablen, so genügt es, die 2^n verschiedenen Wahrheitswertkombinationen für die entsprechenden Variablen aus φ zu betrachten, um alle möglichen Werte von φ zu berechnen. Erhält man in allen Fällen den Wert 1, dann ist φ allgemeingültig. Zur Durchführung des Verfahrens siehe Box 3, S. 13. ❑

Box 3. Wahrheitswertfunktionen

Weiterführende Untersuchungen in der mathematischen Logik betrachten auch den Fall, daß mehr als zwei Wahrheitswerte existieren. Wir beschränken uns hier jedoch generell auf den Fall von nur zwei solchen Werten. Dies führt uns zur *klassischen zweiwertigen Aussagenlogik.* Hierfür lassen sich die Funktionen zur Wahrheitswertberechnung übersichtlicher in Form von Tabellen darstellen.

p	$\neg p$
0	1
1	0

p	q	$p \wedge q$	$p \vee q$	$p \to q$	$p \leftrightarrow q$
0	0	0	0	1	1
0	1	0	1	1	0
1	0	0	1	0	0
1	1	1	1	1	1

Die Berechnung des Wahrheitswertes eines Ausdrucks bei einer Belegung erfolgt schrittweise durch Berechnung der entsprechenden Werte für die Teilausdrücke. Zur besseren Übersicht erfolgt dies ebenfalls in Form von Tabellen.

Beispiel 1. $\varphi := (p \to q) \to p$

p	q	$p \to q$	$(p \to q) \to p$
0	0	1	0
0	1	1	0
1	0	0	1
1	1	1	1

Beispiel 2. $\varphi := p \to (q \to p)$

p	q	$q \to p$	$p \to (q \to p)$
0	0	1	1
0	1	0	1
1	0	1	1
1	1	1	1

Beispiel 3. $\varphi := [p \to (q \to r)] \to [(p \to q) \to (p \to r)]$;
abkürzend sei $\psi := p \to (q \to r)$ und $\chi := (p \to q) \to (p \to r)$.
Dann gilt für φ

p	q	r	$q \to r$	ψ	$p \to q$	$p \to r$	χ	φ
0	0	0	1	1	1	1	1	1
0	0	1	1	1	1	1	1	1
0	1	0	0	1	1	1	1	1
0	1	1	1	1	1	1	1	1
1	0	0	1	1	0	0	1	1
1	0	1	1	1	0	1	1	1
1	1	0	0	0	1	0	0	1
1	1	1	1	1	1	1	1	1

Aus den Beispielen in Box 3 ist ersichtlich, daß $p \to (q \to p)$ und $[p \to (q \to r)] \to [(p \to q) \to (p \to r)]$ allgemeingültig sind, d.h., wenn für p, q und r beliebige Aussagen eingesetzt werden, dann entsteht immer eine wahre Aussage. Natürlich kann man für die Variablen auch wieder neue Ausdrücke einsetzen. Wir erinnern daran, daß die Einsetzung von Zeichenreihen (*„Strings“*) für Variablen eine wesentliche Funktion aller „höheren“ Computer ist, und präzisieren diesen Vorgang folgendermaßen: Es seien $\varphi, \varphi_1, \ldots, \varphi_n$ gegebene Ausdrücke. Für die Variablen $p_1, \ldots, p_n$ sollen entsprechend die Ausdrücke $\varphi_1, \ldots, \varphi_n$ eingesetzt werden. Der dabei aus φ entstehende Ausdruck werde mit $\varphi(p_1/\varphi_1, \ldots, p_n/\varphi_n)$ bezeichnet. Die genaue Definition erfolgt wiederum durch Rekursion.

a) Ist $\varphi := p_i$ mit $1 \leq i \leq n$, dann sei $\varphi(p_1/\varphi_1, \ldots, p_n/\varphi_n)$ der Ausdruck φ_i. Ist φ eine Aussagenvariable p, die unter den Variablen $p_1, \ldots, p_n$ nicht vorkommt, dann sei $\varphi(p_1/\varphi_1, \ldots, p_n/\varphi_n) := \varphi$.

b) Ist φ zusammengesetzt, dann wird entsprechend dem Formelaufbau von φ verfahren.
Wir demonstrieren nur den Fall $\varphi := \psi \vee \chi$. Hier setzen wir
$\varphi(p_1/\varphi_1, \ldots, p_n/\varphi_n) := \psi(p_1/\varphi_1, \ldots, p_n/\varphi_n) \vee \chi(p_1/\varphi_1, \ldots, p_n/\varphi_n)$.
Die verbleibenden Fälle sind völlig analog zu behandeln.

Bei der Einsetzung ist zu beachten, daß die Variable an allen Stellen durch den entsprechenden Ausdruck ersetzt wird. Um eine elegantere Darstellung zu bekommen, führen wir folgende Bezeichnungen ein:
Ist $V(\varphi) \subseteq \{p_1, \ldots, p_n\}$, so kennzeichnen wir dies durch $\varphi(p_1, \ldots, p_n)$. Sind $\varphi(p_1, \ldots, p_n)$ und $\varphi_1, \ldots, \varphi_n$ gegebene Ausdrücke, dann schreiben wir $\varphi[\varphi_1, \ldots, \varphi_n]$ anstelle von $\varphi(p_1/\varphi_1, \ldots, p_n/\varphi_n)$.
Unsere Bemerkung hinsichtlich der Einsetzung von Aussagen in allgemeingültige Ausdrücke läßt sich nun wie folgt verallgemeinern.

Satz 1.3 *Ist $\varphi(p_1, \ldots, p_n)$ eine Tautologie und sind $\varphi_1, \ldots, \varphi_n$ beliebige Ausdrücke, dann ist $\varphi[\varphi_1, \ldots, \varphi_n]$ ebenfalls eine Tautologie.*

Beweis. Es sei F eine beliebige Belegung und G eine Belegung mit $G(p_i) = F^*(\varphi_i)$ für $1 \leq i \leq n$. Dann gilt nach Definition des Ausdrucks $\varphi[\varphi_1, \ldots, \varphi_n]$: $F^*(\varphi[\varphi_1, \ldots, \varphi_n]) = G^*(\varphi)$.
Da φ allgemeingültig ist, erhält man $G^*(\varphi) = 1$ und damit auch $F^*(\varphi[\varphi_1, \ldots, \varphi_n]) = 1$. Folglich ist $\varphi[\varphi_1, \ldots, \varphi_n]$ allgemeingültig, da F beliebig gewählt worden war. ❑

Damit sind wir jetzt in der Lage, auch sehr komplizierte allgemeingültige Aussagen zu erzeugen.

Beispiele. *Wichtige Tautologien*

1. $p \vee \neg p$,
2. $(p \to q) \wedge (q \to r) \to (p \to r)$,
3. $(p \to q) \wedge (p \to r) \to (p \to q \wedge r)$,
4. $(p \to q) \wedge (q \to p) \to (p \leftrightarrow q)$,
5. $(\neg q \to \neg p) \to (p \to q)$,
6. $(\neg p \to q) \wedge (\neg p \to \neg q) \to p$.

Mittels Satz 1.3 erhält man aus 1. z.B. sofort die folgende Tautologie:

$$(p \vee q \to r) \vee \neg(p \vee q \to r).$$

Eine besondere Bedeutung haben die Tautologien der Form $\varphi \leftrightarrow \psi$. In diesem Falle heißen φ und ψ *logisch äquivalent*. Dies wird gekennzeichnet durch $\varphi \equiv \psi$ (vgl. Box 4). In der Menge aller Ausdrücke definiert $\equiv$ eine Äquivalenzrelation (Definition der Äquivalenzrelation siehe Box 6, S.40). Sind φ und ψ äquivalent, dann ist offenbar $F^*(\varphi \leftrightarrow \chi) = 1$ für jede Belegung F, d.h., $F^*(\varphi) = F^*(\psi)$. Also liefern äquivalente Ausdrücke für jede Belegung die gleichen Wahrheitswerte, sie heißen deshalb auch *wertverlaufsgleich*. Für die Wahrheitswertbestimmung können demzufolge logisch äquivalente Ausdrücke untereinander ersetzt werden.
Die Berechnung von Wahrheitswerten ist ein wesentlicher Teil der Aussagenlogik. Das Wissen um die Allgemeingültigkeit bestimmter Ausdrücke wird aber erst dann wirkungsvoll, wenn man aus dieser Kenntnis nützliche Schlußfolgerungen zieht. Wie dies geschehen kann, soll jetzt dargelegt werden.
Es sei Σ eine Menge von Ausdrücken. Eine Belegung F heißt *Realisierung von* Σ, falls $F^*(\varphi) = 1$ für alle φ aus Σ. In diesem Fall schreiben wir $F \models \Sigma$. Offenbar gilt $F \models \Sigma$ gdw $F \models \varphi$ für alle $\varphi \in \Sigma$, d.h., F ist eine Realisierung von Σ gdw F jeden Ausdruck aus Σ erfüllt. Σ heißt *widerspruchsfrei*, wenn Σ eine Realisierung besitzt. Anderenfalls heißt Σ *widerspruchsvoll*.

Definition. Ein Ausdruck φ *folgt* aus der Menge Σ, $\Sigma \models \varphi$, wenn für jede Realisierung F von Σ gilt: $F \models \varphi$.

Das Symbol $\models$ wird in zweifacher Bedeutung benutzt, nämlich in $F \models \varphi$ als Erfüllbarkeitsrelation und in $\Sigma \models \varphi$ als Folgerungsrelation. Die aktuelle Bedeutung ergibt sich jeweils aus dem Kontext. Mit dem obigen Folgerungsbegriff haben wir ein wichtiges Hilfsmittel der Logik formuliert. Die Menge der Folgerungen aus Σ heißt *deduktiver Abschluß von* Σ und wird mit $\mathrm{Ded}(\Sigma)$ bezeichnet.

Box 4. Äquivalenzen

(1) *Assoziativität*

$$\begin{aligned} \varphi \wedge (\psi \wedge \chi) &\equiv (\varphi \wedge \psi) \wedge \chi, \\ \varphi \vee (\psi \vee \chi) &\equiv (\varphi \vee \psi) \vee \chi. \end{aligned}$$

(2) *Kommutativität*

$$\begin{aligned} \varphi \wedge \psi &\equiv \psi \wedge \varphi, \\ \varphi \vee \psi &\equiv \psi \vee \varphi, \\ \varphi \leftrightarrow \psi &\equiv \psi \leftrightarrow \varphi. \end{aligned}$$

(3) *Distributivität*

$$\begin{aligned} \varphi \wedge (\psi \vee \chi) &\equiv (\varphi \wedge \psi) \vee (\varphi \wedge \chi), \\ \varphi \vee (\psi \wedge \chi) &\equiv (\varphi \vee \psi) \wedge (\varphi \vee \chi), \\ \varphi \rightarrow (\psi \wedge \chi) &\equiv (\varphi \rightarrow \psi) \wedge (\varphi \rightarrow \chi), \\ \varphi \rightarrow (\psi \vee \chi) &\equiv (\varphi \rightarrow \psi) \vee (\varphi \rightarrow \chi). \end{aligned}$$

(4) *Idempotenz*

$$\begin{aligned} \varphi \wedge \varphi &\equiv \varphi, \\ \varphi \vee \varphi &\equiv \varphi. \end{aligned}$$

(5) *Negation*

$$\begin{aligned} \neg(\neg\varphi) &\equiv \varphi, \\ \neg(\varphi \wedge \psi) &\equiv \neg\varphi \vee \neg\psi, \\ \neg(\varphi \vee \psi) &\equiv \neg\varphi \wedge \neg\psi, \\ \neg(\varphi \rightarrow \psi) &\equiv \varphi \wedge \neg\psi, \\ \neg(\varphi \leftrightarrow \psi) &\equiv (\varphi \wedge \neg\psi) \vee (\neg\varphi \wedge \psi). \end{aligned}$$

(6) *Definierbarkeit*

$$\begin{aligned} \varphi \wedge \psi &\equiv \neg(\neg\varphi \vee \neg\psi), \\ \varphi \vee \psi &\equiv \neg(\neg\varphi \wedge \neg\psi), \\ \varphi \rightarrow \psi &\equiv \neg\varphi \vee \psi, \\ \varphi \leftrightarrow \psi &\equiv (\varphi \rightarrow \psi) \wedge (\psi \rightarrow \varphi). \end{aligned}$$

Satz 1.4 (1) $\mathrm{Ded}(\emptyset)$ *ist die Menge der allgemeingültigen Ausdrücke.* (2) *Ist* Σ *widerspruchsvoll, dann ist* $\mathrm{Ded}(\Sigma) = \mathrm{Ausd}$.

Beweis. Offensichtlich ist jede Belegung eine Realisierung der leeren Menge. $\mathrm{Ded}(\emptyset)$ stimmt daher überein mit der Menge der Ausdrücke, die bei allen Belegungen erfüllt sind. Damit ist (1) bewiesen.

Nun sei Σ widerspruchsvoll und φ ein beliebiger Ausdruck. Da Σ keine Realisierung besitzt, erfüllt jede Realisierung von Σ auch φ, also gilt $\Sigma \models \varphi$. Damit ist (2) gezeigt. ❑

Im folgenden werden wir sehen, daß $\mathrm{Ded}(\Sigma)$ die Eigenschaften der Abschlußbildung besitzt, die in der Mathematik häufig auftritt.

Satz 1.5 (Hülleneigenschaften)
Es seien Σ und Δ beliebige Mengen von Ausdrücken. Dann gilt:
(1) $\Sigma \subseteq \mathrm{Ded}(\Sigma)$.
(2) *Wenn* $\Delta \subseteq \Sigma$, *so* $\mathrm{Ded}(\Delta) \subseteq \mathrm{Ded}(\Sigma)$.
(3) $\mathrm{Ded}\big(\mathrm{Ded}(\Sigma)\big) = \mathrm{Ded}(\Sigma)$.

Beweis. (1). Es sei $\varphi \in \Sigma$ und F eine Realisierung von Σ. Dann ist $F^*(\psi) = 1$ für alle $\psi \in \Sigma$, insbesondere ist $F^*(\varphi) = 1$.
(2). Es sei jetzt $\Delta \subseteq \Sigma$, $\varphi \in \mathrm{Ded}(\Delta)$ und F eine Realisierung von Σ. Dann ist F natürlich auch eine Realisierung von Δ und damit ist $F^*(\varphi) = 1$, denn $\varphi \in \mathrm{Ded}(\Delta)$. Für jede Realisierung von Σ gilt $F^*(\varphi) = 1$, also $\varphi \in \mathrm{Ded}(\Sigma)$. Folglich ist $\mathrm{Ded}(\Delta) \subseteq \mathrm{Ded}(\Sigma)$.
(3). Wegen $\Sigma \subseteq \mathrm{Ded}(\Sigma)$, folgt aus (2) $\mathrm{Ded}(\Sigma) \subseteq \mathrm{Ded}(\mathrm{Ded}(\Sigma))$. Wir haben noch $\mathrm{Ded}(\mathrm{Ded}(\Sigma)) \subseteq \mathrm{Ded}(\Sigma)$ zu beweisen. Dazu sei $\varphi \in \mathrm{Ded}(\mathrm{Ded}(\Sigma))$ und F eine Realisierung von Σ. Ist $\psi \in \mathrm{Ded}(\Sigma)$, so gilt nach Definition $F^*(\psi) = 1$, womit F auch eine Realisierung von $\mathrm{Ded}(\Sigma)$ ist. Folglich ist $F^*(\varphi) = 1$. Da F beliebig gewält worden war, gilt $\varphi \in \mathrm{Ded}(\Sigma)$. ❑

Nun entsteht das Problem, $\mathrm{Ded}(\Sigma)$ zu bestimmen, ohne alle Realisierungen von Σ durchzuprobieren (es könnten ja unendlich viele sein). Wir leiten zunächst eine Regel für das Folgern her.

Satz 1.6 (Abtrennungsregel für das Folgern)
Wenn $\Sigma \models \varphi \to \psi$, *so* $\Sigma \cup \{\varphi\} \models \psi$.

Beweis. Es sei $\Sigma \models \varphi \to \psi$ und F eine Realisierung von $\Sigma \cup \{\varphi\}$. Dann ist F auch eine Realisierung von Σ, und es gilt

$$F^*(\varphi \to \psi) = \max\{1 - F^*(\varphi), F^*(\psi)\} = 1.$$

Weiterhin ist $F^*(\varphi) = 1$, woraus sich

$$\max\{1 - F^*(\varphi), F^*(\psi)\} = F^*(\psi) = 1$$

ergibt, also $\Sigma \cup \{\varphi\} \models \psi$. ❑

Die Aussage von Satz 1.6 läßt sich umkehren und man erhält so das Deduktionstheorem.

Satz 1.7 (Deduktionstheorem für das Folgern)
Ist Σ eine Menge von Ausdrücken und sind φ, ψ Ausdrücke, dann gilt: Wenn $\Sigma \cup \{\varphi\} \models \psi$, so $\Sigma \models \varphi \to \psi$.

Beweis. Es sei F eine beliebige Realisierung von Σ. Wir wollen zeigen, daß F den Ausdruck $\varphi \to \psi$ erfüllt.
1. Fall: $F \not\models \varphi$. Wegen $F^*(\varphi) = 0$ gilt dann

$$F^*(\varphi \to \psi) = \max\{1 - F^*(\varphi), F^*(\psi)\} = 1.$$

2. Fall: $F \models \varphi$. Hierfür ist F eine Realisierung von $\Sigma \cup \{\varphi\}$. Wegen $\Sigma \cup \{\varphi\} \models \psi$ gilt dann $F^*(\psi) = 1$. Folglich ist

$$F^*(\varphi \to \psi) = \max\{1 - F^*(\varphi), F^*(\psi)\} = 1. \quad \square$$

Das Deduktionstheorem ist die Grundlage vieler mathematischer Beweise. Neben den gegebenen Voraussetzungen wird zusätzlich die Bedingung φ als erfüllt angesehen und damit die Eigenschaft ψ bewiesen. Das Deduktionstheorem sichert nun, daß aus den ursprünglichen Voraussetzungen der Satz „Wenn φ, so ψ“ folgt. Jetzt wird noch eine bemerkenswerte Eigenschaft des Folgerungsbegriffs angegeben.

Satz 1.8 (Endlichkeitssatz für das Folgern) *Wenn φ aus einer Menge Σ folgt, dann folgt φ bereits aus einer endlichen Teilmenge von Σ.*

Der Beweis dieses Satzes wird erst im Anschluß an Satz 1.25, S. 30 geführt, da hierzu noch einige weitere Ergebnisse benötigt werden. In etwas anderer Form läßt sich das obige Resultat wie folgt formulieren.

Satz 1.9 (Kompaktheitssatz) *Eine Ausdrucksmenge Σ ist widerspruchsfrei gdw jede endliche Teilmenge von Σ widerspruchsfrei ist.*

Beweis. Die Richtung von links nach rechts ist trivial. Mit Hilfe von Satz 1.8 zeigen wir jetzt, daß auch die Umkehrung gilt. Dazu sei jede endliche Teilmenge von Σ widerspruchsfrei, d.h., jede solche Menge besitzt eine Realisierung. Wir beweisen dies indirekt.
Annahme: Σ ist widerspruchsvoll.
Dann folgt $p \wedge \neg p$ aus Σ (Satz 1.4). Nach Satz 1.8 existiert eine endliche Teilmenge $\Delta \subseteq \Sigma$ mit $\Delta \models p \wedge \neg p$. Nach Voraussetzung besitzt Δ eine Realisierung F. Wegen $\Delta \models p \wedge \neg p$ ist

$$F^*(p \wedge \neg p) = \min\{F^*(p), 1 - F^*(p)\} = 1.$$

Dies ergibt $F^*(p) = 1$ und $1 - F^*(p) = 1$, was aber nicht möglich ist. Aus diesem Widerspruch schließen wir, daß unsere Annahme falsch ist. Also muß Σ widerspruchsfrei sein. $\square$

Der Name „Kompaktheitssatz“ verweist auf einen Zusammenhang zwischen mathematischer Logik und Topologie, auf den wir hier nicht eingehen können.
Im wesentlichen sind die Sätze 1.8 und 1.9 äquivalent. Sie haben wichtige Anwendungen in der mathematischen Logik gefunden, sind aber auch vom philosophischen Standpunkt aus interessant. Wenn sich ein Satz φ als Folgerung aus $\{\varphi_1, \varphi_2, \varphi_3, \ldots\}$ ergibt, so ist φ immer schon eine Folge von endlich vielen dieser Aussagen. Oder anders ausgedrückt: Ist eine Menge $\{\varphi_1, \varphi_2, \varphi_3, \ldots\}$ widerspruchsvoll, dann ergibt sich der Widerspruch nicht dadurch, daß wir unendlich viele Aussagen haben, sondern dadurch, daß sich bereits endlich viele dieser Sätze untereinander widersprechen.

Box 5. Schaltalgebra

1. In der Elektrotechnik gibt es die Zuordnung Pegel 0 = falsch und Pegel 1 = wahr. Die digitale Rechentechnik benutzt die Erkenntnisse über Syntax und Semantik des Aussagenkalküls. Zur Realisierung der logischen Wahrheitswertfunktionen werden entweder Schaltkreise konstruiert oder entsprechende Schaltkreise zusammengesetzt.

Ein NAND-Gatter 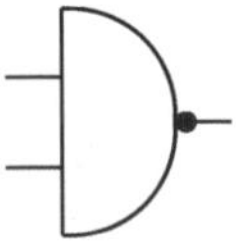 realisiert z.B. den Ausdruck $\neg(p \wedge q)$.

2. Bei der Übertragung von Steuersignalen sind möglichst wenige Steuerleitungen (Kanäle) wünschenswert. Das erfordert eine Steuerlogik. Wir demonstrieren das am Beispiel der Übertragung von 4 Steuersignalen. Dazu sind zwei Leitungen erforderlich. Es seien $F_1, \ldots, F_4$ die Steuersignale und D_1, D_2 die beiden Leitungen. Wir legen folgende Zuordnung fest:

D_1	D_2	F_1	F_2	F_3	F_4
0	0	1	0	0	0
0	1	0	1	0	0
1	0	0	0	1	0
1	1	0	0	0	1

Logisch lassen sich $F_1, \ldots, F_4$ aus D_1 und D_2 wie folgt kombinieren:

$F_1 := \neg D_1 \wedge \neg D_2$,
$F_2 := \neg D_1 \wedge D_2$,
$F_3 := D_1 \wedge \neg D_2$,
$F_4 := D_1 \wedge D_2$.

Fortsetzung von Box 5

Ist z.B. D_1 auf „low“ und D_2 auf „high“, dann sind F_1, F_3 und F_4 gleich 0 und F_2 ist gleich 1. Elektronische Bauelemente, die diese Umwandlung vornehmen, heißen *Decoder*. In den meisten elektronischen Geräten sind mehrere solcher Decoder vorhanden. D_1 und D_2 lassen sich auf ähnliche Weise aus $F_1, \ldots, F_4$ darstellen:

$$D_1 := F_3 \vee F_4, \quad D_2 := F_2 \vee F_4.$$

3. Als weiteres Beispiel geben wir die Logik für ein 7-Segment-Display zur Dezimalanzeige an. Für das nebenstehende Display erhält man folgende Tabelle.

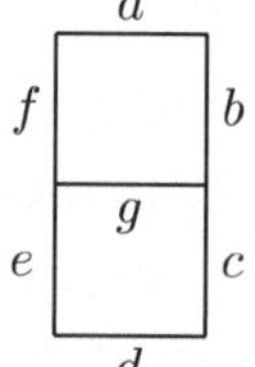

Dezimalzahl	p_1	p_2	p_3	p_4	a	b	c	d	e	f	g
0	0	0	0	0	1	1	1	1	1	1	0
1	0	0	0	1	0	1	1	0	0	0	0
2	0	0	1	0	1	1	0	1	1	0	1
3	0	0	1	1	1	1	1	1	0	0	1
4	0	1	0	0	0	1	1	0	0	1	1
5	0	1	0	1	1	0	1	1	0	1	1
6	0	1	1	0	1	0	1	1	1	1	1
7	0	1	1	1	1	1	1	0	0	0	0
8	1	0	0	0	1	1	1	1	1	1	1
9	1	0	0	1	1	1	1	1	0	1	1

Es werden vier Leitungen benötigt. a, b, c, d, e, f, g können als Funktionen $\{0,1\}^4 \mapsto \{0,1\}$ betrachtet werden. Für e erhalten wir z.B.

$$\begin{aligned} e := & (\neg p_1 \wedge \neg p_2 \wedge \neg p_3 \wedge \neg p_4) \vee (\neg p_1 \wedge \neg p_2 \wedge p_3 \wedge \neg p_4) \\ & \vee (\neg p_1 \wedge p_2 \wedge p_3 \wedge \neg p_4) \vee (p_1 \wedge \neg p_2 \wedge \neg p_3 \wedge \neg p_4). \end{aligned}$$

Schaltkreise, die Ausdrücken der Form $\neg p_1 \wedge \ldots \wedge \neg p_n$ entsprechen, heißen NOR-*Gatter*. Prinzipiell lassen sich alle Schaltungen mittels NOR-Gatter realisieren.

1.3 Schlußregeln und Vollständigkeit

Die Untersuchung der Semantik des Aussagenkalküls führte uns auf das Problem der Bestimmung aller Folgerungen aus einer Menge Σ von Ausdrücken. Warum ist dieses Problem so interessant? Nun, gerade die menschliche Intelligenz befähigt uns, Folgerungen aus einer gegebenen Menge von Bedingungen zu ziehen. Um also einer Maschine das „Denken“ beizubringen, muß sie befähigt werden, logische Schlußfolgerungen ziehen zu können. Dieser Problematik wenden wir uns jetzt zu.

Nach Einführung von Syntax und Semantik des Aussagenkalküls könnte man meinen, daß beide Gebiete nur wenig miteinander zu tun haben: Die Syntax bestimmt gewissermaßen die Form, in der wir Informationen ausdrücken wollen, während sich die Semantik mit dem Inhalt, also gerade mit dem befaßt, was ausgedrückt werden soll. Wie so häufig gibt es auch hier einen engen Zusammenhang zwischen Inhalt und Form. Der mathematisch strenge Aufbau der Ausdrucksmenge ist nicht nur eine spitzfindige Darstellungsweise, sondern er reflektiert die enge Verbindung zur Semantik. Wir rechnen auch die Umformung von Ausdrücken nach gegebenen Regeln zur Syntax des Aussagenkalküls, womit wir uns jetzt befassen wollen. Diese Umformungen sollen (zumindest partiell) unser „logisches Denken“ widerspiegeln. Zunächst handelt es sich aber um ein reines Umformen von Zeichenreihen, vergleichbar mit dem Umstellen von Termen in Gleichungen. Unser Ziel ist es, mit Hilfe von Umformungsregeln aus einer gegebenen Menge Σ die Menge aller Folgerungen $\text{Ded}(\Sigma)$ zu erzeugen. Damit wären wir in der Lage, die Folgerungen durch eine Maschine bestimmen zu lassen, was ein lohnendes Ziel ist.

Wir beginnen zunächst mit der Beschreibung einer Menge Ax von allgemeingültigen Ausdrücken, die wir auch *Axiome des Aussagenkalküls* nennen.

Ax 1: $p \to (q \to p)$,

Ax 2: $[p \to (q \to r)] \to [(p \to q) \to (p \to r)]$,

Ax 3: $(\neg p \to \neg q) \to (q \to p)$,

Ax 4: $p \wedge q \to p$ und $p \wedge q \to q$,

Ax 5: $(r \to p) \to ((r \to q) \to (r \to p \wedge q))$,

Ax 6: $p \to p \vee q$ und $q \to p \vee q$,

Ax 7: $(p \to r) \to ((q \to r) \to (p \vee q \to r))$.

Ax sei die Menge aller Ausdrücke, die aus Ax 1, ..., Ax 7 dadurch entstehen, daß für p, q und r beliebige Ausdrücke φ, ψ und χ substituiert werden. Durch Einsetzen aller Wahrheitswertkombinationen für die Variablen (Box 3, S. 13) kann man sich leicht davon überzeugen, daß Ax 1 – Ax 7 in jedem Falle den Wahrheitswert 1 annehmen. Nach Satz 1.3 sind dann Ax 1 – Ax 7 für beliebige φ, ψ und χ allgemeingültig. Nun gibt es weitere Ausdrücke, z.B. $\varphi \to \varphi$, die auch allgemeingültig sind, aber nicht eine der Formen Ax 1 – Ax 7 haben. Um aus Ax die gesamte Menge der allgemeingültigen Ausdrücke zu erhalten, benötigt man *Schlußregeln*, die die Erzeugung neuer Formeln aus bereits gegebenen ermöglichen.

Wir werden hier nur eine einzige solche Regel benutzen, die *Modus ponens* (MP) oder auch *Abtrennungsregel* genannt wird und folgendermaßen formuliert werden kann:

Sind aus einer Menge Σ die Ausdrücke φ und $\varphi \to \psi$ beweisbar, dann ist aus Σ auch ψ beweisbar.

Diese Formulierung scheint zunächst völlig in Ordnung zu sein. Aber würde ein Computer verstehen, was „beweisbar" heißt? Offenbar müssen wir wieder präziser vorgehen.

Der Ausdruck ψ heißt *direkte Konsequenz* von φ und $\varphi \to \psi$. Es sei Σ eine Menge von Ausdrücken. Eine endliche Folge $(\varphi_1, \ldots, \varphi_n)$ von Ausdrücken heißt Σ-*Beweis*, wenn für jedes φ_i, $1 \leq i \leq n$, wenigstens eine der folgenden Bedingungen zutrifft:

(1) φ_i gehört zur Menge Ax, d.h., φ_i ist ein (allgemeingültiges) Axiom.

(2) φ_i gehört zur Menge Σ.

(3) φ_i ist direkte Konsequenz zweier Ausdrücke φ_j, φ_k mit $j, k < i$, d.h., es existieren Ausdrücke ψ und χ, so daß $\varphi_j := \psi$, $\varphi_k := \psi \to \chi$ und $\varphi_i := \chi$.

Ist $\Sigma = \emptyset$, dann heißt $(\varphi_1, \ldots, \varphi_n)$ einfach nur *formaler Beweis*, falls die obigen Bedingungen erfüllt sind. n ist die *Länge des Beweises*. Unter einem Beweis der Länge 0 wollen wir die leere Zeichenreihe verstehen.

φ heißt aus Σ *ableitbar* oder *beweisbar*, wenn ein Σ-Beweis $(\varphi_1, \ldots, \varphi_n)$ mit $\varphi_n = \varphi$ existiert. Ist φ aus Σ ableitbar, notieren wir dies durch $\Sigma \vdash \varphi$. Im Falle $\Sigma = \emptyset$ schreiben wir kurz $\vdash \varphi$ und nennen φ ableitbar oder beweisbar.

Für die folgenden grundlegenden Untersuchungen ist es zweckmäßig, die Konnektoren $\vee$, $\to$ und $\leftrightarrow$ als durch $\neg$ und $\wedge$ definierte Zeichen anzusehen (gewissermaßen als Abkürzungen). Das vereinfacht alle Betrachtungen, da bei der Induktion über den Formelaufbau nur noch zwei Konnektoren zu berücksichtigen sind. Wir werden sehen, daß hierbei nichts an Allgemeingültigkeit eingebüßt wird. Die folgenden Äquivalenzen lassen sich als Definitionen der Konnektoren $\vee$, $\rightarrow$ und $\leftrightarrow$ benutzen:

$$\begin{aligned}\varphi \vee \psi &\equiv \neg(\neg\varphi \wedge \neg\psi),\\ \varphi \rightarrow \psi &\equiv \neg\varphi \vee \psi,\\ \varphi \leftrightarrow \psi &\equiv (\varphi \rightarrow \psi) \wedge (\psi \rightarrow \varphi).\end{aligned}$$

Zu jeder Ausdrucksmenge Σ können wir nun die Menge $\mathrm{Abl}(\Sigma)$ bilden, die aus allen aus Σ ableitbaren Ausdrücken besteht. Wie wir gesehen haben, ist die Eigenschaft „φ ist aus Σ beweisbar" auch durch Rekursion definiert worden, was prinzipiell auch von einem Computer ausführbar ist. Ein Computer kann sich also die Menge $\mathrm{Abl}(\Sigma)$ schrittweise konstruieren. Wir zeigen nun, daß die Menge $\mathrm{Abl}(\Sigma)$ mit der Menge $\mathrm{Ded}(\Sigma)$ übereinstimmt. Damit kann ein Computer die Folgerungsmenge von Σ berechnen und so scheinbar „denken". Oder ist „denken" vielleicht nichts anderes?

Wenn die Gleichheit $\mathrm{Abl}(\Sigma) = \mathrm{Ded}(\Sigma)$ für beliebiges Σ gelten soll, dann müssen $\mathrm{Abl}(\Sigma)$ und $\mathrm{Ded}(\Sigma)$ auch analoge Eigenschaften besitzen. Einige davon weisen wir jetzt nach.

Ist $(\varphi_1, \ldots, \varphi_n)$ eine beliebige (endliche) Folge von Ausdrücken, dann heißt $(\varphi_1, \ldots, \varphi_k)$ mit $k \leq n$ ein *Anfangsstück* von $(\varphi_1, \ldots, \varphi_n)$.

Aus der Definiton des Beweisbegriffs ergeben sich unmittelbar die beiden folgenden, häufig benötigten Eigenschaften.

Satz 1.10

(1) *Jedes Anfangsstück eines Σ-Beweises ist ebenfalls ein Σ-Beweis.*

(2) *Sind $(\varphi_1, \ldots, \varphi_n)$ und $(\psi_1, \ldots, \psi_m)$ Σ-Beweise, dann ist für jedes k mit $1 \leq k \leq n$ auch $(\varphi_1, \ldots, \varphi_k, \psi_1, \ldots, \psi_m, \varphi_{k+1}, \ldots, \varphi_n)$ ein Σ-Beweis.*

Bemerkung: Die Ausdrücke φ_i, ψ_j in den Beweisen $(\varphi_1, \ldots, \varphi_n)$ und $(\psi_1, \ldots, \psi_m)$ können sogar beliebig gemischt werden, wenn nur die Reihenfolge der φ_i bzw. ψ_j untereinander erhalten bleibt. Jetzt werden die eingeführten Begriffe an einem konkreten Beispiel erläutert.

Satz 1.11 *Für beliebige Ausdrücke φ ist $\varphi \rightarrow \varphi$ ableitbar.*

Beweis. Wir geben einen Beweis der Länge 5 an.

(1) $\varphi_1 := [\varphi \rightarrow ((\varphi \rightarrow \varphi) \rightarrow \varphi)] \rightarrow [(\varphi \rightarrow (\varphi \rightarrow \varphi)) \rightarrow (\varphi \rightarrow \varphi)]$,
φ_1 entsteht aus Ax 2 für $p := \varphi$, $q := \varphi \rightarrow \varphi$, $r := \varphi$.

(2) $\varphi_2 := \varphi \to ((\varphi \to \varphi) \to \varphi)$, φ_2 entsteht aus Ax 1 für $p := \varphi$ und $q := \varphi \to \varphi$.

(3) $\varphi_3 := (\varphi \to (\varphi \to \varphi)) \to (\varphi \to \varphi)$, φ_3 ist direkte Konsequenz von φ_1 und φ_2.

(4) $\varphi_4 := \varphi \to (\varphi \to \varphi)$, φ_4 entsteht aus Ax 1 für $p := \varphi$ und $q := \varphi$.

(5) $\varphi_5 := \varphi \to \varphi$, φ_5 ist eine direkte Konsequenz von φ_3 und φ_4.

Damit ist $(\varphi_1, \ldots, \varphi_5)$ ein formaler Beweis für $\varphi \to \varphi$. ❑

Wie für $\mathrm{Ded}(\Sigma)$ sind auch für $\mathrm{Abl}(\Sigma)$ die Hülleneigenschaften erfüllt.

Satz 1.12 *Für beliebige Ausdrucksmengen Σ und Δ gilt:*

(1) $\Sigma \subseteq \mathrm{Abl}(\Sigma)$.

(2) *Wenn* $\Delta \subseteq \Sigma$, *so* $\mathrm{Abl}(\Delta) \subseteq \mathrm{Abl}(\Sigma)$.

(3) $\mathrm{Abl}(\mathrm{Abl}(\Sigma)) = \mathrm{Abl}(\Sigma)$.

Beweis. (1) Ist $\varphi \in \Sigma$, so ist die Folge $\varphi_1 := \varphi$ (die nur aus dem einen Folgenglied φ besteht) ein Σ-Beweis von φ, also $\Sigma \vdash \varphi$.
(2) Offensichtlich ist jeder Δ-Beweis auch ein Σ-Beweis.
(3) Es sei $(\varphi_1, \ldots, \varphi_n)$ ein $\mathrm{Abl}(\Sigma)$-Beweis. Ersetzt man jeden Ausdruck φ_i durch einen Σ-Beweis von φ_i, dann entsteht wegen Satz 1.10 ein Σ-Beweis von φ_n. ❑

Der Endlichkeitssatz, den wir für das Folgern noch nicht beweisen konnten, erweist sich für das Ableiten als trivial.

Satz 1.13 (Endlichkeitssatz für das Ableiten)
Ist φ aus Σ ableitbar, dann ist φ bereits aus einer endlichen Teilmenge von Σ ableitbar.

Beweis. Es sei $(\varphi_1, \ldots, \varphi_n)$ ein Σ-Beweis von φ und Δ die Menge derjenigen Ausdrücke aus $\varphi_1, \ldots, \varphi_n$, die zu Σ gehören. Dann ist offensichtlich auch $(\varphi_1, \ldots, \varphi_n)$ ein Δ-Beweis, also ist φ aus einer endlichen Teilmenge von Σ ableitbar. ❑

Auch die Abtrennungsregel (Modus ponens) läßt sich für das Beweisen sehr leicht herleiten.

Satz 1.14 (Abtrennungsregel)
Sind φ und $\varphi \to \psi$ aus Σ ableitbar, dann ist auch ψ aus Σ ableitbar.

Beweis. Es seien $(\varphi_1, \ldots, \varphi_n)$ und $(\psi_1, \ldots, \psi_m)$ Σ-Beweise von φ bzw. von $\varphi \rightarrow \psi$. Dann ist $(\varphi_1, \ldots, \varphi_n, \psi_1, \ldots, \psi_m, \psi)$ ein Σ-Beweis für ψ, denn wegen Satz 1.10 ist $(\varphi_1, \ldots, \varphi_n, \psi_1, \ldots, \psi_m)$ ein Σ-Beweis und ψ ist direkte Konsequenz von $\varphi_n := \varphi$ und $\psi_m := \varphi \rightarrow \psi$. ❑

Zum Beweis der angekündigten Gleichheit $\mathrm{Abl}(\Sigma) = \mathrm{Ded}(\Sigma)$ zeigen wir zunächst $\mathrm{Abl}(\Sigma) \subseteq \mathrm{Ded}(\Sigma)$.

Satz 1.15 *Jeder aus Σ ableitbare Ausdruck folgt auch aus Σ.*

Beweis (durch Induktion über die Beweislänge). Für Σ-Beweise der Länge 0 ist nichts zu zeigen. Es sei $(\varphi_1, \ldots, \varphi_{n+1})$ ein Σ-Beweis der Länge $n+1$. Für φ_{n+1} kommen drei Fälle in Betracht:
1. φ_{n+1} ist ein Axiom aus Ax.
2. φ_{n+1} gehört zu Σ.
3. φ_{n+1} ist direkte Konsequenz von φ_j und φ_k mit $j, k \leq n$.

In den Fällen 1 und 2 ist φ_{n+1} nach Definition eine Folgerung von Σ. Es gelte nun Fall 3. Dann existieren Ausdrücke φ und ψ, so daß $\varphi_j := \varphi$, $\varphi_k := \varphi \rightarrow \psi$ und $\varphi_{n+1} := \psi$. Nach Induktionsvoraussetzung folgen φ und $\varphi \rightarrow \psi$ aus Σ, und mittels der Abtrennungsregel für das Folgern (Satz 1.6) erhält man $\Sigma \models \psi$. ❑

Korollar. *Ist φ ableitbar, so ist φ allgemeingültig.*

In Satz 1.15 ist gezeigt worden, daß jeder aus Σ ableitbare Ausdruck auch aus Σ folgt. Die Gleichheit $\mathrm{Abl}(\Sigma) = \mathrm{Ded}(\Sigma)$ beinhaltet aber noch mehr, sie besagt nämlich auch, daß jeder aus Σ folgende Ausdruck auch aus Σ ableitbar ist. Der Beweis dieser Eigenschaft ist wesentlich komplizierter und erfordert noch ein wenig Geduld. Wir wollen jetzt das Deduktionstheorem für das Ableiten beweisen und stellen dafür zunächst ein nützliches Hilfsmittel bereit.

Satz 1.16 *Es sei Σ eine Menge von Ausdrücken, φ ein Ausdruck und $(\varphi_1, \ldots, \varphi_n)$ ein $\Sigma \cup \{\varphi\}$-Beweis. Dann läßt sich die Folge $\varphi \rightarrow \varphi_1, \ldots, \varphi \rightarrow \varphi_n$ zu einem Σ-Beweis ergänzen.*

Beweis (durch Induktion über die Beweislänge). Für Beweise der Länge 0 ist nichts zu zeigen. Es sei $(\varphi_1, \ldots, \varphi_{n+1})$ ein $\Sigma \cup \{\varphi\}$-Beweis. Nach Induktionsvoraussetzung läßt sich $\varphi \rightarrow \varphi_1, \ldots, \varphi \rightarrow \varphi_n$ zu einem Σ-Beweis $(\psi_1, \ldots, \psi_m)$ ergänzen, d.h., $\varphi \rightarrow \varphi_1, \ldots, \varphi \rightarrow \varphi_n$ kommt als

Teilfolge in $(\psi_1, \ldots, \psi_m)$ vor. Da $\varphi_1, \ldots, \varphi_{n+1}$ ein $\Sigma \cup \{\varphi\}$-Beweis ist, erfüllt φ_{n+1} eine der folgenden Bedingungen:
1. $\varphi_{n+1} \in \mathrm{Ax}$,
2a) $\varphi_{n+1} \in \Sigma$ oder 2b) $\varphi_{n+1} = \varphi$,
3. φ_{n+1} ist direkte Konsequenz zweier vorhergehender Folgenglieder φ_j, φ_k mit $j, k \leq n$.

Entsprechend dieser Fallunterscheidung wird der Σ-Beweis $(\psi_1, \ldots, \psi_m)$ unterschiedlich zu einem Σ-Beweis von $\varphi \to \varphi_{n+1}$ erweitert.
Wir beginnen mit Fall 1:
$\psi_{m+1} := \varphi_{n+1} \to (\varphi \to \varphi_{n+1})$ (Einsetzen in Ax 1),
$\psi_{m+2} := \varphi_{n+1}$ (gehört nach Voraussetzung zu Ax),
$\psi_{m+3} := \varphi \to \varphi_{n+1}$ (direkte Konsequenz von ψ_{m+1} und ψ_{m+2}).
$(\psi_1, \ldots, \psi_m, \psi_{m+1}, \psi_{m+2}, \psi_{m+3})$ ist der gesuchte Σ-Beweis.

Fall 2a) zeigt man analog zu 1.
Fall 2b): Wir hängen an $(\psi_1, \ldots, \psi_m)$ den Beweis von $\varphi \to \varphi$ aus Satz 1.11 an.
Im 3. Fall existieren zwei Ausdrücke ψ und χ, so daß $\varphi_j := \psi$, $\varphi_k := \psi \to \chi$ und $\varphi_{n+1} := \chi$. Wir setzen
$\psi_{m+1} := [\varphi \to (\psi \to \chi)] \to [(\varphi \to \psi) \to (\varphi \to \chi)]$ (entsteht aus Ax 2),
$\psi_{m+2} := (\varphi \to \psi) \to (\varphi \to \chi)$ (direkte Konsequenz aus ψ_{m+1} und $\varphi \to \varphi_k$, die unter den $\psi_1, \ldots, \psi_m$ vorkommen),
$\psi_{m+3} := \varphi \to \chi$ (direkte Konsequenz aus ψ_{m+2} und $\varphi \to \varphi_j$).
$\psi_{m+3} := (\varphi \to \chi)$ ist aber $(\varphi \to \varphi_{n+1})$.
In jedem Fall kann $(\psi_1, \ldots, \psi_m)$ also zu einem Σ-Beweis von $\varphi \to \varphi_{n+1}$ erweitert werden. ❑

Als Konsequenz des obigen Satzes erhalten wir das folgende wichtige *Deduktionstheorem.*

Satz 1.17 (Deduktionstheorem für das Ableiten)
Ist ψ aus $\Sigma \cup \{\varphi\}$ ableitbar, dann ist $\varphi \to \psi$ aus Σ ableitbar.

Beweis. Es sei $\Sigma \cup \{\varphi\} \vdash \psi$. Dann existiert ein $\Sigma \cup \{\varphi\}$-Beweis $(\varphi_1, \ldots, \varphi_n)$ mit $\varphi_n = \psi$. Nach Satz 1.16 läßt sich $\varphi \to \varphi_1, \ldots, \varphi \to \varphi_n$ zu einem Σ-Beweis ergänzen, folglich gilt $\Sigma \vdash \varphi \to \psi$. ❑

Dem semantischen Begriff der Widerspruchsfreiheit entspricht der syntaktische Begriff der *Konsistenz.* Eine Menge Σ heißt *inkonsistent,* wenn es einen Ausdruck φ gibt, so daß sowohl φ als auch $\neg\varphi$ aus Σ ableitbar sind. Ist Σ nicht inkonsistent, dann heißt Σ *konsistent.*

Satz 1.18 *Ist Σ inkonsistent, dann ist aus Σ jeder Ausdruck ableitbar.*

Beweis. Es sei Σ inkonsistent und ψ ein beliebiger Ausdruck. Nach Voraussetzung existiert ein Ausdruck φ mit
(1) $\Sigma \vdash \varphi$ und
(2) $\Sigma \vdash \neg\varphi$.
Wir können nun wie folgt schließen:
(3) $\Sigma \cup \{\neg\psi\} \vdash \neg\varphi$ (Monotonie, Satz 1.12 (2)),
(4) $\Sigma \vdash \neg\psi \to \neg\varphi$ (Deduktionstheorem),
(5) $\Sigma \vdash (\neg\psi \to \neg\varphi) \to (\varphi \to \psi)$ (Ax 3),
(6) $\Sigma \vdash \varphi \to \psi$ (MP, angewandt auf (4) und (5)),
(7) $\Sigma \vdash \psi$ (MP, angewandt auf (6) und (1)). ❑

Da Abl($\emptyset$) $\subseteq$ Ded($\emptyset$) und nicht jeder Ausdruck allgemeingültig ist, erhalten wir aus Satz 1.18 insbesondere das folgende

Korollar. *Die leere Menge ist konsistent.*

Satz 1.19 *Ist Σ widerspruchsfrei, dann ist Σ konsistent.*

Beweis. Da Σ widerspruchsfrei ist, besitzt Σ eine Realisierung F. Wäre Σ inkonsistent, dann gäbe es ein φ, so daß $\Sigma \vdash \varphi$ und $\Sigma \vdash \neg\varphi$. Wegen Satz 1.15 ergäbe sich $\Sigma \models \varphi$ und $\Sigma \models \neg\varphi$, also $F^*(\varphi) = F^*(\neg\varphi) = 1$, was unmöglich ist. ❑

Einen wichtigen Zusammenhang zwischen Inkonsistenz und Ableitbarkeit zeigt das folgende Theorem.

Satz 1.20 *Ist $\Sigma \cup \{\neg\varphi\}$ inkonsistent, dann gilt $\Sigma \vdash \varphi$.*

Beweis. Es sei $\Sigma \cup \{\neg\varphi\}$ inkonsistent. Wegen Satz 1.18 gilt dann $\Sigma \cup \{\neg\varphi\} \vdash \neg\psi$ für jeden beliebigen Ausdruck ψ, insbesondere für $\psi = p \to (q \to p)$. Die Anwendung des Deduktionstheorems liefert $\Sigma \vdash \neg\varphi \to \neg\psi$. Mit Hilfe von Ax 3 und MP erhält man $\Sigma \vdash \psi \to \varphi$. Als Axiom ist ψ aus Σ ableitbar, woraus nach Anwendung von MP $\Sigma \vdash \varphi$ folgt. ❑

Wir kommen nun zum Finale unseres angestrebten Zieles und werden umgekehrt zeigen: Ist Σ konsistent, dann ist Σ widerspruchsfrei. Dazu führen wir einen weiteren wichtigen Begriff ein. Σ heißt *vollständig*, wenn für jeden Ausdruck φ entweder $\Sigma \vdash \varphi$ oder $\Sigma \vdash \neg\varphi$ gilt. Das folgende Theorem ist ein wichtiges Hilfsmittel bei der Erzeugung vollständiger Mengen:

Satz 1.21 (Theorem von LINDENBAUM) *Jede konsistente Ausdrucksmenge Σ läßt sich zu einer vollständigen Menge Σ' erweitern.*

Beweis. Obwohl sich dieser Satz allgemeiner beweisen läßt, beschränken wir uns hier auf den *abzählbaren* Fall (der allgemeine Fall kann analog unter Verwendung des *Wohlordnungssatzes* mittels *transfiniter Induktion* gelöst werden, siehe Kapitel 5).
Die Abzählbarkeit bedeutet: Es gibt eine Aufzählung $\varphi_1, \varphi_2, \varphi_3, \ldots$ aller Ausdrücke. Jetzt sei Σ eine gegebene konsistente Menge. Wir definieren eine aufsteigende Kette $\Sigma_0 \subseteq \Sigma_1 \subseteq \Sigma_2 \subseteq \ldots$ von Mengen von Ausdrücken durch Rekursion:
a) $\Sigma_0 = \Sigma$.
b) Ist $\Sigma_n \cup \{\varphi_n\}$ konsistent, dann sei $\Sigma_{n+1} = \Sigma_n \cup \{\varphi_n\}$, anderenfalls sei $\Sigma_{n+1} = \Sigma_n$.
Behauptung 1. Σ_n ist konsistent für jedes n.
Beweis (durch vollständige Induktion). Für $n = 0$ ist $\Sigma_0 = \Sigma$ nach Voraussetzung konsistent. Wir betrachten jetzt Σ_{n+1}. Ist $\Sigma_{n+1} = \Sigma_n \cup \{\varphi_n\}$, dann ist diese Menge nach Definition konsistent, anderenfalls ist $\Sigma_{n+1} = \Sigma_n$ und damit nach Induktionsvoraussetzung konsistent.
Wir setzen nun $\Sigma' = \bigcup_{n=0}^{\infty} \Sigma_n$.
Behauptung 2. Σ' ist konsistent.
Beweis. Ist Σ' inkonsistent, so ist bereits eine endliche Teilmenge $\Delta \subseteq \Sigma'$ inkonsistent (Endlichkeitssatz). Offensichtlich gehört Δ zu einer Menge Σ_n, die nach Behauptung 1 aber konsistent ist. Folglich muß auch Σ' konsistent sein.
Behauptung 3. Σ' ist vollständig.
Beweis. Es sei φ ein beliebiger Ausdruck. Da es eine Aufzählung aller Ausdrücke gibt, besitzt $\neg\varphi$ eine Nummer k, also $\neg\varphi = \varphi_k$. Ist $\Sigma_k \cup \{\varphi_k\}$ konsistent, so ist $\varphi_k \in \Sigma'$ und damit $\Sigma' \vdash \neg\varphi$. Anderenfalls ist $\Sigma_k \cup \{\varphi_k\}$ inkonsistent. Aus Satz 1.20 folgt dann $\Sigma_k \vdash \varphi$, und wegen der Monotonie ist $\Sigma' \vdash \varphi$. ❑

Jede vollständige Menge Σ kann nun benutzt werden, um eine Belegung F_Σ zu definieren:

$$F_\Sigma(p_i) = \begin{cases} 1, & \text{falls } \Sigma \vdash p_i, \\ 0, & \text{falls } \Sigma \vdash \neg p_i. \end{cases}$$

Wir nennen F_Σ die zu Σ gehörende *kanonische Belegung*. Kanonische Belegungen haben eine bemerkenswerte Eigenschaft, wie der folgende Satz zeigt.

Satz 1.22 *Es sei Σ eine vollständige Menge.*
Dann gilt für jeden Ausdruck φ : $F_\Sigma^*(\varphi) = 1$ gdw $\Sigma \vdash \varphi$.

Beweis (durch Induktion über den Formelaufbau).

a) Ist φ eine Variable p, so ist $F_\Sigma(p) = 1$ gdw $\Sigma \vdash p$ (nach Definition).

b) Nun sei φ zusammengesetzt.

Wir betrachten den Fall $\varphi := \neg\psi$. Ist $F_\Sigma^*(\varphi) = 1$, so ist $F_\Sigma^*(\psi) = 0$. Nach Induktionsvoraussetzung gilt dann $\Sigma \nvdash \psi$. Da Σ vollständig ist, erhält man $\Sigma \vdash \neg\psi$, also $\Sigma \vdash \varphi$. Analog folgt aus $\Sigma \vdash \varphi$, daß $F_\Sigma^*(\varphi) = 1$.
Es sei nun $\varphi := \psi \wedge \chi$. Wenn $F_\Sigma^*(\varphi) = 1$, so $F_\Sigma^*(\psi) = F_\Sigma^*(\chi) = 1$. Nach Induktionsvoraussetzung gilt $\Sigma \vdash \psi$ und $\Sigma \vdash \chi$, woraus $\Sigma \vdash \psi \wedge \chi$ folgt. Ist umgekehrt $\Sigma \vdash \psi \wedge \chi$, dann erhält man durch Anwendung von MP $\Sigma \vdash \psi$ und $\Sigma \vdash \chi$. Nach Induktionsvoraussetzung gilt $F_\Sigma^*(\psi) = F_\Sigma^*(\chi) = 1$ und schließlich $F_\Sigma^*(\varphi) = \min\{F_\Sigma^*(\psi), F_\Sigma^*(\chi)\} = 1$. ❑

Korollar. *Die kanonische Belegung F_Σ ist eine Realisierung von Σ.*

Wir kommen nun zum entscheidenden Theorem.

Satz 1.23 *Eine Menge Σ ist konsistent gdw Σ widerspruchsfrei ist.*

Beweis. In Satz 1.19 wurde schon gezeigt, daß aus der Widerspruchsfreiheit die Konsistenz folgt.
Nun sei umgekehrt Σ konsistent. Nach dem Theorem von LINDENBAUM läßt sich Σ zu einer vollständigen Menge Σ' erweitern. Wegen des Korollars zu Satz 1.22 ist $F_{\Sigma'}$ eine Realisierung von Σ'. Damit ist Σ widerspruchsfrei. ❑

Im folgenden sollen einige wichtige Schlußfolgerungen aus Satz 1.23 gezogen werden.

Satz 1.24 (Vollständigkeitssatz)
Für jede Menge Σ und jeden Ausdruck φ gilt: $\Sigma \models \varphi$ gdw $\Sigma \vdash \varphi$,
oder anders ausgedrückt: φ folgt aus Σ gdw φ aus Σ ableitbar ist.

Beweis. Wir haben bereits in Satz 1.15 gezeigt: Aus $\Sigma \vdash \varphi$ folgt $\Sigma \models \varphi$. Wir nehmen nun $\Sigma \models \varphi$ an, d.h., jede Realisierung von Σ erfüllt φ. Damit existiert keine Realisierung von $\Sigma \cup \{\neg\varphi\}$, also ist diese Menge widerspruchsvoll. Wegen Satz 1.23 ist $\Sigma \cup \{\neg\varphi\}$ inkonsistent, woraus man nach Satz 1.20 $\Sigma \vdash \varphi$ erhält. ❑

Insbesondere erhält man eine *spezielle Form des Vollständigkeitssatzes*:

Satz 1.25 *Ein Ausdruck φ ist genau dann allgemeingültig, wenn er ableitbar ist.*

Beweis. Man setze $\Sigma = \emptyset$ und wende Satz 1.24 an. ❑

Nach Satz 1.25 ist das Axiomensystem Ax des Aussagenkalküls in dem Sinne *vollständig*, daß man mit Hilfe der zugrundegelegten Ableitungsregel MP aus Ax alle allgemeingültigen Ausdrücke herleiten kann.

Nun sind wir in der Lage, den Beweis von Satz 1.8 nachzutragen.

Beweis von Satz 1.8.
Es gelte $\Sigma \models \varphi$. Aufgrund des Vollständigkeitssatzes erhält man $\Sigma \vdash \varphi$. Für die Ableitbarkeit gilt der Endlichkeitssatz, folglich existiert eine endliche Teilmenge $\Delta \subseteq \Sigma$, so daß φ aus Δ ableitbar ist. Wiederum mit Hilfe des Vollständigkeitssatzes erhält man $\Delta \models \varphi$. ❑

1.4 Normalformen

Sowohl für theoretische Untersuchungen als auch für praktische Anwendungen ist es vorteilhaft, aussagenlogische Ausdrücke in übersichtlicher Form darstellen zu können. Solche Darstellungen werden *Normalformen* genannt. Kennzeichnend für eine Normalform ist ihre Universalität: Von jedem Ausdruck kann a priori angenommen werden, daß er in dieser Gestalt gegeben ist. Man kommt so zu einer Klassifizierung, die die speziellen Eigenschaften jedes Ausdrucks augenfälliger macht. In gewisser Weise haben wir schon von Normalformen Gebrauch gemacht, indem wir uns auf Ausdrücke beschränkten, die nur die Konnektoren $\neg$ und $\wedge$ enthielten.

Wir wollen auf diesen Punkt noch etwas genauer eingehen.
Die Relation $\varphi \equiv \psi$ kennzeichnet die Wertverlaufsgleichheit. Wie bereits bemerkt, ist $\equiv$ eine Äquivalenzrelation in der Menge aller Ausdrücke. Darüber hinaus gilt noch:

Satz 1.26 *In der Menge* Ausd *aller Ausdrücke definiert* $\equiv$ *eine mit den Konnektoren* $\neg, \wedge, \vee, \rightarrow$ *und* $\leftrightarrow$ *verträgliche Äquivalenzrelation.*

Beweis. Wir zeigen die Behauptung nur für $\rightarrow$, die anderen Fälle beweist man völlig analog. Um nachzuweisen, daß $\equiv$ mit $\rightarrow$ verträglich ist, hat man folgendes zu überprüfen:

$$\text{Wenn } \varphi_1 \equiv \psi_1 \text{ und } \varphi_2 \equiv \psi_2, \text{ so } \varphi_1 \rightarrow \varphi_2 \equiv \psi_1 \rightarrow \psi_2.$$

Ist F eine beliebige Belegung, dann gilt nach Voraussetzung:

$$F^*(\varphi_i) = F^*(\psi_i), \text{ für } i = 1, 2.$$

Also

$$\begin{aligned} F^*(\varphi_1 \rightarrow \varphi_2) &= \max\{1 - F^*(\varphi_1), F^*(\varphi_2)\} \\ &= \max\{1 - F^*(\psi_1) F^*(\psi_2)\} \\ &= F^*(\psi_1 \rightarrow \psi_2). \end{aligned}$$ ❑

Das Ergebnis von Satz 1.26 läßt sich leicht verallgemeinern.

Satz 1.27 *Ist* $\varphi(p_1, \ldots, p_n)$ *ein beliebiger Ausdruck und gilt* $\varphi_1 \equiv \psi_1, \ldots, \varphi_n \equiv \psi_n$, *so ist* $\varphi[\varphi_1, \ldots, \varphi_n] \equiv \varphi[\psi_1, \ldots, \psi_n]$.

Der **Beweis** erfolgt durch Induktion über den Formelaufbau unter Benutzung von Satz 1.26. ❑

Wenn man in einem Ausdruck φ für eine Variable p_i einen Ausdruck φ_i einsetzt, dann geschieht dies an den Stellen, an denen p_i in φ vorkommt. Es seien zwei Einsetzungen gegeben: zum einen werde in φ für die Variable p der Ausdruck χ_1 eingesetzt und zum anderen der Ausdruck χ_2. Aus φ entstehe dabei φ_1 bzw. φ_2. Dafür sagen wir auch: φ_2 entsteht aus φ_1 durch *Ersetzung von* χ_1 *durch* χ_2.

Beispiel. Es seien $\varphi := (p \rightarrow q) \wedge \chi_1$, $\varphi_1 := (\chi_1 \rightarrow q) \wedge \chi_1$, $\varphi_2 := (\chi_2 \rightarrow q) \wedge \chi_1$, und p komme nicht in χ_1 vor. Dann sind φ_1 bzw. φ_2 aus φ durch die Einsetzungen $p := \chi_1$ bzw. $p := \chi_2$ entstanden, und wir erhalten φ_2 aus φ_1 durch Ersetzung von χ_1 durch χ_2.

Man beachte, daß bei der Ersetzung der auszutauschende Ausdruck nicht an allen Stellen ersetzt werden muß. Die Bedingung, daß p nicht in χ_1 vorkommt, läßt sich immer erfüllen, da wir unendlich viele Variablen zur Auswahl haben.
Damit erhält man aus Satz 1.27 die folgende Konsequenz.

Satz 1.28 (Ersetzbarkeitstheorem)
Entsteht φ_2 aus φ_1 durch Ersetzung wertverlaufsgleicher Ausdrücke, dann sind φ_1 und φ_2 ebenfalls wertverlaufsgleich.

Dieser Satz erlaubt uns nun, überall z.B. Ausdrücke der Form $\varphi \leftrightarrow \psi$ durch $(\varphi \rightarrow \psi) \wedge (\psi \rightarrow \varphi)$ und Ausdrücke der Form $\varphi \rightarrow \psi$ durch $\neg\varphi \vee \psi$ äquivalent zu ersetzen.
Man kann also prinzipiell jeden Ausdruck mit Hilfe der Konnektoren $\neg$, $\wedge$ und $\vee$ darstellen. Wegen $\varphi \vee \psi \equiv \neg(\neg\varphi \wedge \neg\psi)$ könnte man sogar noch auf die Alternative verzichten, was aber eine unübersichtlichere Darstellung zur Folge hätte.
Wir sagen, daß ein Ausdruck in *verneinungstechnischer Normalform* (vNF) dargestellt ist, wenn er nur die Konnektoren $\neg$, $\wedge$ und $\vee$ enthält und wenn $\neg$ höchstens vor Aussagenvariablen steht.

Satz 1.29 *Jeder Ausdruck ist äquivalent zu einem Ausdruck in verneinungstechnischer Normalform.*

Beweis. Nach dem Ersetzbarkeitstheorem können wir uns auf Ausdrücke φ beschränken, die nur $\neg$, $\wedge$ und $\vee$ enthalten.
Wir führen den Beweis durch Induktion über die Länge der Ausdrücke. Ist φ eine Variable, dann besitzt φ die gewünschte Gestalt. Anderenfalls hat φ eine der Formen $\psi \wedge \chi$, $\psi \vee \chi$ oder $\neg\psi$. Da ψ und χ eine geringere Länge haben als φ, sind sie nach Induktionsvoraussetzung schon äquivalent zu verneinungstechnischen Normalformen ψ' bzw. χ'. Da dann $\psi' \wedge \chi'$ und $\psi' \vee \chi'$ ebenfalls schon in vNF gegeben sind, haben wir für die ersten beiden Fälle die gewünschte Form erhalten, und es bleibt nur noch $\varphi := \neg\psi$ zu betrachten. Hierbei nehmen wir folgende Fallunterscheidung vor: ψ ist

a) eine Variable p,

b) eine Konjunktion $\psi_1 \wedge \psi_2$,

c) eine Alternative $\psi_1 \vee \psi_2$ oder

d) eine Negation $\neg\psi_1$.

Im Fall a) sind wir fertig. In den anderen Fällen ist φ jeweils äquivalent zu $\neg\psi_1 \vee \neg\psi_2$, $\neg\psi_1 \wedge \neg\psi_2$ bzw. zu ψ_1. Da ψ_1, $\neg\psi_1$ und ψ_2 jeweils eine geringere Länge haben als φ, sind sie nach Induktionsvoraussetzung äquivalent zu Ausdrücken in vNF. Dann ist in jedem Falle auch φ äquivalent zu einer solchen Normalform. ❑

Ein Ausdruck φ heißt *Elementarkonjunktion*, wenn φ eine Konjunktion von negierten oder unnegierten Aussagenvariablen ist. Analog heißt φ *Elementaralternative*, wenn φ eine Alternative ist, die aus negierten oder unnegierten Aussagenvariablen besteht.

Beispiele

1. $\neg q$ (negierte Aussagenvariable)
2. $\neg q \wedge q \wedge \neg r$ (Elementarkonjunktion)
3. $\neg p \vee \neg q \vee r$ (Elementaralternative).

Elementarkonjunktionen bzw. -alternativen werden z.B. bei der Standardisierung integrierter Schaltkreise benutzt. Die als NOR-Gatter bezeichneten Bauelemente entsprechen den Elementarkonjunktionen $\neg p_1 \wedge \ldots \wedge \neg p_n$, während die NAND-*Gatter* den Elementaralternativen $\neg p_1 \vee \ldots \vee \neg p_n$ entsprechen.
Der Ausdruck φ heißt *konjunktive Normalform*, wenn φ eine Konjunktion von Elementaralternativen ist. Analog heißt φ eine *alternative Normalform*, wenn φ eine Alternative ist, die aus Elementarkonjunktionen besteht. Dabei sei ausdrücklich der ausgeartete Fall zugelassen, daß die Konjunktion bzw. die Alternative nur aus einem einzigen Glied besteht.
Das folgende *Normalformtheorem* gibt Auskunft über die schon diskutierte Darstellbarkeit von Ausdrücken in übersichtlicher Form:

Satz 1.30 (Normalformtheorem)

(1) *Jeder Ausdruck ist äquivalent zu einer konjunktiven Normalform.*

(2) *Jeder Ausdruck ist äquivalent zu einer alternativen Normalform.*

Beweis. Man kann o.B.d.A. annehmen, daß die Ausdrücke φ in vNF gegeben sind.
(1) (Beweis durch vollständige Induktion über die Länge des Ausdrucks) Ist φ eine negierte oder eine unnegierte Variable, dann sind wir fertig. Anderenfalls hat φ entweder die Gestalt:

a) $\psi \wedge \chi$ oder b) $\psi \vee \chi$.

Nach Induktionsvoraussetzung sind ψ und χ schon äquivalent zu konjunktiven Normalformen ψ' bzw. χ'.

Fall a) Hierbei ist φ äquivalent zu $\psi' \wedge \chi'$, also zu einem Ausdruck in konjunktiver Normalform.

Fall b) Als konjunktive Normalformen haben ψ' und χ' die Gestalt $\bigwedge_{i=1}^{n} \psi_i$ bzw. $\bigwedge_{j=1}^{m} \chi_j$, wobei die ψ_i und die χ_j ($n = 1$ bzw. $m = 1$ sind zugelassen) Elementaralternativen sind. Offenbar gilt die folgende Äquivalenz (allgemeines Distributivgesetz)

$$(\bigwedge_{i=1}^{n} \psi_i) \vee (\bigwedge_{j=1}^{m} \chi_j) \equiv \bigwedge_{i=1}^{n} \bigwedge_{j=1}^{m} (\psi_i \vee \chi_j),$$

die sich leicht durch vollständige Induktion beweisen läßt. Damit ist φ äquivalent zu der konjunktiven Normalform $\bigwedge_{i=1}^{n} \bigwedge_{j=1}^{m} (\psi_i \vee \chi_j)$.

Der Beweis von (2) wird ähnlich geführt. ❑

Beispiel. Bildung einer konjunktiven Normalform.

Es sei $\varphi := (p \to q) \to (\neg q \to \neg p)$.

1. $\neg(\neg p \vee q) \vee (\neg(\neg q) \vee \neg p)$ (Ersetzung von $\to$)
2. $(\neg(\neg p) \wedge \neg q) \vee (\neg(\neg q) \vee \neg p)$ (Ausführung der Negation)
3. $(p \wedge \neg q) \vee (q \vee \neg p)$ (Weglassen von $\neg\neg$ liefert eine vNF)
4. $(p \vee q \vee \neg p) \wedge (\neg q \vee q \vee \neg p)$ (konjunktive Normalform).

Ist ein Ausduck in konjunktiver Normalform gegeben, dann kann recht einfach entschieden werden, ob er allgemeingültig ist oder nicht, denn eine Konjunktion ist genau dann allgemeingültig, wenn jedes Konjunktionsglied allgemeingültig ist. Ein derartiges Konjunktionsglied, das ja die Form einer Elementaralternative hat, ist genau dann allgemeingültig, wenn darin eine Aussagenvariable sowohl negiert als auch unnegiert auftritt.

1.5 Aufgaben

1.1 Stellen Sie Wertetabellen für folgende Ausdrücke auf!

a) $(p \to q) \wedge (q \to r) \to (p \to r)$,

b) $[(p \to q) \to (q \to r)] \to (p \to r)$,

c) $(p \to q) \to \big((p \to r) \to (p \to q \wedge r)\big)$,

d) $p \vee q \to (q \to r)$.

1.2 Überprüfen Sie an Hand einer Wertetabelle, welche der folgenden Ausdrücke allgemeingültig sind!

a) $((p \to q) \to r) \leftrightarrow (p \wedge q \to r)$,

b) $(p \vee q \to r) \to (p \to r) \wedge (q \to r)$,

c) $\neg(p \wedge q) \to \neg(p \to q)$,

d) $(p \wedge q) \vee (r \wedge \neg p) \vee (p \wedge \neg q) \to r \vee p$,

e) $(p \wedge \neg q) \vee (q \wedge \neg r) \vee (r \wedge \neg p) \leftrightarrow p \vee q \vee r$.

1.3 Zeigen Sie, daß die Ausdrücke Ax 1 – Ax 7 allgemeingültig sind!

1.4 Beweisen Sie, daß die Ausdrücke im Beispiel, S. 15, Tautologien sind!

1.5 Überprüfen Sie die in Box 4, S. 15, angegebenen Äquivalenzen!

1.6 a) Bestimmen Sie die maximale Anzahl logisch nicht äquivalenter Ausdrücke in den Variablen p und q.

b) Man löse a) für die Variablen $p_1, \ldots, p_n$!

1.7 Bilden Sie die Negation der folgenden Ausdrücke, so daß der Konnektor $\neg$ höchstens noch vor Aussagenvariablen vorkommt!

a) $p \vee (q \wedge r)$,

b) $p \vee (q \to ((r \to s) \vee t))$,

c) $\neg p \leftrightarrow q \vee r$,

d) $(p \vee q) \wedge (\neg p \vee r)$,

e) $(p \to \neg q) \vee (\neg q \to p)$.

1.8 Bilden Sie jeweils eine konjunktive und alternative Normalform von:

a) $[\neg p \wedge ((p \wedge \neg q) \vee r) \wedge (q \vee s)] \to (p \vee \neg r \vee s)$,

b) $(p \to q) \to [(q \to r) \to (p \to r)]$,

c) $\neg(p \wedge q) \rightarrow \neg(p \rightarrow q)$,

d) $(p \rightarrow q) \wedge (r \vee p) \rightarrow (r \vee q)$.

1.9 Geben Sie für die folgenden Ausdrücke formale Beweise an!

(Hinweis: Die Ableitungsfolgen werden relativ lang und man braucht Geduld, um sie zu finden, eher etwas für lange Winterabende. Einfaches Herumprobieren wird nicht zum Ziel führen, man muß wie beim Induktionsbeweis von Satz 1.16 vorgehen.)

a) $r \rightarrow [(p \rightarrow (q \rightarrow r)]$,

b) $(p \rightarrow q) \rightarrow [(q \rightarrow r) \rightarrow (p \rightarrow r)]$,

c) $(p \rightarrow q) \wedge (r \vee p) \rightarrow (r \vee q)$,

d) $(p \rightarrow q) \rightarrow (\neg q \rightarrow \neg p)$,

e) $(p \rightarrow q \vee r) \wedge (\neg q \wedge p) \rightarrow r$,

f) $[(p \wedge q) \rightarrow (r \vee s)] \rightarrow [(r \vee s \rightarrow t) \rightarrow (p \wedge q \rightarrow t)]$.

1.10 Es sei $|$ sei ein zweistelliger Konnektor und $p \,|\, q$ habe die Bedeutung „weder p noch q". Zeigen Sie, daß sich alle Konnektoren $\neg, \wedge, \vee, \rightarrow$ und $\leftrightarrow$ allein durch $|$ darstellen lassen!

1.11 Geben Sie eine Schaltung nur mit NAND-Gatter (NOR-Gatter) an, die folgenden Ausdruck realisiert:

a) $(p \wedge q) \vee [\neg p \wedge (\neg s \vee (s \wedge q))]$,

b) $(p \vee q) \wedge [(\neg s \wedge (q \vee \neg r)) \vee (\neg p \wedge \neg q)]$,

c) $(p \rightarrow q) \vee (p \wedge \neg r) \vee (p \wedge (r \rightarrow q))$.

1.12 a) Beweisen Sie, daß sich jeder (logische) Ausdruck mittels NAND-Gatter darstellen läßt!

b) Man beweise, daß sich jeder (logische) Ausdruck mittels NOR-Gatter realisieren läßt!

Kapitel 2

Prädikatenlogik

Die Untersuchungen im vorhergehenden Kapitel haben uns in die Lage versetzt, den Wahrheitswert für zusammengesetzte Aussagen zu bestimmen, wenn er für die einfachsten Teilaussagen schon gegeben ist. Damit ist zwar das allgemeine Problem der Definition eines *Wahrheitsbegriffs* noch nicht gelöst worden, aber für die Belange der Mathematik ist dies auch nicht notwendig. Zum weiteren Ausbau der Theorie der Logik ist es erforderlich, auf die mathematische Darstellungsweise von Beziehungen näher einzugehen. Der in der Mathematik benutzte Strukturbegriff ist außerordentlich allgemein und steht damit auch auf einer hohen Abstraktionsstufe. Wir beginnen deshalb mit der Beschreibung von vertrauten Strukturen, um daraus eine allgemeine Strukturdefinition zu gewinnen.
Die Eigenschaften von Strukturen können durch Aussagen in entsprechenden elementaren Sprachen formuliert werden. Für alle Aussagen in diesen Sprachen ist die Gültigkeit in Strukturen exakt festgelegt.
Das formale Ableiten, eingeführt im Aussagenkalkül, läßt sich etwas modifiziert auf elementare Sprachen übertragen. Es zeigt sich, daß die Aussagen, die aus einer Menge formal ableitbar sind, gerade mit den Folgerungen aus dieser Menge übereinstimmen. Diese Tatsache, auch als *Vollständigkeit* des Kalküls bezeichnet, ist eines der Hauptresultate dieses Kapitels.

2.1 Strukturen

Zunächst werden grundlegende Begriffe der mathematischen Darstellungsweise eingeführt. Will man den Wahrheitswert einer zusammengesetzten Aussage ermitteln, so benötigt man dafür die Wahrheitswerte ihrer Teilaussagen. Beispiele für unzerlegbare Aussagen sind:

a) Zwei ist kleiner als Vier.
b) Sieben ist größer als Neun.
c) Elf ist durch Fünf teilbar.
d) Dreiviertel ist gleich Null-Komma-sieben-fünf.

Es ist sicherlich klar, daß a) und d) wahre Aussagen sind, während b) und c) falsch sind. Die erfolgreiche Anwendung der Mathematik resultiert unter anderem auch aus der effektiven Darstellung mathematischer Sachverhalte. Es wird nämlich eine kurze formelmäßige Beschreibung bevorzugt. Die obigen Beispiele sehen dann wie folgt aus:

a′) $2 < 4$, b′) $7 > 9$,

c′) $5|11$, d′) $3/4 = 0,75$.

Beim Vergleich beider Darstellungen wird man feststellen, daß der Inhalt in letzterer Schreibweise sehr viel schneller erfaßt werden kann. Sieht man sich die Aussagen a′) – d′) genauer an, so kann man erkennen, daß sich alle Aussagen auf Objekte beziehen, die einem wohlbestimmten Bereich angehören. In a′) – c′) wird etwas über spezielle natürliche Zahlen ausgesagt, während sich d′) auf rationale Zahlen bezieht. Wir stellen daraus die allgemeine Regel auf: *Mathematische Aussagen beziehen sich auf Objekte, die einem gegebenen Individuenbereich angehören.*
Solche Individuenbereiche heißen in der Mathematik auch *Mengen*. Tiefere Einsichten in die Mengenlehre sind vorerst nicht erforderlich. Gegebenenfalls kann das letzte Kapitel zu Rate gezogen werden.
Nun sollen die Begriffe *Relation* und *Funktion* in anschaulicher Form eingeführt werden. Mit Hilfe der „Kleiner als“-Beziehung kann man z.B. eine Teilmenge S von $\mathbb{N}^2$ (der Menge der geordneten Paare natürlicher Zahlen) wie folgt definieren:

$$S = \{(a, b) \in \mathbb{N}^2 \colon \text{„}a \text{ ist kleiner als } b\text{“}\},$$

in Worten: S ist die Menge aller geordneter Paare natürlicher Zahlen, von denen die erste kleiner ist als die zweite. Es gehören z.B. die Paare (1,3), (7,9) und (3,11) zu S, wogegen etwa (2,2), (3,1) und (5,4) nicht in S liegen. Umgekehrt ist nun aber auch die „Kleiner als“-Beziehung durch S eindeutig festgelegt!
Offenbar gilt: a ist kleiner als b genau dann, wenn das Paar (a, b) zur Menge S gehört. Wir haben damit eine Möglichkeit, Beziehungen zwischen natürlichen Zahlen (den Elementen der Menge $\mathbb{N}$) durch Teilmengen zu charakterisieren.
Ist A eine gegebene Menge, so bezeichnet A^n, $n > 0$, die Menge der n-Tupel von Elementen aus A. Jede Teilmenge $S \subseteq A^n$ der Menge aller n-Tupel aus A heißt eine *n-stellige Relation* über A.

Beispiele. Relationen über $\mathbb{N}$

1. $S_1 = \{0, 2, 4, 8\}$.
2. $S_2 = \{n \in \mathbb{N} : n \text{ ist gerade}\}$.
3. $S_3 = \{(m, n) \in \mathbb{N}^2 : n \text{ ist der Nachfolger von } m\}$.
4. $S_4 = \{(m, n, k) \in \mathbb{N}^3 : k \text{ ist der größte gemeinsame Teiler von } m \text{ und } n\}$.

Insbesondere entsprechen den einstelligen Relationen über A gerade die Teilmengen von A. Nun gibt es natürlich eine unüberschaubare Fülle von Relationen. Daher ist eine Klassifizierung nach bestimmten Gesichtspunkten wünschenswert. Für die zweistelligen Relationen sind einige wenige dieser Eigenschaften von herausragender Bedeutung.

Box 6. Eigenschaften zweistelliger Relationen

Es sei A eine beliebige Menge und $S \subseteq A^2$ eine zweistellige Relation über A. Die Relation S heißt

(R) *reflexiv gdw für alle* $a \in A$ *gilt*: $(a, a) \in S$,

(IR) *irreflexiv gdw für alle* $a \in A$ *gilt*: $(a, a) \notin S$,

(S) *symmetrisch gdw für alle* $a, b \in A$ *gilt*:
wenn $(a, b) \in S$, *so* $(b, a) \in S$,

(AS) *antisymmetrisch gdw für alle* $a, b \in A$ *gilt*:
wenn $(a, b) \in S$ *und* $(b, a) \in S$, *so* $a = b$,

(K) *konnex gdw für alle* $a, b \in A$ *gilt*:
$(a, b) \in S$ *oder* $(b, a) \in S$ *oder* $a = b$,

(L) *linear gdw für alle* $a, b \in A$ *gilt*: $(a, b) \in S$ *oder* $(b, a) \in S$,

(T) *transitiv gdw für alle* $a, b, c \in A$ *gilt*:
wenn $(a, b) \in S$ *und* $(b, c) \in S$, *so* $(a, c) \in S$.

Beispiele.

1. Die „Kleiner als"-Relation $<$ erfüllt die Eigenschaften (IR), (K) und (T), sie ist eine (*irreflexive*) *Ordnung*.
2. Die „Kleiner oder gleich"-Relation $\leq$ erfüllt die Eigenschaften (R), (AS), (L) und (T), sie ist eine (*reflexive*) *Ordnung*.
3. Die mengentheoretische Inklusion $\subseteq$ zwischen den Teilmengen natürlicher Zahlen erfüllt die Eigenschaften (R), (AS) und (T).

Fortsetzung von Box 6

Sie sind charakteristisch für *partielle Ordnungen* oder auch *Halbordnungen*.

4. Die Gleichheit von Elementen (in einer beliebigen nichtleeren Menge) erfüllt die Bedingungen (R), (S) und (T).

Wie aus den Beispielen ersichtlich ist, haben konkret gegebene Relationen häufig mehrere der angeführten Eigenschaften. Eine reflexive, symmetrische und transitive Relation wird als *Äquivalenzrelation* bezeichnet. Äquivalenzrelationen können als eine Art „vergröberte" Gleichheit angesehen werden.

Es sei $S \subseteq A^2$ eine Äquivalenzrelation über A. Anstelle von $(a, b) \in S$ schreiben wir auch $a \sim_S b$ und sagen „a ist S-äquivalent zu b". Mit Hilfe der Relation S läßt sich für jedes Element $a \in A$ die Menge $a/\!\sim\, = \{x \in A : a \sim_S x\}$ bilden. $a/\!\sim$ heißt *Äquivalenzklasse* von a. Aus den Eigenschaften (R), (S) und (T) ergibt sich:

Haben zwei Äquivalenzklassen $a/\!\sim$ und $b/\!\sim$ wenigstens ein gemeinsames Element, so sind sie gleich.

S bewirkt somit eine Zerlegung der Grundmenge A in paarweise elementfremde Äquivalenzklassen. Andererseits erzeugt auch jede solche Zerlegung der Menge A eine Äquivalenzrelation.

Beispiel. Es sei $A = \{(m, n) \in \mathbb{N}^2 : n \neq 0\}$.

Über A definieren wir die Relation S durch:

$$(m_1, n_1) \sim_S (m_2, n_2) \iff m_1 n_2 = m_2 n_1.$$

Die Reflexivität von S ist offensichtlich. Ist nun $(m_1, n_1) \sim_S (m_2, n_2)$, d.h. $m_1 n_2 = m_2 n_1$, dann folgt aus $m_2 n_1 = m_1 n_2$ sofort $(m_2, n_2) \sim_S (m_1, n_1)$, womit die Symmetrie von S gesichert ist.

Es sei nun $(m_1, n_1) \sim_S (m_2, n_2)$ und $(m_2, n_2) \sim_S (m_3, n_3)$, d.h. $m_1 n_2 = m_2 n_1$ und $m_2 n_3 = m_3 n_2$. Da $n_2 \neq 0$, lassen sich die folgenden Umformungen durchführen:

$$m_1 n_3 = m_1 n_3 (n_2/n_2) = m_1 n_2 (n_3/n_2) = m_2 n_1 (n_3/n_2) = m_2 n_3 (n_1/n_2) = m_3 n_2 (n_1/n_2) = m_3 n_1, \text{ also}$$

$$(m_1, n_1) \sim_S (m_3, n_3).$$

S definiert auf A eine Äquivalenzrelation. Es gilt $(m_1, n_1) \sim_S (m_2, n_2)$ gdw die Brüche m_1/n_1 und m_2/n_2 dieselbe rationale Zahl darstellen. Während die Elemente $(m, n) \in A$ die Brüche repräsentieren, entsprechen die Äquivalenzklassen von S den rationalen Zahlen.

Ist eine nichtleere Menge A zusammen mit einer oder mehreren Relationen $S_1, \ldots, S_m$ über A gegeben, dann bezeichnet man die Zusammenstellung $\mathcal{A} = \langle A, S_1, \ldots, S_m \rangle$ als *Relationalstruktur*. Hierbei lassen wir auch den Fall unendlich vieler Relationen S_i zu.
Einen nur auf den ersten Blick einfach erscheinenden Fall erhält man, wenn nur eine einzige zweistellige Relation betrachtet wird. Eine Relationalstruktur $\langle A, \mathrm{S} \rangle$, wobei S eine zweistellige Relation über A ist, heißt auch *Graph* (siehe Box 7). Die Klasse der Graphen eignet sich für eine ganze Reihe von theoretischen Untersuchungen besonders gut. Aber auch für viele praktische Probleme läßt sich die Graphentheorie einsetzen: Elektrische Netzwerke, Straßennetze, Chip-Konstruktion usw. lassen sich mit Hilfe von Graphen darstellen. Bestimmte Graphen werden *Bäume* genannt. Sie sind u.a. für die Verwaltung von Daten brauchbar.

Box 7. Graphen

S sei eine zweistellige Relation über der nichtleeren Menge A. Dann heißt die Relationalstruktur $\langle A, S \rangle$ *Graph*. Häufig haben Graphen noch zusätzliche Eigenschaften. Ist S irreflexiv und symmetrisch, dann heißt $\langle A, S \rangle$ ein einfacher ungerichteter Graph. Es ist wünschenswert, die Struktur eines Graphen möglichst einprägsam darstellen zu können. Wir geben einige einfache Beispiele an:

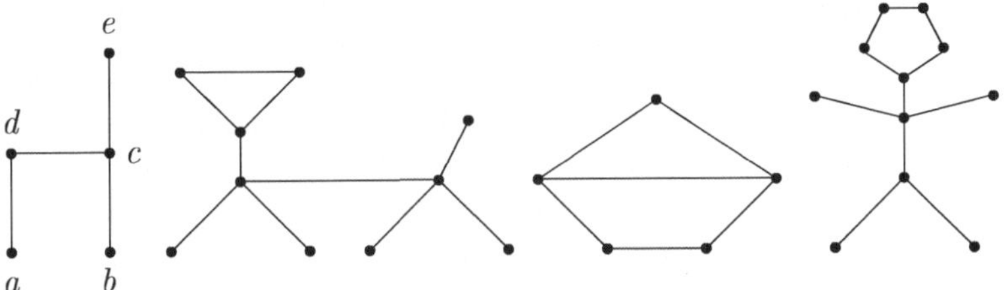

Im ersten Beispiel ist $A = \{a, b, c, d, e\}$. Die Relation S läßt sich wie folgt beschreiben: Ein Punktepaar (x, y) gehört zu S gdw beide Punkte miteinander verbunden sind. Also gilt

$$S = \{(a, d), (d, a), (d, c), (c, d), (b, c), (c, b), (c, e), (e, c)\}.$$

Die Elemente des Graphen heißen *Ecken*, während man die Verbindung zwischen zwei Punkten *Kante* nennt.

Fortsetzung von Box 7

Wir definieren nun, was ein *Weg* ist. Ein einzelner Punkt P stellt einen Weg der Länge 0 dar. Es sei $\overline{w} = (P_1, \ldots, P_{n+1})$ eine Folge von Punkten des Graphen, so daß $P_i \neq P_{i+1}$ für $i = 1, \ldots, n$. Für $n > 0$ heißt $\overline{w}$ ein *Weg der Länge* n, falls $(P_1, \ldots, P_n)$ ein Weg der Länge $n-1$ ist und P_n und P_{n+1} miteinander verbunden sind, d.h. $(P_n, P_{n+1}) \in S$.
Im ersten Graphen sind z.B. $(a, d, c, b), (a, d, c, d, a)$ und (d, c, e) Wege, während $(a, b, c), (a, d, d, c)$ und (a, c, e) keine Wege sind. Ein Weg heißt *doppelpunktfrei*, wenn alle seine Punkte paarweise voneinander verschieden sind. Ist $(P_1, \ldots, P_n), n \geq 3$, ein doppelpunktfreier Weg, bei dem Anfangs- und Endpunkt miteinander verbunden sind, dann wird der Weg $(P_1, \ldots, P_n, P_1)$ auch als *Kreis* bezeichnet. Ein Graph ohne Kreise wird *Baum* genannt. Die folgenden ersten zwei Beispiele stellen Bäume dar, während der letzte Graph einen Kreis enthält und daher kein Baum ist.

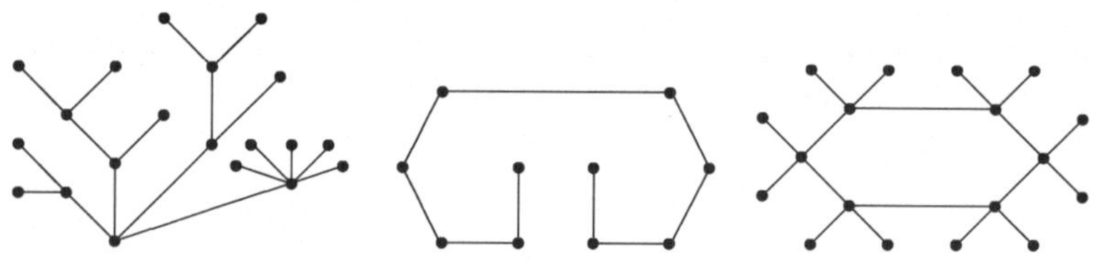

Im Falle mehrstelliger Relationen erweist sich die folgende Eigenschaft als wesentlich. Es sei S eine $(n+1)$-stellige Relation über A. Wir sagen, S ist *in der letzten Stelle eindeutig bestimmt* oder S ist eine *partielle Funktion* in A, falls für alle Elemente $a_1, \ldots, a_n, b, c \in A$ gilt:
Wenn $(a_1, \ldots, a_n, b) \in S$ und $(a_1, \ldots, a_n, c) \in S$, so $b = c$.
Ist S in der letzten Stelle eindeutig bestimmt, dann heißen

$$\mathrm{Def}(S) = \{(a_1, \ldots, a_n) \in A^n\colon \text{ es gibt ein } b \in A \text{ mit } (a_1, \ldots, a_n, b) \in S\}$$

und

$$\mathrm{W}(S) = \{b \in A\colon \text{ es existieren } a_1, \ldots, a_n \in A \text{ mit } (a_1, \ldots, a_n, b) \in S\}$$

Definitionsbereich bzw. *Wertebereich* von S.
Ist S in der letzten Stelle eindeutig bestimmt und $\mathrm{Def}(S) = A^n$, dann ist S eine n-stellige *Funktion* oder *Operation* in A. Für Funktionen S schreibt man $S(a_1, \ldots, a_n) = b$ anstelle von $(a_1, \ldots, a_n, b) \in S$ und

nennt b den *Funktionswert* von S für $(a_1, \ldots, a_n)$. Um S als n-stellige Funktion über A zu kennzeichnen benutzt man auch die Schreibweise $S : A^n \longrightarrow A$.

Beispiele.

1. Die Bildung des Nachfolgers ergibt eine einstellige Funktion auf der Menge der natürlichen Zahlen.
2. Auf der Menge der reellen Zahlen definieren analytische Ausdrücke der Form $x^2 + x + 1$, $\sin x$, $\mathrm{e}^x, \ldots$ einstellige Funktionen.
3. Addition und Multiplikation sind zweistellige Funktionen.

Sind $f_1, \ldots, f_n$ Funktionen in A, dann heißt die Zusammenstellung $\mathcal{A} = \langle\, A, f_1, \ldots, f_n \,\rangle$ eine *algebraische Struktur* oder kurz *Algebra.* Die Menge $A := |\mathcal{A}|$ wird auch *Grundmenge*, *Individuenbereich* oder *Universum* von $\mathcal{A}$ genannt.
Die Untersuchung algebraischer Strukturen nimmt in der Mathematik einen breiten Raum ein. Selbst einfache algebraische Strukturen $\langle\, A, f \,\rangle$, wobei f eine zweistellige Operation ist, sind sehr vielgestaltig (siehe hierzu auch Box 8).

Beispiele. Algebren sind

$$\langle\, \mathbb{N}, +, \cdot \,\rangle, \quad \langle\, \mathbb{R}, +, \cdot \,\rangle, \quad \langle\, \mathbb{R}, \sin \,\rangle, \quad \langle\, \mathbb{R}^+, \sqrt{} \,\rangle,$$

wobei $\mathbb{N}$, $\mathbb{R}$, $\mathbb{R}^+$ der Reihe nach die Menge der natürlichen, der reellen bzw. der positiven reellen Zahlen bezeichnen. Will man bestimmte Elemente hervorheben, z.B. die reellen Zahlen $0, 1, 2, \pi, \ldots$, dann kann man sie als 0-stellige Funktionen betrachten und schreibt dafür

$$\langle\, \mathbb{R}, +, \cdot, 0, 1, 2, \pi, \ldots \rangle.$$

Wir bezeichnen die hervorgehobenen Elemente als *Individuenkonstanten* oder kurz als *Konstanten.*

Es liegt nahe, Relationen und Funktionen gleichzeitig zu betrachten. Sind $f_1, \ldots, f_m$ Funktionen, $S_1, \ldots, S_n$ Relationen und $a_1, \ldots, a_k$ Konstanten in A, dann heißt die Zusammenstellung

$$\mathcal{A} = \langle\, A, f_1, \ldots, f_m, S_1, \ldots, S_n, a_1, \ldots, a_k \,\rangle$$

eine *Struktur.* Wir erlauben auch den Fall unendlich vieler Relationen, Funktionen oder Konstanten.
Besonders interessante und wichtige Beispiele für Strukturen sind $\langle\, \mathbb{R}, +, \cdot, <, 0, 1 \,\rangle$ und $\langle\, \mathbb{N}, +, \cdot, <, 0, 1 \,\rangle$.

Box 8. Algebren

Es sei $\circ : A^2 \to A$ eine zweistellige Operation in A. In diesem Falle schreiben wir $a \circ b$ anstelle von $\circ(a, b)$. Ähnlich wie für zweistellige Relationen geben wir jetzt wichtige Eigenschaften für zweistellige Operationen an. Die Operation $\circ$ heißt

(A) *assoziativ* gdw für alle $a, b, c \in A$ gilt: $a \circ (b \circ c) = (a \circ b) \circ c$,

(K) *kommutativ* gdw für alle $a, b \in A$ gilt: $a \circ b = b \circ a$.

Ein Element $e \in A$ heißt *rechts-neutral* bezüglich $\circ$ gdw für alle $a \in A$ gilt: $a \circ e = a$. Analog definiert man *links-neutral.*

Die Algebra $\langle A, \circ \rangle$ heißt *Halbgruppe*, wenn $\circ$ assoziativ ist. Beispiele für Halbgruppen sind sehr leicht zu finden:

Aus dem Schulunterricht ist bekannt, daß Addition und Multiplikation assoziativ sind. Folglich sind $\langle \mathbb{N}, + \rangle$, $\langle \mathbb{N}, \cdot \rangle$ und $\langle \mathbb{R}, + \rangle$ Halbgruppen.

Weit weniger bekannt (aber trotzdem nicht weniger wichtig) sind die *Worthalbgruppen.* Es sei X ein Alphabet, z.B. $X = \{a, b, c, \ldots, z\}$. Endliche Folgen von Buchstaben nennen wir *Wörter.* X^* sei die Menge der Wörter des Alphabets X. *aab, auto, bahn,...* sind Beispiele für Wörter aus X und gehören somit zu X^*. Wir betrachten jetzt eine zweistellige Operation $\circ$ in X^*, die darin besteht, daß zwei gegebene Wörter zu einem Wort zusammengefügt werden, z.B. entsteht aus den Wörtern „*auto*“ und „*bahn*“ das Wort „*autobahn*“, also *auto* $\circ$ *bahn* = *autobahn.* Derartige Operationen werden z.B. in Programmiersprachen und Textverarbeitungsprogrammen verwendet.

Ist e ein rechts-neutrales Element bezüglich der Operation $\circ$ und erfüllen die Elemente a und b die Gleichung $a \circ b = e$, so heißt b *invers* (genauer: *rechts-invers*) zu a.

Die Operation $\circ$ heißt (*rechts-*) *invertierbar* gdw jedes Element a ein (rechts-)inverses Element b besitzt, d.h. $a \circ b = e$.

Eine Halbgruppe mit (rechts-)neutralem Element e, wobei die Operation $\circ$ (rechts-)invertierbar ist, heißt *Gruppe.* Gruppen gehören zu den wichtigsten Strukturen in der Mathematik.

Beispiele

1. Es sei $\mathbb{Z}$ die Menge der ganzen Zahlen und $+$ die Addition in $\mathbb{Z}$. Da für beliebige ganze Zahlen n die Gleichung $n + 0 = n$ gilt, ist 0 bezüglich $+$ ein neutrales Element. Außerdem besitzt jede ganze Zahl n ein inverses Element $(-n)$, denn es gilt $n + (-n) = 0$. $\langle \mathbb{Z}, + \rangle$ bildet somit eine Gruppe.

2. $\mathbb{Q}^+$ sei die Menge der positiven rationalen Zahlen und $\cdot$ die übliche Multiplikation. Für beliebige rationale Zahlen q gilt $q \cdot 1 = q$. 1 ist somit ein bezüglich $\cdot$ neutrales Element. Für jede rationale Zahl q ist $1/q$ das inverse Element, da $q \cdot (1/q) = 1$ ist. Folglich ist $\langle \mathbb{Q}^+, \cdot \rangle$ eine Gruppe.

2.2 Elementare Sprachen

Über eine vorliegende Struktur können Aussagen verschiedener Art gemacht werden. Einige dieser Aussagen werden als elementar bezeichnet, weil sie sich in einer entsprechenden Sprache formulieren lassen. Wie eine solche Sprache aussieht, wollen wir am Beispiel der natürlichen Zahlen und der Aussage

$\varphi :=$ (die „Kleiner als“-Beziehung ist transitiv)

erörtern. Mit Hinblick auf die Definition der Transitivität läßt sich φ auch folgendermaßen formulieren

$\varphi_0 :=$ (für alle natürlichen Zahlen m, n und k gilt: ist m kleiner als n und n kleiner als k, so ist m auch kleiner als k).

Lassen wir zunächst den Anfangsteil der Aussage außer acht, so kann der verbleibende Teil aussagenlogisch als

(m ist kleiner als n $\wedge$ n ist kleiner als k $\rightarrow$ m ist kleiner als k)

dargestellt werden. Allerdings sind die unzerlegbaren Bestandteile keine Aussagen, sondern Beziehungen der Art

„x ist kleiner als y“,

nämlich Relationen über der Menge $\mathbb{N}$. Zur Vereinfachung enthalte die Sprache ein Symbol $<^\circ$, welches abkürzend für die „Kleiner als“-Beziehung steht. m, n und k bezeichnen beliebige natürliche Zahlen und sind damit ihrem Charakter nach Variablen. Werden für die Variablen Zahlen eingesetzt, so entstehen z.B. aus dem Ausdruck $(m <^\circ n)$ Aussagen, die jeweils wahr oder auch falsch sein können. Der Anfangsteil der von uns betrachteten Aussage besagt also, daß bei beliebiger Einsetzung von konkreten Zahlen für die Variablen aus dem Ausdruck

$$(m <^\circ n \wedge n <^\circ k \to m <^\circ k)$$

in jedem Fall eine wahre Aussage wird. Um derartige Formulierungen in der Sprache zur Verfügung zu haben, erweitern wir den Bestand an logischen Zeichen um die Symbole $\forall$ und $\exists$ mit den Bedeutungen „für alle“ bzw. „es gibt ein“. Die Aussage φ hat nun folgende formale Gestalt:

$$\forall m \forall n \forall k (m <^\circ n \wedge n <^\circ k \to m <^\circ k).$$

Aussagen, die sich wie oben angedeutet darstellen lassen, heißen *elementare Aussagen*. Die zugehörigen Sprachen werden *elementare Sprachen* genannt. Im Prinzip ließe sich die gesamte Mathematik in einer geeigneten elementaren Sprache beschreiben, was aber aus praktischen Gründen nicht getan wird. Die elementaren Sprachen, die zunächst aus theoretischem Interesse geschaffen wurden, gewinnen aber auch zunehmend an Bedeutung für praktische Anwendungen, z.B. bei der Schaffung von Programmiersprachen. Die bekannteste Programmiersprache, die sehr viel Ähnlichkeit mit einer elementaren Sprache hat, ist PROLOG.

Wir wollen jetzt mit Hilfe einer elementaren Sprache Aussagen über die Struktur der reellen Zahlen $\langle \mathbb{R}, +, \cdot, <, 0, 1 \rangle$, die wir im folgenden auch kurz mit $\mathbb{R}$ bezeichnen, formulieren. Will man über $\mathbb{R}$ Aussagen machen, dann benötigt man Namen für alle betrachteten Objekte. Wir wählen der Reihe nach $+^\circ$, $\cdot^\circ$, $<^\circ$, $\underline{0}$, $\underline{1}$ als Namen für $+$, $\cdot$, $<$, 0, 1.

Für das Verständnis der Gültigkeitsbeziehung im Prädikatenkalkül ist die Unterscheidung zwischen Objekten und den sie bezeichnenden Namen bedeutungsvoll. Während $+$ eine bestimmte zweistellige Funktion auf der Menge der rellen Zahlen ist (und damit eine bestimmte Teilmenge von $\mathbb{R}^3$), ist $+^\circ$ nur ein Symbol, das auf diese Menge verweist. Es ist ziemlich genau der gleiche Unterschied, der zwischen einer Person und ihrem Namen besteht: Man benutzt den Namen, um über die Person zu sprechen; aber der Name ist ein sprachliches Objekt, während die Person selbst ein Lebewesen ist. Allerdings ist es allgemein üblich, für mathematische Objekte und ihre Namen dieselben Symbole zu verwenden. Die Unterscheidung zwischen Objekt und Namen geht aus dem Zusammenhang hervor. Wir schließen uns dieser Gepflogenheit an, sobald es uns sinnvoll erscheint.

Box 9. Grundbestandteile elementarer Sprachen

Es sei $\mathcal{A} = \langle A, f_1, \ldots, f_m, R_1, \ldots, R_n, a_1, \ldots, a_k \rangle$. Eine zugehörige elementare Sprache L besitzt die folgenden Grundzeichen:
(1) Variablen: $v_0, v_1, v_2, \ldots$ (auch $x, y, z, \ldots$),
(2) Funktionszeichen: $F_1, \ldots, F_m$,
(3) Relationszeichen: $P_1, \ldots, P_n$,
(4) Konstantensymbole: $c_1, \ldots, c_k$,
(5) logische Zeichen: $\neg, \wedge, \vee, \rightarrow, \leftrightarrow, \forall, \exists, =$,
(6) technische Zeichen: (,) und andere Klammern.
Mit Hilfe dieser Zeichen lassen sich Zeichenreihen bilden. Nur bestimmte Zeichenreihen werden als sinnvoll angesehen.
$F_1, \ldots, F_m$ dienen als Namen für die Funktionen $f_1, \ldots, f_m$. Ebenso sind $P_1, \ldots, P_n$ und $c_1, \ldots, c_k$ Namen für $R_1, \ldots, R_n$ bzw. $a_1, \ldots, a_k$. Andererseits nennen wir $f_1, \ldots, f_m$, $R_1, \ldots, R_n$, $a_1, \ldots, a_k$ auch Interpretationen der entsprechenden Zeichen $F_1, \ldots, F_m$, $P_1, \ldots, P_n$, $c_1, \ldots, c_k$.
Nur die Zeichen (2) – (4) können sich ändern, wenn eine andere Struktur betrachtet wird. Damit läßt sich eine elementare Sprache kurz durch $L(F_1, \ldots, F_m, P_1, \ldots, P_n, c_1, \ldots, c_k)$ kennzeichnen.

Es ist möglich, für verschiedene Strukturen ein und dieselbe Sprache zu benutzen. Z.B. zu den Strukturen $\langle \mathbb{N}, + \rangle$ und $\langle \mathbb{R}, \cdot \rangle$ gehört eine Sprache $L(F_1)$, wobei F_1 einmal als Name für $+$ und zum anderen als Name für $\cdot$ dient. Analog wie im Falle der Strukturen lassen wir auch hier Sprachen mit unendlich vielen Relations-, Funktions- oder Konstantensymbolen zu. Jedem Funktionssymbol F_i und jedem Relationssymbol P_j ist eine Stellenzahl zugeordnet. Konstantensymbole erhalten die Stellenzahl 0. In Beweisen und theoretischen Überlegungen ist es häufig vorteilhaft, die Konstantensymbole als 0-stellige Funktionssymbole einzuordnen, wodurch zusätzliche Betrachtungen vermieden werden. Wir werden gegebenenfalls von dieser Vereinfachung Gebrauch machen, ohne darauf hinzuweisen.

Die Abbildung $\sigma : \{F_1, \ldots, F_m, P_1, \ldots, P_n, c_1, \ldots, c_k\} \rightarrow \mathbb{N}$, die jedem Symbol seine Stellenzahl zuordnet, bezeichnet man als *Signatur* der Sprache. Ein Funktions- oder Relationssymbol darf nur als Name für eine Funktion bzw. eine Relation mit entsprechender Stellenzahl benutzt werden. Ist $\mathcal{B}$ eine beliebige Struktur mit der zugehörigen elementaren Sprache L, dann heißt $\mathcal{B}$ auch *Modell von L* oder *Struktur für L*.

Die Strukturen $\mathcal{A}$ und $\mathcal{B}$ haben dieselbe Signatur, wenn sie Modelle ein und derselben elementaren Sprache sind. Wir haben jezt die grundlegenden Begriffe elementarer Sprachen eingeführt. Mittels gewisser Grundzeichen lassen sich die *Terme* der Sprache L bilden.

Box 10. Terme

Die *Terme* der Sprache L werden rekursiv definiert.

a) Jede Variable und jedes Konstantensymbol ist ein Term.

b) Ist F ein n-stelliges Funktionssymbol und sind $t_1, \ldots, t_n$ Terme, dann ist $F(t_1, \ldots, t_n)$ ein Term.

c) Eine Zeichenreihe ist nur dann ein Term, wenn sie durch endlich oftmaliges Anwenden von a) oder b) entstanden ist.

Beispiel. Terme:

$\sin x$, $e^x \cdot (2 \cdot \sin 5x + x^2 \cdot \cos x)$, $x^3 - 1$, π, x^2, $\sin(x + y)$, $x^2 + y^2$.

Man beachte: $x^2, \sin x, \ldots$ werden hier als spezielle Zeichenfolgen betrachtet und nicht als Funktionen. Beispielsweise ist $\sin(x + y)$ als Term die Zeichenfolge $\sin(+(x, y))$, während die Funktion $f(x, y) = \sin(x + y)$ eine Teilmenge von $\mathbb{R}^3$ mit bestimmten Eigenschaften ist, nämlich $f = \{(a, b, c) \in \mathbb{R}^3 : \sin(a + b) = c\}$.

Es ist üblich, für Funktionen und ihre Namen dieselben Symbole zu verwenden. Mißverständnisse ergeben sich dadurch im allgemeinen nicht. Allerdings macht der Einsatz von Computern eine genaue Unterscheidung meistens notwendig.

Wir kommen nun zur Interpretation der Terme und beginnen mit einem Vergleich. Wird das Wort „Haus“ als Term betrachtet, dann ist jedes real existierende Haus eine Interpretation des Terms „Haus“. Anstelle von Interpretation sagen wir besser *Wert* des Terms. Zur Vereinfachung betrachten wir eine Struktur $\langle A, f, g, R, a \rangle$ mit zwei Funktionen, einer Relation und einer Konstanten. L sei eine dazugehörige Sprache. Zu L fügen wir für jedes Element $b \in A$ einen Namen $\underline{b}$ hinzu. F, G und c seien die Namen für f, g bzw. a in L. Zu jedem variablenfreien Term t definieren wir rekursiv den Wert $W(t)$ wie folgt:

(a) Ist t ein Konstantensymbol $\underline{b}$ oder c, dann sei $W(t) = b$ bzw. $W(t) = a$.

(b) Ist t zusammengesetzt, so ist t von der Gestalt $F(t_1, \ldots, t_m)$ oder $G(s_1, \ldots, s_n)$, wobei F und G die Stellenzahl m bzw. n besitzen und $t_1, \ldots, t_m$ und $s_1, \ldots, s_n$ einfachere Terme sind, dann sei $W(t) = f\big(W(t_1), \ldots, W(t_m)\big)$ bzw. $W(t) = g\big(W(s_1), \ldots, W(s_n)\big)$.

Durch W wird so jedem variablenfreien Term ein Element aus A zugeordnet.

Beispiele.

1. $W(\sin \pi/2) = \sin \pi/2 = 1$.
   Auf der linken Seite steht der Term „$\sin \pi/2$" und auf der rechten Seite der Funktionswert der Funktion $\sin x$ für $x = \pi/2$.
2. Es sei $t = (\underline{1} +^\circ \underline{2}) \cdot^\circ \underline{5} -^\circ \underline{2} \cdot^\circ \underline{2}$.
   Dann berechnen wir schrittweise: $W(\underline{1}) = 1$, $W(\underline{2}) = 2$, $W(\underline{5}) = 5$ und $W(\underline{1} +^\circ \underline{2}) = W(\underline{1}) + W(\underline{2}) = 3$, $W(\underline{2} \cdot^\circ \underline{2}) = W(\underline{2}) \cdot W(\underline{2}) = 4$. Weiterhin ist $W\big((\underline{1} +^\circ \underline{2}) \cdot^\circ \underline{5}\big) = W(\underline{1} +^\circ \underline{2}) \cdot W(\underline{5}) = 3 \cdot 5 = 15$ und damit $W(t) = W\big((\underline{1} +^\circ \underline{2}) \cdot^\circ \underline{5}\big) - W(\underline{2} \cdot^\circ \underline{2}) = 15 - 4 = 11$.

Im allgemeinen wird in der Schreibweise nicht zwischen dem Term und seinem Wert unterschieden, da dies zu umständlich wäre, wie in Beispiel 2 ersichtlich. Die Verwendung gleicher Zeichen wird nicht zu Verwechslungen führen, da man jeweils aus dem Zusammenhang erschließen kann, ob der Term oder sein Wert gemeint ist. Erst seit Programmiersprachen zunehmend an Bedeutung gewinnen, wird stärker auf eine sauberere Unterscheidung geachtet.

Als nächstes definieren wir die *prädikativen* oder *atomaren Ausdrücke*.

a) Jede Zeichenfolge der Form $t_1 = t_2$, wobei t_1 und t_2 Terme sind, ist ein atomarer Ausdruck. Diese Ausdrücke werden auch *Termgleichungen* genannt.
b) Ist P ein n-stelliges Relationssymbol und sind $t_1, \ldots, t_n$ Terme, dann ist $P(t_1, \ldots, t_n)$ ein atomarer Ausdruck.
c) Eine Zeichenkette ist nur dann ein atomarer Ausdruck, wenn sie durch Anwendung von a) oder b) entstanden ist.

Man beachte: Die Schreibweise $t_1 = t_2$ ist nicht eindeutig. Sie kann einerseits die Zeichenkette bedeuten, die mit t_1 beginnt, von $=$ gefolgt wird und mit t_2 endet, andererseits kann sie auch bedeuten, daß die Terme t_1 und t_2 als Zeichenketten gleich sind.

Wir können jetzt jedem variablenfreien atomaren Ausdruck φ einen Wahrheitswert zuordnen. Wie dies geschieht, demonstrieren wir wieder an der Struktur $\mathcal{A} = \langle A, f, g, R, a \rangle$.

(1) Ist φ eine Termgleichung $t_1 = t_2$, dann ist φ in $\mathcal{A}$ *wahr* oder *erfüllt*, wenn $W(t_1) = W(t_2)$.

(2) Hat φ die Form $P(t_1, \ldots, t_n)$, dann ist φ in $\mathcal{A}$ *wahr* oder *erfüllt*, wenn $\big(W(t_1), \ldots, W(t_n)\big) \in R$.

Wegen der großen Bedeutung dieses Begriffs führen wir folgende symbolische Schreibweise ein: Ist φ wahr in $\mathcal{A}$, so notieren wir das durch $\mathcal{A} \models \varphi$ und sagen auch φ *gilt* in $\mathcal{A}$.
Atomare Ausdrücke ohne freie Variablen ermöglichen eine andere Formulierung mathematischer Beziehungen. Wir können nun $\mathcal{A} \models \underline{2} +^\circ \underline{1} = \underline{3}$ anstelle von „$2 + 1 = 3$ gilt in $\mathcal{A}$" und $\mathcal{A} \models \underline{2} \cdot^\circ \underline{2} <^\circ \underline{5}$ anstelle von „$(2 \cdot 2, 5) \in <$" schreiben.
Die Darstellung in Form von atomaren Ausdrücken ist unserer Umgangssprache besser angepaßt. Jede Struktur $\mathcal{A} = \langle\, A, f, g, R, a \,\rangle$ legt für jeden variablenfreien atomaren Ausdruck aus einer entsprechenden Sprache fest, ob er in $\mathcal{A}$ wahr ist oder nicht. Setzt man andererseits voraus, daß für jeden variablenfreien atomaren Ausdruck feststeht, ob er wahr ist oder nicht (hierzu nehmen wir an, daß in der Sprache für jedes Element von A ein Name vorhanden ist), dann wird dadurch auf A eindeutig eine Struktur definiert:

$$f(a_1, \ldots, a_m) = b \ \text{ gdw } \ \mathcal{A} \models F(\underline{a}_1, \ldots, \underline{a}_m) = \underline{b}.$$

In gleicher Weise wird die Funktion g mit Hilfe von G festgelegt. Die Relation R erhält man aus

$$(a_1, \ldots, a_k) \in R \ \text{ gdw } \ \mathcal{A} \models P(\underline{a}_1, \ldots, \underline{a}_k).$$

Jetzt definieren wir allgemeiner, was unter einem *Ausdruck* oder einer *Formel* zu verstehen ist.

a) Jeder atomare Ausdruck ist ein Ausdruck.

b) Sind φ und ψ Ausdrücke, dann sind auch $(\neg\varphi)$, $(\varphi \wedge \psi)$, $(\varphi \vee \psi)$, $(\varphi \to \psi)$ und $(\varphi \leftrightarrow \psi)$ Ausdrücke.

c) Ist φ ein Ausdruck und x eine beliebige Variable, dann sind auch $(\exists x\varphi)$ und $(\forall x\varphi)$ Ausdrücke.

d) Nur solche Zeichenketten sind Ausdrücke, die durch endlich oftmaliges Anwenden von a) – c) entstehen.

Wird ein Ausdruck φ (wie in c) quantifiziert, nennt man φ auch den *Wirkungsbereich* des Quantors $\exists x$ bzw. $\forall x$.
Der besseren Übersicht wegen können unwichtige Klammern wieder weggelassen werden. Es gelten die gleichen Regeln zur Klammerneinsparung wie in der Aussagenlogik.

Wenn die Variable x nicht im Wirkungsbereich eines Quantors $\exists x$ oder $\forall x$ liegt, dann heißt sie *frei*, anderenfalls *gebunden*. Dieser anschauliche Sachverhalt bedarf jedoch einer präzisen Definition.

Definition. Die Variable x kommt in einem Ausdruck φ *frei* vor gdw

a) φ ein atomarer Ausdruck ist und x in φ vorkommt oder

b) φ die Form $\neg\psi$ hat und x in ψ frei vorkommt oder

(c) φ die Gestalt $\psi \wedge \chi$, $\psi \vee \chi$, $\psi \rightarrow \chi$ oder $\psi \leftrightarrow \chi$ hat und wenn x in ψ oder in χ frei vorkommt oder

d) φ die Form $\forall y\psi$ oder $\exists y\psi$ hat und wenn x in ψ frei vorkommt und x, y verschiedene Variablen sind.

Beispiel. Es sei $\varphi := \forall z\big(\exists x(x + y < z) \rightarrow \forall y(y + \underline{2} < x)\big)$.
Kommen x, y oder z in φ frei vor?
Es sei $\psi := (x + y < z)$ und $\chi := (y + \underline{2} < x)$. In ψ kommen x, y, z frei vor. In $\exists x\psi$ kommen y und z frei vor, x dagegen nicht, aber x kommt in $\forall y(y + \underline{2} < x)$ frei vor. Also kommen x und y in φ frei vor.

Die Anzahl der in einem Ausdruck auftretenden Variablen ist endlich. Wir schreiben $\varphi(x_1, \ldots, x_n)$ um anzuzeigen, daß die in φ frei vorkommenden Variablen unter den $x_1, \ldots, x_n$ zu finden sind. Nicht alle diese Variablen müssen in φ wirklich auftreten. Ein Ausdruck ohne freie Variablen wird *Aussage* genannt. Das im folgenden beschriebene Verfahren heißt *Variablenumbenennung*:

Es sei $\varphi(x_1, \ldots, x_n)$ gegeben und y eine Variable. Dann bezeichne $\varphi(x_1, \ldots, x_{i-1}, y, x_{i+1}, \ldots, x_n)$ den Ausdruck, der aus $\varphi(x_1, \ldots, x_n)$ entsteht, wenn an jeder Stelle, an der x_i in φ frei vorkommt, y für x_i eingesetzt wird.

Durch Umbenennung kann aus einer freien Variablen eine gebundene werden. Beispielsweise sei $\varphi(x_1) := \exists x_2(2x_2 + 1 = x_1)$ und y die Variable x_2. Nach der Umbenennung von x_1 in y entsteht $\varphi(y) := \exists x_2(2x_2 + 1 = x_2)$. Wir bemerken auch, daß der Ausdruck durch die Umbenennung der Variablen einen neuen Sinn bekommt. Diese Bedeutungsänderung ergibt sich daraus, daß die neue Variable gebunden wird. Im gegenteiligen Fall nennen wir y *frei für* x_1, d.h., wenn an allen Stellen, an denen x_1 frei vorkommt, nach Umbenennung auch y frei ist. Das Einsetzen von Konstanten für freie Variablen und allgemeiner das Einsetzen von beliebigen Termen für Variablen wird in gleicher Weise definiert.

Beispiel. Es sei $\varphi(x_1, x_2) := \exists x_3(x_1 + x_2 = x_3^2)$.
Einsetzen von Konstanten ergibt beispielsweise:

1. $\varphi(1, x_2) := \exists x_3(1 + x_2 = x_3^2)$ und
2. $\varphi(1, 3) := \exists x_3(1 + 3 = x_3^2)$.

Beim Einsetzen von Termen erhält man z.B.

3. $\varphi(3x_4, x_2) := \exists x_3(3x_4 + x_2 = x_3^2)$ und
4. $\varphi(x_4^2 + 1, 2 + x_1) := \exists x_3(x_4^2 + 1 + 2 + x_1 = x_3^2)$.

Elementare Sprachen werden, ähnlich wie natürliche Sprachen, zur Kommunikation benutzt. Dabei besitzen diese künstlichen Sprachen aber den großen Vorteil, daß ihre grammatischen Regeln sehr präzise formuliert sind und keine Ausnahmen aufweisen. Daher sind sie auch besonders gut geeignet für die Kommunikation mit Rechnern. Wie lassen sich aber nun Ausdrücke benutzen, um etwas mitzuteilen? Man stellt einfach fest, ob der betreffende Ausdruck in einer gegebenen Struktur gültig ist oder nicht. Im allgemeinen enthalten Ausdrücke jedoch freie Variablen, so daß man zunächst prinzipiell nicht von ihrer Gültigkeit sprechen kann. Für Aussagen, in denen bekanntlich keine freien Variablen vorkommen, definieren wir nun, was unter ihrer Gültigkeit in einer Struktur $\mathcal{A}$ zu verstehen ist. Diese Definition wird anschließend auf beliebige Ausdrücke erweitert.
Es sei L eine elementare Sprache und $\mathcal{A}$ eine Struktur für L. Wir nehmen an, daß L für jedes Element a in $\mathcal{A}$ einen Namen $\underline{a}$ enthält (gegebenenfalls muß L um die fehlenden Namen erweitert werden; die erweiterte Sprache wird mit $L(\mathcal{A})$ bezeichnet). Die Beziehung φ *ist gültig in* $\mathcal{A}$, symbolisch: $\mathcal{A} \models \varphi$, wird jetzt rekursiv definiert.

(1) Ist φ eine atomare Aussage, dann wurde $\mathcal{A} \models \varphi$ bereits definiert.

(2) Für zusammengesetzte Aussagen gilt:

$\mathcal{A} \models \neg\varphi \iff \varphi$ gilt nicht in $\mathcal{A}$ (symbolisch: $\mathcal{A} \not\models \varphi$).
$\mathcal{A} \models \varphi \wedge \psi \iff \mathcal{A} \models \varphi$ und $\mathcal{A} \models \psi$.
$\mathcal{A} \models \varphi \vee \psi \iff \mathcal{A} \models \varphi$ oder $\mathcal{A} \models \psi$.
$\mathcal{A} \models \varphi \to \psi \iff$ wenn $\mathcal{A} \models \varphi$, so $\mathcal{A} \models \psi$.
$\mathcal{A} \models \varphi \leftrightarrow \psi \iff \mathcal{A} \models \varphi$ gdw $\mathcal{A} \models \psi$.
$\mathcal{A} \models \exists x\varphi(x) \iff$ es existiert ein a in $\mathcal{A}$, so daß $\mathcal{A} \models \varphi(\underline{a})$.
$\mathcal{A} \models \forall x\varphi(x) \iff$ für alle Elemente a in $\mathcal{A}$ gilt $\mathcal{A} \models \varphi(\underline{a})$.

Für Ausdrücke der Sprache vereinbaren wir: Ein Ausdruck $\varphi(x_1, \ldots, x_n)$ ist in $\mathcal{A}$ gültig, wenn für beliebige Elemente $a_1, \ldots, a_n$ in $\mathcal{A}$ die Aussage $\varphi(\underline{a}_1, \ldots, \underline{a}_n)$ in $\mathcal{A}$ gilt. Die Aussage $\forall x_1 \ldots \forall x_n \varphi(x_1, \ldots, x_n)$ heißt (*universaler*) *Abschluß* von $\varphi(x_1, \ldots, x_n)$. Die Erweiterung der Gültigkeitsbeziehung auf beliebige Ausdrücke ist nur eine unwesentliche Verallgemeinerung. Der Beweis des folgenden Hilfssatzes ergibt sich unmittelbar aus der Interpretation der $\forall$-Quantoren.

Lemma. *Ein Ausdruck* $\varphi(x_1, \ldots, x_n)$ *ist genau dann in* $\mathcal{A}$ *gültig, wenn der Abschluß* $\forall x_1 \ldots \forall x_n \varphi(x_1, \ldots, x_n)$ *in* $\mathcal{A}$ *gilt.*

Ist $\mathcal{A} \models \varphi$, dann sagen wir auch $\mathcal{A}$ ist ein *Modell* von φ. Wir können jetzt viele der Überlegungen aus der Aussagenlogik auf die Prädikatenlogik übertragen.
Ein Ausdruck φ ist *erfüllbar*, wenn es eine Struktur $\mathcal{A}$ gibt, so daß $\mathcal{A} \models \varphi$. φ ist *allgemeingültig*, wenn φ in jeder Struktur (mit geeigneter Signatur) gültig ist. Ist Σ eine Menge von Ausdrücken der Sprache L und $\mathcal{A}$ eine Struktur für L, dann heißt $\mathcal{A}$ ein *Modell* von Σ, $\mathcal{A} \models \Sigma$, falls $\mathcal{A} \models \varphi$ für jedes $\varphi \in \Sigma$.

Definition. Ein Ausdruck φ *folgt* aus einer Menge Σ, $\Sigma \models \varphi$, falls φ in jedem Modell von Σ gilt.

Analog wie in der Aussagenlogik benutzen wir auch hier das Zeichen $\models$ in zweifacher Bedeutung.
Die Menge der Folgerungen aus Σ heißt *deduktiver Abschluß* von Σ und wird mit $\mathrm{Ded}(\Sigma)$ bezeichnet.
Die Folgerungsrelation ist eine fundamentale Beziehung in der Mathematik, da sie Grundlage des deduktiven Schließens ist. Eine wichtige Aufgabe besteht darin, die Folgerungen aus einer Menge Σ mit möglichst konstruktiven Hilfsmitteln zu beschreiben (siehe Abschnitt 2.3).

Beispiel. L enthalte das zweistellige Funktionssymbol $\circ$ und eine Konstante e. Wir betrachten die folgenden Aussagen:

$$\varphi_1 := \forall x \forall y \forall z (x \circ (y \circ z) = (x \circ y) \circ z),$$
$$\varphi_2 := \forall x (x \circ e = x),$$
$$\varphi_3 := \forall x \exists y (x \circ y = e).$$

$\Sigma = \{\varphi_1, \varphi_2, \varphi_3\}$ ist ein Axiomensystem für die *Gruppentheorie* und $\mathrm{Ded}(\Sigma)$ stellt die Menge der elementaren Theoreme dieser Theorie dar.
φ_1 beschreibt die Assoziativität der Operation $\circ$. φ_2 charakterisiert e als Name eines rechts-neutralen Elements. φ_3 sichert die Existenz rechtsinverser Elemente. Die Modelle von Σ sind genau die Gruppen. Wie in der Gruppentheorie gezeigt wird, ist das neutrale Element eindeutig bestimmt; formal ausgedrückt: $\psi_1 := \forall x (\forall y (y \circ x = y) \to x = e)$.
Da ψ_1 in allen Gruppen gültig ist, folgt ψ_1 aus Σ.
Die elementare Formulierung des Kommutativgesetzes lautet:
$\psi_2 := \forall x \forall y (x \circ y = y \circ x)$. Da es nichtkommutative Gruppen gibt, ist ψ_2 nicht in allen Gruppen gültig und damit auch keine Folgerung aus Σ.

Im folgenden verstehen wir unter einer (*elementaren*) *Theorie* eine beliebige Menge von Ausdrücken der zugrundegelegten elementaren Sprache. Theorien mit demselben deduktiven Abschluß heißen *äquivalent.*
Manchmal ist es zweckmäßig, nur deduktiv abgeschlossene Mengen als Theorien anzusehen und die Ausdrucksmenge T als Axiomensystem der Theorie $\mathrm{Ded}(T)$ aufzufassen. Der sich daraus ergebende geringe Bedeutungsunterschied des Wortes „Theorie“ dürfte keine Mißverständnisse verursachen.
Häufig macht es sich erforderlich, Theorien zu erweitern. Wir müssen dabei unterscheiden, ob dies im Rahmen der gegebenen elementaren Sprache geschieht oder ob gleichzeitig auch die Sprache selbst erweitert werden soll.
Die elementare Sprache L_1 ist eine *Erweiterung der Sprache* L, $L_1 \supseteq$L, wenn jedes Zeichen von L auch zu L_1 gehört. Dabei versteht es sich von selbst, daß die Signatur von L_1 eine Erweiterung der Signatur von L sein soll, d.h., die Stellenzahl der Zeichen aus L bleibt in L_1 ungeändert.
Eine Theorie T_1 ist *Erweiterung* der Theorie T oder T ist *Teiltheorie* von T_1, wenn die Sprache L_1 (von T_1) Erweiterung der Sprache L (von T) ist und jedes Theorem von T auch Theorem von T_1 ist. Wird dabei die Sprache nicht erweitert, d.h. $L_1 = L$, so heißt T_1 *einfache Erweiterung.* Wird keine neue Sprache L_1 angegeben, so ist „Erweiterung“ immer als „einfache Erweiterung“ zu verstehen. T_1 heißt *endliche Erweiterung* von T, wenn es endlich viele Axiome $\varphi_1, \ldots, \varphi_n$ gibt, so daß T_1 äquivalent zu $T \cup \{\varphi_1, \ldots, \varphi_n\}$ ist.

Box 11. Definitorische Erweiterungen

Die elementare Sprache L_1 sei eine Erweiterung der Sprache L und $\mathcal{A}$ eine Struktur für L_1.
Ein n-stelliges Relationszeichen R aus $L_1 \setminus L$ heißt *L-definierbar* in $\mathcal{A}$, wenn es einen Ausdruck $\varphi(x_1, \ldots, x_n)$ aus L gibt, so daß gilt:

(1) $\mathcal{A} \models R(x_1, \ldots, x_n) \leftrightarrow \varphi(x_1, \ldots, x_n)$.

Beispiel. In den natürlichen Zahlen $\mathbb{N}$ gilt:

$$\mathbb{N} \models x < y \leftrightarrow \exists z(y = x + z \wedge z \neq 0).$$

Also ist in den natürlichen Zahlen die Ordnungsrelation $<$ mit Hilfe der Addition definierbar.

Fortsetzung von Box 11

Gilt (1) für jedes Modell einer Theorie T, so heißt R *L-definierbar in T*. In diesem Fall läßt sich R bezüglich T als Abkürzung des Ausdrucks φ ansehen. Diese Sichtweise soll nun noch weiter vertieft werden. Gegeben seien eine beliebige Theorie T und ein Ausdruck $\varphi(x_1, \ldots, x_n)$ der Sprache L. Wir erweitern L um ein neues n-stelliges Relationszeichen R zur Sprache L'. Zu der Theorie T wird das Axiom

(2) $R(x_1, \ldots, x_n) \leftrightarrow \varphi(x_1, \ldots, x_n)$

hinzugefügt und die erweiterte Theorie mit T' bezeichnet. In T' ist R offenbar L-definierbar. (2) wird auch *definierendes Axiom für R* genannt.
Alle Überlegungen werden nun auf Funktionszeichen übertragen. Ein n-stelliges Funktionszeichen F aus $L_1 \setminus L$ heißt *L-definierbar* in $\mathcal{A}$, wenn es einen Ausdruck $\varphi(y, x_1, \ldots, x_n)$ aus L gibt, so daß

(3) $\mathcal{A} \models y = F(x_1, \ldots, x_n) \leftrightarrow \varphi(y, x_1, \ldots, x_n)$
gilt. Ist die Beziehung (3) für jedes Modell einer Theorie T erfüllt, dann heißt F *L-definierbar in T*.

Beispiel. In den natürlichen Zahlen $\mathbb{N}$ gilt:

$$\mathbb{N} \models y = S(x) \leftrightarrow y = x + 1.$$

Die Nachfolgerfunktion ist mit Hilfe der Addition definierbar.
Ist eine Funktion L−definierbar in T, so folgt aus (3):

a) $T \models \forall x_1 \ldots \forall x_n \exists y \varphi(y, x_1, \ldots, x_n)$,

b) $T \models \forall x_1 \ldots \forall x_n \forall y \forall z[\varphi(y, x_1, \ldots, x_n) \wedge \varphi(z, x_1, \ldots, x_n) \rightarrow y = z]$.

a) heißt *Existenzbedingung*, während b) als *Eindeutigkeitsbedingung* bezeichnet wird. Sind beide Bedingungen erfüllt, schreiben wir auch $T \models \forall x_1 \ldots \forall x_n \exists! y \varphi(y, x_1, \ldots, x_n)$, wobei $\exists! y$ die Bedeutung von „es existiert genau ein y“ hat.

Es sei T eine Theorie und $\varphi(y, x_1, \ldots, x_n)$ ein Ausdruck der Sprache L. Nehmen wir an, $\varphi(y, x_1, \ldots, x_n)$ erfüllt die Existenz- und Eindeutigkeitsbedingungen.

Fortsetzung von Box 11

Wir erweitern L um ein neues n-stelliges Funktionszeichen F und erhalten die Sprache L'. Nun wird die Theorie T um das *definierende Axiom* $y = F(x_1, \ldots, x_n) \leftrightarrow \varphi(y, x_1, \ldots, x_n)$ zur Theorie T' erweitert. In T' ist F L-definierbar. Ein derartiger Erweiterungsprozeß läßt sich beliebig oft wiederholen.

Eine Theorie T_1 heißt *definitorische Erweiterung* von T, wenn T_1 eine Erweiterung von T ist und jedes Relationszeichen R und jedes Funktionszeichen F aus $L_1 \setminus L$ einen definierenden Ausdruck φ_R bzw. ψ_F aus L besitzt, so daß T_1 äquivalent ist zur Theorie

$$T \cup \{R \leftrightarrow \varphi_R : R \in L_1 \setminus L\} \cup \{y = F(\bar{x}) \leftrightarrow \psi_F : F \in L_1 - L\}.$$

In definitorischen Erweiterungen kann prinzipiell auf die definierbaren Zeichen verzichtet werden, wie die folgende Aussage belegt.

Reduktionssatz. *Zu jedem Ausdruck φ aus L_1 existiert ein Ausdruck φ^+ aus L, so daß $T_1 \models \varphi \leftrightarrow \varphi^+$.*

φ^+ wird als *L-Reduzierte* von φ bezeichnet und entsteht aus φ, indem schrittweise die definierbaren Symbole durch ihre L-Definitionen ersetzt werden. Definitorische Erweiterungen bringen manchen Vorteil, der an dieser Stelle noch nicht einleuchtend ist. Augenscheinlich aber ist, daß durch Einführung neuer Relations- bzw. Funktionszeichen komplizierte Ausdrücke eine einfachere Gestalt annehmen können.

Der Folgerungsbegriff der Prädikatenlogik hat ganz ähnliche Eigenschaften wie der für die Aussagenlogik. Selbst die Beweise lassen sich häufig sehr leicht übertragen. In solchen Fällen verweisen wir einfach auf die entsprechenden Sätze. Zunächst formulieren wir die *Hülleneigenschaften.*

Satz 2.1 (Hülleneigenschaften)
Es seien T und T' Theorien. Dann gilt:

(0) Ded($\emptyset$) *ist die Menge der allgemeingültigen Ausdrücke.*

(1) $T \subseteq \text{Ded}(T)$.

(2) *Wenn* $T \subseteq T'$, *so* $\text{Ded}(T) \subseteq \text{Ded}(T')$.

(3) $\text{Ded}(\text{Ded}(T)) = \text{Ded}(T)$.

Beweis. Die Beweise verlaufen analog zu denen der Sätze 1.4 und 1.5. Zur Verdeutlichung geben wir den Beweis von (2) an.
(2). Es sei $T \subseteq T'$ und $\varphi \in \mathrm{Ded}(T)$. Ist $\mathcal{A}$ ein beliebiges Modell von T', so ist $\mathcal{A}$ natürlich auch ein Modell von T. Wegen $\varphi \in \mathrm{Ded}(T)$ ergibt sich $\mathcal{A} \models \varphi$, folglich ist $\varphi \in \mathrm{Ded}(T')$. ❑

In den folgenden Theoremen seien (wenn nichts anderes vereinbart wird) φ und ψ beliebige Ausdrücke und T eine beliebige Theorie. Völlig analog zu Satz 1.6 erhält man die *Abtrennungsregel für das prädikatenlogische Folgern.*

Satz 2.2 (Abtrennungsregel) *Wenn* $T \models \varphi \to \psi$, *so* $T \cup \{\varphi\} \models \psi$.

Korollar. *Sind* φ *und* $\varphi \to \psi$ *Folgerungen aus* T, *dann ist auch* ψ *eine Folgerung aus* T.

Wie in der Aussagenlogik gilt auch hier das *Deduktionstheorem für das prädikatenlogische Folgern.*

Satz 2.3 (Deduktionstheorem) *Für jede Aussage* φ *gilt:*
Wenn $T \cup \{\varphi\} \models \psi$, *so* $T \models \varphi \to \psi$.

Beweis analog zu dem von Satz 1.7.

In Analogie zu den Ergebnissen des Aussagenkalküls formulieren wir jetzt den *Endlichkeitssatz für das prädikatenlogische Folgern.*

Satz 2.4 (Endlichkeitssatz) *Wenn* φ *aus einer Theorie* T *folgt, dann folgt* φ *bereits aus einer endlichen Teiltheorie von* T.

Der Beweis dieses Satzes wird am Ende des Abschnitts 2.4 (S. 78) geführt; wir benötigen hierzu noch weitere Hilfmittel.

Definition. Eine Theorie T heißt (*semantisch*) *widerspruchsfrei*, falls sie ein Modell besitzt. Anderenfalls ist T (*semantisch*) *widerspruchsvoll.*

Mit dieser Definition läßt sich eine andere Formulierung des Endlichkeitssatzes angeben.

Satz 2.5 (Kompaktheitssatz) *Eine Theorie* T *ist genau dann widerspruchsfrei, wenn jede endliche Teiltheorie von* T *widerspruchsfrei ist.*

Beweis wie für Satz 1.9.

Satz 2.5 erlaubt vielfältige Anwendungen, wie wir später noch sehen werden. Weiterhin ist er auch aus philosophischer Sicht recht interessant, denn er zeigt uns wieder, daß ein Widerspruch nicht dadurch entsteht, daß unendlich viele Voraussetzungen (Axiome) benutzt werden, sondern daß von diesen Voraussetzungen schon endlich viele einander widersprechen.

Satz 2.6 *Aus einer widerspruchsvollen Menge folgt jeder Ausdruck.*

Der Beweis wird wie für Satz 1.4(2) geführt.

Satz 2.7 *Für jede Aussage φ gilt:*
$T \cup \{\neg\varphi\}$ ist widerspruchsfrei gdw φ nicht aus T folgt.

Beweis. Es sei $T \cup \{\neg\varphi\}$ widerspruchsfrei. Dann besitzt $T \cup \{\neg\varphi\}$ ein Modell $\mathcal{A}$, insbesondere ist $\mathcal{A} \not\models \varphi$. Folglich gilt: $T \not\models \varphi$.
Wenn umgekehrt φ nicht aus T folgt, dann gibt es ein Modell $\mathcal{A}$ von T mit $\mathcal{A} \not\models \varphi$. Da φ eine Aussage ist, gilt $\mathcal{A} \models \neg\varphi$. Also ist $T \cup \{\neg\varphi\}$ widerspruchsfrei. ❑

Eine Aussage φ heißt *unabhängig* von T, wenn weder φ noch $\neg\varphi$ aus T folgen.

Korollar. *Ist φ unabhängig von T, dann sind sowohl $T \cup \{\varphi\}$ als auch $T \cup \{\neg\varphi\}$ widerspruchsfrei.*

Die Unabhängigkeit einer Aussage läßt sich im allgemeinen nicht ohne weiteres überprüfen.

Beispiele.

1. Ist $\Sigma = \{\varphi_1, \varphi_2, \varphi_3\}$ ein Axiomensystem für die Gruppentheorie und ψ_2 das elementar formulierte Kommutativgesetz (Beispiel S. 53), dann ist ψ_2 unabhängig von Σ, da weder ψ_2 noch $\neg\psi_2$ aus Σ folgen, denn es gibt sowohl kommutative als auch nichtkommutative Gruppen. Damit sind die Theorien $\Sigma \cup \{\psi_2\}$ und $\Sigma \cup \{\neg\psi_2\}$ widerspruchsfrei.

2. Es sei T ein Axiomensystem für die *euklidische Geometrie* ohne das bekannte *Parallelenaxiom* φ. Mehrere Jahrhunderte lang versuchten Mathematiker vergeblich, das Parallelenaxiom aus den anderen

Axiomen der euklidischen Geometrie zu beweisen, bis sich schließlich herausstellte, daß weder φ noch $\neg\varphi$ Folgerungen aus T sind. Damit ist φ unabhängig von T und nach dem obigen Korollar sind $T \cup \{\varphi\}$ und $T \cup \{\neg\varphi\}$ widerspruchsfrei. $T \cup \{\varphi\}$ ist ein Axiomensystem für die euklidische Geometrie, wogegen $T \cup \{\neg\varphi\}$ die axiomatische Grundlage für die *nichteuklidische Geometrie* darstellt. Es dauerte allerdings ziemlich lange, bis man sich ernsthaft mit der nichteuklidischen Geometrie befaßte. Erst mit der Entwicklung der Physik reifte die Erkenntnis, daß der uns umgebene Raum nichteuklidischer Natur ist.

Ein Ausdruck φ aus L heißt (*prädikatenlogische*) *Tautologie*, wenn φ aus einer aussagenlogischen Tautologie $\Phi(p_1, \ldots, p_n)$ durch Einsetzen von Ausdrücken $\varphi_1, \ldots, \varphi_n$ aus L für die Aussagenvariablen $p_1, \ldots, p_n$ entsteht.

Beispiele.

1. Der Ausdruck $\varphi := (3+2=5) \rightarrow (3+2=5)$ entsteht aus $\Phi(p_1) := p_1 \rightarrow p_1$ durch Einsetzen von $\varphi_1 := (3+2=5)$ für p_1.
2. $\varphi := (2 < 3 \wedge x+2=y) \rightarrow 2 < 3$ entsteht aus $\Phi(p_1, p_2) := p_1 \wedge p_2 \rightarrow p_1$ durch Einsetzen von $\varphi_1 := (2 < 3)$ und $\varphi_2 := (x+2=y)$ für p_1 bzw. p_2.

Satz 2.8 *Jede prädikatenlogische Tautologie ist allgemeingültig.*

Der Beweis ergibt sich unmittelbar aus der Definition der aussagenlogischen Tautologie. ❑

Ähnlich wie in der Aussagenlogik läßt sich auch im Prädikatenkalkül eine Äquivalenz zwischen Ausdrücken definieren:
Die Ausdrücke φ und ψ sind (*logisch*) *äquivalent*, $\varphi \equiv \psi$, wenn der Ausdruck $\varphi \leftrightarrow \psi$ allgemeingültig ist. Aus Satz 2.8 erhält man sofort:

Satz 2.9 *Die Beziehung $\equiv$ definiert auf der Menge der Ausdrücke eine Äquivalenzrelation. Aus $\varphi_1 \equiv \psi_1$ und $\varphi_2 \equiv \psi_2$ ergeben sich die folgenden logischen Äquivalenzen:*
(1) $\neg\varphi_1 \equiv \neg\psi_1$.
(2) $\varphi_1 \wedge \varphi_2 \equiv \psi_1 \wedge \psi_2$.
(3) $\varphi_1 \vee \varphi_2 \equiv \psi_1 \vee \psi_2$.
(4) $\varphi_1 \rightarrow \varphi_2 \equiv \psi_1 \rightarrow \psi_2$.
(5) $\varphi_1 \leftrightarrow \varphi_2 \equiv \psi_1 \leftrightarrow \psi_2$.

Eine weitere Folge von Satz 2.8 ist, daß sich auch sämtliche aussagenlogischen Äquivalenzen aus Box 4, S. 16, auf die Prädikatenlogik übertragen lassen. Daneben gibt es eine Reihe logischer Äquivalenzen, die die Umformung von Quantorenbeziehungen betreffen. Sie sind in der folgenden Box 12 zusammengefaßt. Wir benutzen diese Äquivalenzen, um auch für die Ausdrücke des Prädikatenkalküls Normalformen aufzustellen. Ein Ausdruck, der keine Quantoren enthält, wird als *quantorenfrei* oder *offen* bezeichnet. Für quantorenfreie Ausdrücke lassen sich die Überlegungen aus der Aussagenlogik übertragen. Ein quantorenfreier Ausdruck φ ist eine *alternative* (bzw. *konjunktive*) *Normalform*, wenn eine aussagenlogische alternative (bzw. konjunktive) Normalform $\Phi(p_1, \ldots, p_n)$ existiert und φ sich aus $\Phi(p_1, \ldots, p_n)$ durch Einsetzen von atomaren Ausdrücken für die Aussagenvariablen $p_1, \ldots, p_n$ ergibt.

Lemma. *Jeder quantorenfreie Ausdruck ist äquivalent zu einer alternativen (bzw. konjunktiven) Normalform.*

Beweis. Da sich jeder quantorenfreie Ausdruck aus einem aussagenlogischen Ausdruck durch Einsetzen von atomaren Ausdrücken erzeugen läßt, ist der obige Satz eine einfache Folgerung aus Satz 1.30. ❑

Wir wollen nun auch die Quantoren in unsere Betrachtungen mit einbeziehen. Ein Ausdruck ist in *pränexer Form*, wenn es einen quantorenfreien Ausdruck ψ gibt, so daß φ die Darstellung $Q_1x_1 \ldots Q_nx_n\psi$ hat, wobei $Q_1, \ldots, Q_n$ stellvertretend für die Quantorensymbole $\exists$ und $\forall$ stehen. ψ ist die *Matrix* von φ, während die Folge $Q_1x_1 \ldots Q_nx_n$ als *Präfix* bezeichnet wird. Ist die Matrix von φ eine alternative (bzw. konjunktive) Normalform, so heißt φ *pränexe alternative* (bzw. *konjunktive*) *Normalform.*

Satz 2.10 (Normalformtheorem)

(1) *Jeder Ausdruck ist äquivalent zu einer pränexen alternativen Normalform.*

(2) *Jeder Ausdruck ist äquivalent zu einer pränexen konjunktiven Normalform.*

Beweis. Durch Induktion über den Formelaufbau beweisen wir zunächst, daß jeder Ausdruck äquivalent ist zu einem solchen in pränexer Form. Für atomare Ausdrücke ist nichts zu beweisen. Wir verifizieren den Induktionsschritt für den Fall einer Konjunktion $\varphi_1 \wedge \varphi_2$.

Nach Induktionsvoraussetzung sind φ_1 und φ_2 äquivalent zu Ausdrücken $\psi_1 := Q_1x_1 \ldots Q_mx_m\chi_1$ bzw. $\psi_2 := Q'_1y_1 \ldots Q'_ny_n\chi_2$ in pränexer Form. Wegen der Beziehungen (15) und (16) in Box 12, können wir annehmen, daß ψ_1 und ψ_2 keine gemeinsamen gebundenen Variablen besitzen. Unter Benutzung von (12) und (14) ergibt sich dann, daß $\psi_1 \wedge \psi_2$ äquivalent ist zu $Q_1x_1 \ldots Q_mx_mQ'_1y_1 \ldots Q'_nx_n(\chi_1 \wedge \chi_2)$.
Die anderen Induktionsschritte zeigt man analog. Entsprechend dem vorhergehenden Satz können wir die Matrix in alternativer (bzw. konjunktiver) Normalform annehmen, woraus die Behauptungen folgen. ❑

Box 12. Quantorenäquivalenzen

Für beliebige Ausdrücke φ und ψ gilt:

(1) $\neg\exists x\varphi \equiv \forall x\neg\varphi$.
(2) $\neg\forall x\varphi \equiv \exists x\neg\varphi$.
(3) $\exists x\varphi \equiv \neg\forall x\neg\varphi$.
(4) $\forall x\varphi \equiv \neg\exists x\neg\varphi$.
(5) $\exists x(\varphi \vee \psi) \equiv \exists x\varphi \vee \exists x\psi$.
(6) $\forall x(\varphi \wedge \psi) \equiv \forall x\varphi \wedge \forall x\psi$.
(7) $\forall x\forall y\varphi \equiv \forall y\forall x\varphi$.
(8) $\exists x\exists y\varphi \equiv \exists y\exists x\varphi$.

Falls die Variable x in ψ nicht frei vorkommt, gilt darüber hinaus:

(9) $\forall x\psi \equiv \psi$.
(10) $\exists x\psi \equiv \psi$.
(11) $\exists x(\varphi \vee \psi) \equiv \exists x\varphi \vee \psi$.
(12) $\exists x(\varphi \wedge \psi) \equiv \exists x\varphi \wedge \psi$.
(13) $\forall x(\varphi \vee \psi) \equiv \forall x\varphi \vee \psi$.
(14) $\forall x(\varphi \wedge \psi) \equiv \forall x\varphi \wedge \psi$.

In $\varphi(x)$ komme die Variable y nicht vor. Dann gilt:

(15) $\forall x\varphi(x) \equiv \forall y\varphi(y)$.
(16) $\exists x\varphi(x) \equiv \exists y\varphi(y)$.

2.3 Beweisbarkeit

Ebenso wie in der Aussagenlogik stellt sich auch für die Prädikatenlogik die Frage nach einer Charakterisierung der allgemeingültigen Aussagen. Insbesondere interessieren wir uns für Methoden und Verfahren, mit deren

Hilfe man feststellen kann, ob eine vorgelegte Aussage allgemeingültig ist oder nicht. Hierbei zeigt sich, daß der Prädikatenkalkül wesentlich komplizierter ist als der Aussagenkalkül. Da die Fülle aller Strukturen unüberschaubar ist, scheidet natürlich die Möglichkeit aus, die Allgemeingültigkeit einer Aussage durch Überprüfung aller Modelle feststellen zu wollen (von einigen Ausnahmen abgesehen). Eine einfache Kontrollmethode wie in der Aussagenlogik gibt es hier tatsächlich nicht. Ein Weg zur Lösung des Problems wurde aber dort schon vorgezeichnet: die Anwendung der axiomatischen Methode.

Wir geben nun eine Menge PK von Ausdrücken aus L an, die sich als Axiomensystem für die allgemeingültigen Ausdrücke des Prädikatenkalküls erweisen wird. Dazu seien φ, ψ, χ beliebige Ausdrücke aus L.

PK 1. $\varphi \to (\psi \to \varphi)$.

PK 2. $[\varphi \to (\psi \to \chi)] \to [(\varphi \to \psi) \to (\varphi \to \chi)]$.

PK 3. $(\neg\psi \to \neg\varphi) \to (\varphi \to \psi)$.

PK 4. a) $\varphi \wedge \psi \to \varphi$, b) $\varphi \wedge \psi \to \psi$.

PK 5. $(\chi \to \varphi) \to [(\chi \to \psi) \to (\chi \to (\varphi \wedge \psi))]$.

PK 6. a) $\varphi \to \varphi \vee \psi$ b) $\psi \to \varphi \vee \psi$.

PK 7. $(\varphi \to \chi) \to [(\psi \to \chi) \to [(\varphi \vee \psi) \to \chi]]$.

Offensichtlich sind die Ausdrücke PK 1 – PK 7 prädikatenlogische Tautologien und somit nach Satz 2.8 allgemeingültig. Wir erweitern jetzt unser System durch Axiome über Quantoren.

PK 8. $\forall x\varphi(x) \to \varphi(t)$, wobei t ein beliebiger Term ist, der nur Variablen enthält, die für x frei sind.

PK 9. $\forall x(\varphi \to \psi) \to (\varphi \to \forall x\psi)$, wobei x in φ nicht frei vorkommt.

PK 10. a) $\neg\forall x\neg\varphi \to \exists x\varphi$, b) $\exists x\varphi \to \neg\forall x\neg\varphi$.

Die folgenden Axiome über die Gleichheit komplettieren unser System.

PK 11. $\forall x(x = x)$.

PK 12. $\forall x\forall y(x = y \to (\varphi \to \varphi'))$, wobei y in φ frei für x ist und der Ausdruck φ' aus φ dadurch entsteht, daß für x die Variable y an Stellen, an denen x frei vorkommt, eingesetzt wird. Es ist nicht erforderlich, x an allen frei vorkommenden Stellen durch y zu ersetzen.

Die Menge aller Ausdrücke aus L der Gestalt PK 1 – PK 12 wird mit PK bezeichnet und *Axiomensystem für den Prädikatenkalkül* genannt. Auch die Axiome PK 8 – PK 12 erscheinen uns einleuchtend, so daß wir darauf nicht weiter eingehen wollen.

Zum Kalkül gehören noch zwei Regeln zur Ableitung weiterer Ausdrücke.

(1) *Abtrennungsregel oder Modus ponens*:
ψ ist eine direkte Konsequenz von φ und $\varphi \to \psi$.

(2) *Generalisierung*:
Für jede Variable x ist $\forall x\varphi$ eine direkte Konsequenz von φ.

Es sei T eine Theorie und $(\varphi_1, \ldots, \varphi_m)$ eine Folge von Ausdrücken. $(\varphi_1, \ldots, \varphi_m)$ heißt *Ableitungsfolge* oder (*formaler*) *Beweis* aus T, wenn für jedes φ_i, $i = 1, \ldots, m$, wenigstens eine der folgenden Bedingungen erfüllt ist:

(B 1) φ_i gehört der Menge PK an.

(B 2) φ_i ist Element von T.

(B 3) φ_i ist direkte Konsequenz zweier vorhergehender Folgenglieder entsprechend der Abtrennungsregel, d.h., es existieren Ausdrücke φ_j, φ_k mit $j, k < i$, so daß φ_k der Ausdruck $\varphi_j \to \varphi_i$ ist.

(B 4) φ_i ist direkte Konsequenz eines vorhergehenden Folgengliedes entsprechend der Generalisierung, d.h., es gibt ein φ_j mit $j < i$ und eine Variable x, so daß φ_i der Ausdruck $\forall x\varphi_j$ ist.

Die Zahl m ist die *Länge der Ableitungsfolge* oder des (formalen) Beweises. Ein Ausdruck φ heißt *ableitbar* oder (*formal*) *beweisbar* aus T, symbolisch $T \vdash \varphi$, wenn eine Ableitungsfolge $(\varphi_1, \ldots, \varphi_m)$ mit $\varphi_m = \varphi$ existiert.
Die Menge der aus T ableitbaren Ausdrücke wird mit Abl(T) bezeichnet. Ist φ aus der leeren Menge ableitbar, dann heißt φ einfach nur *ableitbar* oder (*formal*) *beweisbar*; dafür schreiben wir auch $\vdash \varphi$. Demnach ist $\vdash \varphi$ gleichbedeutend damit, daß φ allein aus den Axiomen von PK (den *logischen Axiomen*) ableitbar ist.
Ähnlich wie im Aussagenkalkül gelten auch für das prädikatenlogische Ableiten die *Hülleneigenschaften.*

Satz 2.11 (Hülleneigenschaften) *Für beliebige Theorien T, T' gilt*:

(1) $T \subseteq$ Abl(T).

(2) *Wenn* $T \subseteq T'$, *so* Abl(T) $\subseteq$ Abl(T').

(3) Abl(Abl(T)) = Abl(T).

Der **Beweis** ergibt sich unmittelbar aus der Definition der Ableitungsfolge. ❑

Weiterhin gilt auch der *Endlichkeitssatz für das prädikatenlogische Ableiten.*

Satz 2.12 (Endlichkeitssatz) *Ist φ aus T ableitbar, dann ist φ bereits aus einer endlichen Teilmenge $T_0 \subseteq T$ ableitbar.*

Beweis. In jeder Ableitungsfolge aus T für φ kommen nur endlich viele Elemente aus T vor. Faßt man diese zu der endlichen Teilmenge $T_0 \subseteq T$ zusammen, dann ist φ bereits aus T_0 ableitbar. ❑

Satz 2.13 *Jeder aus einer Theorie T ableitbare Ausdruck folgt aus T.*

Beweis. Der Beweis erfolgt induktiv über die Länge m der Ableitungsfolgen.
Für $m = 0$ ist nichts zu beweisen.
Als Induktionsvoraussetzung nehmen wir an, daß der Satz bereits für alle Ausdrücke mit einer Ableitungsfolge der Länge höchstens m richtig ist.
Es sei $(\varphi_1, \ldots, \varphi_{m+1})$ eine Ableitungsfolge aus T. Dann muß φ_{m+1} eine der Bedingungen (B 1) – (B 4) erfüllen. Wir nehmen die folgende Fallunterscheidung vor.
1. Fall: φ_{m+1} erfüllt (B 1) oder (B2). In diesem Fall gilt die Behauptung trivialerweise.
2. Fall: φ_{m+1} erfüllt (B 3). Dann existieren φ_j und φ_k mit $j, k \leq m$, wobei φ_k die Gestalt $\varphi_j \to \varphi_{m+1}$ hat. Nach Induktionsvoraussetzung gilt aber $T \models \varphi_j$ und $T \models \varphi_j \to \varphi_{m+1}$. Wegen des Korollars zu Satz 2.2 ist auch $T \models \varphi_{m+1}$.
3. Fall: φ_{m+1} erfüllt (B 4). Dann existiert ein φ_j mit $j \leq m$, so daß φ_{m+1} die Gestalt $\forall x \varphi_j$ besitzt. Nach Induktionsvoraussetzung folgt φ_j aus T. Ist $\mathcal{A}$ ein Modell von T, dann ist $\mathcal{A}$ auch ein Modell von φ_j und somit ein Modell von $\forall x \varphi_j$. Folglich gilt $T \models \forall x \varphi_j$. ❑

Mit Hilfe von Satz 2.8, S. 59, erhält man aus dem vorhergehenden Ergebnis sofort den folgenden

Satz 2.14 *Jeder ableitbare Ausdruck ist allgemeingültig.*

Ableitungsfolgen werden unter Umständen recht lang. Um nun bereits bekannte Ableitungsfolgen für andere Beweise nutzen zu können, modifizieren wir den Begriff der Ableitungsfolge ein wenig.
Eine Folge $(\psi_1, \ldots, \psi_m)$ von Ausdrücken heißt *reduzierte Ableitungsfolge* aus T, wenn für alle ψ_i mit $i \leq m$ wenigstens eine der Bedingungen (B 1) – (B 4) oder die folgende Bedingung erfüllt ist:

(B 5) ψ_i ist aus T ableitbar.

Satz 2.15

(1) *Ist* $(\varphi_1, \ldots, \varphi_m)$ *eine Ableitungsfolge aus* T, *dann ist jeder der Ausdrücke* φ_i *mit* $i \leq m$ *aus* T *ableitbar.*

(2) *Jede reduzierte Ableitungsfolge aus* T *läßt sich zu einer Ableitungsfolge aus* T *ergänzen.*

(3) *Ist* $(\psi_1, \ldots, \psi_m)$ *eine reduzierte Ableitungsfolge aus* T, *dann ist* ψ_m *aus* T *ableitbar.*

Beweis. (1). Offensichtlich ist $(\varphi_1, \ldots, \varphi_i)$ für jedes $i \leq m$ eine Ableitungsfolge aus T.
(2). Es sei $(\psi_1, \ldots, \psi_m)$ eine reduzierte Ableitungsfolge aus T. Erfüllt ψ_i die Bedingung (B 5), dann ersetzen wir ψ_i durch eine Ableitungsfolge für ψ_i aus T. Damit gilt die Behauptung.
(3). Nach (2) läßt sich $(\psi_1, \ldots, \psi_m)$ zu einer Ableitungsfolge aus T ergänzen. Auf diese Weise entsteht eine Ableitungsfolge für ψ_m aus T. ❑

Als einfache Folgerung des vorhergehenden Satzes ergibt sich, daß für jede Menge T von Ausdrücken die Menge $\mathrm{Abl}(T)$ bezüglich der beiden Ableitungsregeln, Modus ponens und Generalisierung, abgeschlossen ist.

Satz 2.16 *Für jede Menge* T *von Ausdrücken gilt:*

(1) *Sind* φ *und* $\varphi \to \psi$ *aus* T *ableitbar, so ist auch* ψ *aus* T *ableitbar.*

(2) *Ist* φ *aus* T *ableitbar, so ist auch* $\forall x \varphi$ *aus* T *ableitbar.*

Beweis. Nach Voraussetzung ist $(\varphi, \varphi \to \psi)$ eine reduzierte Ableitungsfolge. Mit Hilfe des Modus ponens und der Generalisierung erhält man, daß auch $(\varphi, \varphi \to \psi, \psi)$ bzw. $(\varphi, \forall x \varphi)$ reduzierte Ableitungsfolgen sind. ❑

Die Benutzung reduzierter Ableitungsfolgen gestattet es, beliebige prädikatenlogische Tautologien beim formalen Beweisen zu verwenden, wie der folgende Satz zeigt.

Satz 2.17 *Jede prädikatenlogische Tautologie ist ableitbar.*

Beweis. Es sei φ eine prädikatenlogische Tautologie, die durch Einsetzen der Ausdrücke $\varphi_1, \ldots, \varphi_k$ in die aussagenlogische Tautologie $\Phi(p_1, \ldots, p_k)$ entstanden ist. Nach Satz 1.25 existiert eine aussagenlogische Ableitungsfolge für $\Phi(p_1, \ldots, p_k)$. Setzt man in dieser Ableitungsfolge die Ausdrücke

$\varphi_1, \ldots, \varphi_k$ für die Variablen $p_1, \ldots, p_k$ ein, dann erhält man offensichtlich eine prädikatenlogische Ableitungsfolge für $\varphi := \Phi(\varphi_1, \ldots, \varphi_k)$. ❑

Im folgenden wird ein Beispiel für einen relativ einfachen allgemeingültigen Ausdruck mit einer recht komplizierten Ableitungsfolge angegeben.

Beispiel.

Für jeden Ausdruck $\varphi(x,y)$ ist $\forall x \forall y \varphi(x,y) \to \forall y \forall x \varphi(x,y)$ ableitbar.

Wir geben eine reduzierte Ableitungsfolge $(\psi_1, \ldots, \psi_{11})$ an, wobei für $\varphi(x,y)$ kurz φ und für „direkte Konsequenz" d.K. geschrieben wird.

$\psi_1 := \forall x \forall y \varphi \to \forall y \varphi$ (PK 8),
$\psi_2 := \forall y \varphi \to \varphi$ (PK 8),
$\psi_3 := (p \to q) \to [(q \to r) \to (p \to r)]$ (prädikatenlogische Tautologie),
mit $p := \forall x \forall y \varphi$, $q := \forall y \varphi$ und $r := \varphi$,
$\psi_4 := (\forall y \varphi \to \varphi) \to (\forall x \forall y \varphi \to \varphi)$ (d.K. von ψ_1 und ψ_3),
$\psi_5 := (\forall x \forall y \varphi \to \varphi)$ (d.K. von ψ_2 und ψ_4),
$\psi_6 := \forall x(\forall x \forall y \varphi \to \varphi)$ (Generalisierung von ψ_5),
$\psi_7 := \forall x(\forall x \forall y \varphi \to \varphi) \to (\forall x \forall y \varphi \to \forall x \varphi)$ (PK 9),
$\psi_8 := \forall x \forall y \varphi \to \forall x \varphi$ (d.K. von ψ_6 und ψ_7),
$\psi_9 := \forall y(\forall x \forall y \varphi \to \forall x \varphi)$ (Generalisierung von ψ_8),
$\psi_{10} := \forall y(\forall x \forall y \varphi \to \forall x \varphi) \to (\forall x \forall y \varphi \to \forall y \forall x \varphi)$ (PK 9),
$\psi_{11} := \forall x \forall y \varphi \to \forall y \forall x \varphi$ (d.K. von ψ_9 und ψ_{10}). ❑

Aus dem obigen Beispiel ist ersichtlich, daß das Aufstellen einer Ableitungsfolge recht langwierig sein kann, selbst wenn man bereits weiß, daß ein gegebener Ausdruck tatsächlich ableitbar ist. Deshalb wollen wir weitere Eigenschaften über Ableitungsfolgen herleiten. Insbesondere können wir die Ergebnisse der Aussagenlogik ausnutzen, da jede Ableitungsfolge in der Aussagenlogik auch eine Ableitungsfolge im Prädikatenkalkül liefert.

Satz 2.18 *Ist φ eine Aussage und $(\varphi_1, \ldots, \varphi_m)$ eine Ableitungsfolge aus $T \cup \{\varphi\}$, dann ist $(\varphi \to \varphi_1, \ldots, \varphi \to \varphi_m)$ eine reduzierte Ableitungsfolge aus T.*

Beweis (durch vollständige Induktion über m). Für $m = 0$ ist nichts zu beweisen.

Es sei $(\varphi_1, \ldots, \varphi_{m+1})$ eine Ableitungsfolge aus $T \cup \{\varphi\}$. Nach Induktionsvoraussetzung ist $(\varphi \to \varphi_1, \ldots, \varphi \to \varphi_m)$ eine reduzierte Ableitungsfolge aus T. φ_{m+1} muß eine der Bedingungen (B 1) – (B 4) erfüllen. Falls diese schon unter den (B 1) – (B 3) vorkommt, verfahren wir völlig analog wie im Beweis von Satz 1.16. Erfüllt φ_{m+1} die Bedingung (B 4), dann existiert ein φ_j mit $j \leq m$, so daß φ_{m+1} die Gestalt $\forall x \varphi_j$ hat. Wir setzen nun $(\varphi \to \varphi_1, \ldots, \varphi \to \varphi_m)$ wie folgt fort:

$\psi_{m+1} := \forall x(\varphi \to \varphi_j)$ (Generalisierung),
$\psi_{m+2} := \forall x(\varphi \to \varphi_j) \to (\varphi \to \forall x \varphi_j)$ (PK 9),
$\psi_{m+3} := \varphi \to \forall x \varphi_j$ (d.K. von ψ_{m+1} und ψ_{m+2}).

Damit ist $(\varphi \to \varphi_1, \ldots, \varphi \to \varphi_m, \psi_{m+1}, \psi_{m+2}, \psi_{m+3})$ eine reduzierte Ableitungsfolge aus T für $\varphi \to \varphi_{m+1}$. Mit Hilfe von Satz 2.15(3) erhält man die Behauptung. ❑

Als einfache Folgerung ergibt sich hieraus

Satz 2.19 (Deduktionstheorem) *Es sei φ eine Aussage und ψ ein Ausdruck. Ist ψ aus $T \cup \{\varphi\}$ ableitbar, so ist $\varphi \to \psi$ aus T ableitbar.*

Beweis. Sei $T \cup \{\varphi\} \vdash \psi$. Dann gibt es eine Ableitungsfolge $(\varphi_1, \ldots, \varphi_m)$ aus $T \cup \{\varphi\}$ für ψ. Nach Satz 2.18 ist $(\varphi \to \varphi_1, \ldots, \varphi \to \varphi_m)$ eine reduzierte Ableitungsfolge aus T, also $T \vdash \varphi \to \psi$. ❑

Definition. Eine Theorie T heißt *inkonsistent*, wenn es einen Ausdruck φ gibt, so daß sowohl φ als auch $\neg\varphi$ aus T ableitbar sind. Anderenfalls nennen wir T *konsistent.*

Satz 2.20 *Ist T inkonsistent, dann ist aus T jeder beliebige Ausdruck ableitbar.*

Beweis wie der für Satz 1.18.

Durch Übertragung des Beweises von Satz 1.20 ergibt sich

Satz 2.21 *Es sei φ eine beliebige Aussage. Ist $T \cup \{\neg\varphi\}$ inkonsistent, dann ist φ aus T ableitbar.*

Unser eigentliches Interesse gilt den konsistenten Theorien. Wir werden schließlich zeigen, daß jede konsistente Theorie widerspruchsfrei ist. Der umgekehrte Sachverhalt ist leicht nachzuweisen.

Satz 2.22 *Die leere Menge ist konsistent.*

Beweis. Jeder aus der leeren Menge ableitbare Ausdruck ist allgemeingültig. Da es aber auch Ausdrücke gibt, die nicht allgemeingültig sind, ist Abl($\emptyset$) verschieden von der Menge aller Ausdrücke. Folglich ist nach Satz 2.20 die leere Menge konsistent. ❑

Satz 2.23 *Ist T widerspruchsfrei, dann ist T konsistent.*

Beweis. Nach Voraussetzung besitzt T ein Modell $\mathcal{A}$. Wäre T inkonsistent, dann gäbe es einen Ausdruck φ, so daß $T \vdash \varphi, \neg\varphi$. Nach Satz 2.13 erhielte man $T \models \varphi, \neg\varphi$ und schließlich $\mathcal{A} \models \varphi, \neg\varphi$, was aber unmöglich ist. ❑

Wir wollen jetzt eine syntaktische Form des *Kompaktheitssatzes* beweisen.

Satz 2.24 (Kompaktheitssatz) *Eine Theorie T ist konsistent gdw jede endliche Teiltheorie von T konsistent ist.*

Beweis. T sei konsistent. Gäbe es eine inkonsistente Teiltheorie T_0 von T, dann wäre nach Satz 2.11(2) auch T inkonsistent.
Nun sei umgekehrt jede endliche Teiltheorie von T konsistent. Wäre T inkonsistent, dann gäbe es ein φ, so daß $T \vdash \varphi, \neg\varphi$. Nach dem Endlichkeitssatz existierte eine endliche Teiltheorie $T_0 \subseteq T$, so daß $T_0 \vdash \varphi, \neg\varphi$. Dann wäre T_0 eine endliche inkonsistente Teiltheorie von T, was im Widerspruch zur Voraussetzung stände. ❑

Der Kompaktheitssatz reduziert den Nachweis der Konsistenz einer Theorie T auf die endlichen Teiltheorien von T. Mit dem Verhältnis der Ableitbarkeit aus einer Theorie und aus einer ihrer Erweiterungen wollen wir uns etwas näher befassen. Die Theorie T_1 (in L_1) sei Erweiterung der Theorie T (in L). T_1 heißt *konservative Erweiterung*, wenn jeder Ausdruck der Sprache L, der aus T_1 ableitbar ist, bereits aus T abgeleitet werden kann. Ein wichtiger Fall einer konservativen Erweiterung ist gegeben, wenn die Ausdrucksmenge dieselbe bleibt, aber die Sprache erweitert wird. Genauer gesagt: T sei eine Theorie in der Sprache L und L_1 eine Spracherweiterung von L. Die Ausdrucksmenge T, aufgefaßt als Theorie in L_1, werde mit T_1 bezeichnet. Dann gilt:

Satz 2.25 *T_1 ist eine konservative Erweiterung von T.*

Der Beweis wird durch vollständige Induktion über die Länge der benötigten Ableitungsfolgen geführt. ❑

Eine häufig vorzunehmende Spracherweiterung besteht in der Hinzunahme neuer Individuenkonstanten zur Sprache. Dabei entsteht eine konservative Erweiterung, und es gilt die folgende nützliche Beziehung.

Satz 2.26 *Es seien* $c_1, \ldots, c_n$ *Konstanten, die weder in den Ausdrücken der Theorie* T *noch in dem Ausdruck* $\varphi(x_1, \ldots, x_n)$ *vorkommen. Dann gilt:* $T \vdash \varphi(x_1, \ldots, x_n)$ *gdw* $T \vdash \varphi(c_1, \ldots, c_n)$.

Beweis. Mittels Generalisierung und PK 8 ergibt sich aus

$$T \vdash \varphi(x_1, \ldots, x_n) \text{ sofort } T \vdash \varphi(c_1, \ldots, c_n).$$

Andererseits läßt sich aus einer Ableitungsfolge für $\varphi(c_1, \ldots, c_n)$ aus T eine Ableitungsfolge für $\varphi(x_1, \ldots, x_n)$ aus T gewinnen, indem die Konstanten $c_1, \ldots, c_n$ durch Variablen ersetzt werden. ❑

Durch Erweiterung der Sprache um neue Konstanten lassen sich Quantorenbeziehungen häufig leichter nachweisen. Wir führen nun mehrere Beispiele ableitbarer Ausdrücke an, auf deren detaillierte Herleitung wir aber verzichten. Statt dessen geben wir einige Hinweise, mit deren Hilfe der Leser die Ableitbarkeit selbst verifizieren kann.

Beispiel 1. $\vdash \forall x(\varphi \to \psi) \to (\forall x\varphi \to \forall x\psi)$.

Falls φ oder ψ freie Variablen (außer x) enthalten, werden diese durch neue Konstanten ersetzt. Die dabei entstehenden Ausdrücke werden weiterhin mit φ bzw. ψ bezeichnet. Die folgenden Ausdrücke bilden eine Ableitungsfolge aus $\{\forall x(\varphi \to \psi), \forall x\varphi\}$:

$\varphi \to \psi$	(PK 8),
φ	(PK 8),
ψ	(MP),
$\forall x\psi$	(Generalisierung).

Unter zweimaliger Verwendung des Deduktionstheorems ergibt sich schließlich

$$\vdash \forall x(\varphi \to \psi) \to (\forall x\varphi \to \forall x\psi).$$

Die eventuell durch Konstanten ersetzten Variablen lassen sich nun wegen Satz 2.26 wieder zurückeinsetzen.

Im obigen Beispiel wurden die neu eingeführten Konstanten lediglich dazu benutzt, um aus den Ausdrücken $\forall x(\varphi \to \psi)$ und $\forall x\varphi$ Aussagen bilden zu können, wodurch die Anwendung des Deduktionstheorems möglich wurde. In ähnlichen Fällen werden wir zukünftig genauso verfahren, ohne jedesmal ausdrücklich darauf hinzuweisen.

Beispiel 2. $\vdash \forall x(\varphi \to \psi) \to (\exists x\varphi \to \exists x\psi)$.

Wir erhalten folgende reduzierte Ableitungsfolge aus $\{\forall x(\varphi \to \psi), \exists x\varphi\}$:

$\varphi \to \psi$	(PK 8),
$\neg\psi \to \neg\varphi$	(PK 3, Satz 2.17),
$\forall x(\neg\psi \to \neg\varphi)$	(Generalisierung),
$\forall x\neg\psi \to \forall x\neg\varphi$	(Beispiel 1),
$\neg\forall x\neg\varphi \to \neg\forall x\neg\psi$	(PK 3, Satz 2.17),
$\exists x\varphi \to \neg\forall x\neg\varphi$	(PK 10b),
$\exists x\varphi \to \neg\forall x\neg\psi$	(Satz 2.17),
$\neg\forall x\neg\psi \to \exists x\psi$	(PK 10a),
$\exists x\varphi \to \exists x\psi$	(Satz 2.17),
$\exists x\psi$	(MP).

Nach zweimaliger Anwendung des Deduktionstheorems erhält man

$$\vdash \forall x(\varphi \to \psi) \to (\exists x\varphi \to \exists x\psi).$$

Beispiel 3. Die Variable x komme in ψ nicht frei vor.
Dann gilt: $\vdash \exists x\psi \to \psi$.
Aus $\{\neg\psi\} \vdash \neg\psi$ folgt durch Generalisierung: $\{\neg\psi\} \vdash \forall x\neg\psi$. Da x in $\neg\psi$ nicht frei vorkommt, können wir das Deduktionstheorem anwenden und erhalten $\vdash \neg\psi \to \forall x\neg\psi$, woraus sich nacheinander

$\vdash \neg\forall x\neg\psi \to \psi$	(Satz 2.17),
$\vdash \exists x\psi \to \neg\forall x\neg\psi$	(PK 10b),
$\vdash \exists x\psi \to \psi$	(Satz 2.17)

ergeben.

Beispiel 4. $\exists$-Einführungsregel.

Die Variable x komme in ψ nicht frei vor. Dann gilt:

$$\vdash \forall x(\varphi \to \psi) \to (\exists x\varphi \to \psi).$$

Aus den vorhergehenden Beispielen erhält man $\{\forall x(\varphi \to \psi), \exists x\varphi\} \vdash \psi$, und nach zweimaliger Anwendung des Deduktionstheorems folgt die Behauptung.

Beispiel 5. Die Variable x komme in φ nicht frei vor. Dann gilt:

$$\vdash (\varphi \to \exists x\psi) \to \exists x(\varphi \to \psi).$$

Eine zugehörige reduzierte Ableitungsfolge aus $\{\forall x \neg(\varphi \to \psi)\}$ ergibt sich wie folgt:

$\neg(\varphi \to \psi)$	(PK 8),
$\varphi \wedge \neg\psi$	(Satz 2.17),
$\neg\psi$	(PK 4),
$\forall x \neg\psi$	(Generalisierung),
$\neg\neg\forall x \neg\psi$	(Satz 2.17),
$\exists x\psi \to \neg\forall x \neg\psi$	(PK 10b),
$\neg\neg\forall x \neg\psi \to \neg\exists x\psi$	(Satz 2.17),
$\neg\exists x\psi$	(MP),
$\varphi \wedge \neg\exists x\psi$	(PK 5),
$\neg(\varphi \to \exists x\psi)$	(Satz 2.17).

Nach Anwendung des Deduktionstheorems erhalten wir

$$\vdash \forall x \neg(\varphi \to \psi) \to \neg(\varphi \to \exists x\psi).$$

Es gilt weiterhin

$\vdash (\varphi \to \exists x\psi) \to \neg\forall x \neg(\varphi \to \psi)$	(Satz 2.17),
$\vdash \neg\forall x \neg(\varphi \to \psi) \to \exists x(\varphi \to \psi)$	(PK 10 a),
$\vdash (\varphi \to \exists x\psi) \to \exists x(\varphi \to \psi)$	(Satz 2.17).

Beispiel 6. $\vdash \exists x(\exists x\psi \to \psi)$.

Setzt man für φ im obigen Beispiel 5 den Ausdruck $\exists x\psi$ ein, so erhält man $\vdash (\exists x\psi \to \exists x\psi) \to \exists x(\exists x\psi \to \psi)$. Da $\exists x\psi \to \exists x\psi$ ableitbar ist (Satz 2.17), gilt schließlich

$$\vdash \exists x(\exists x\psi \to \psi).$$

Zum Nachweis weiterer Quantorenbeziehungen (aus Box 13) kann die Methode der Konstantenerweiterung ebenfalls benutzt werden.

Box 13. Quantorenbeziehungen

Für beliebige Ausdrücke φ und ψ gilt:

(1) $\vdash \forall x(\varphi \to \psi) \to (\forall x\varphi \to \forall x\psi)$,

(2) $\vdash \forall x(\varphi \to \psi) \to (\exists x\varphi \to \exists x\psi)$,

(3) $\vdash \exists x(\varphi \land \psi) \to \exists x\varphi \land \exists x\psi$,

(4) $\vdash \forall x\varphi \lor \forall x\psi \to \forall x(\varphi \lor \psi)$.

Weiterhin gelten die Äquivalenzen

(5) $\vdash \exists x(\varphi \lor \psi) \leftrightarrow \exists x\varphi \lor \exists x\psi$,

(6) $\vdash \forall x(\varphi \land \psi) \leftrightarrow \forall x\varphi \land \forall x\psi$,

(7) $\vdash \forall x\forall y\varphi \leftrightarrow \forall y\forall x\varphi$

(8) $\vdash \exists x\exists y\varphi \leftrightarrow \exists y\exists x\varphi$.

Falls die Variable x in ψ nicht frei vorkommt, gilt darüber hinaus

(9) $\vdash \exists x\psi \leftrightarrow \psi$,

(10) $\vdash \forall x(\varphi \to \psi) \to (\exists x\varphi \to \psi)$,

(11) $\vdash \forall x(\varphi \lor \psi) \leftrightarrow \forall x\varphi \lor \psi$,

(12) $\vdash \exists x(\varphi \land \psi) \leftrightarrow \exists x\varphi \land \psi$.

2.4 Vollständigkeit der Prädikatenlogik

Mittels Ableitungsfolgen lassen sich aus PK (und damit aus der leeren Menge) weitere allgemeingültige Aussagen herleiten. Nun entsteht die wichtige, aber bisher unbeantwortete Frage, ob auf diese Weise schon alle allgemeingültigen Aussagen aus PK formal beweisbar sind. Im folgenden soll gezeigt werden, daß dies tatsächlich der Fall ist.

Ein Axiomensystem zusammen mit einem System von (formalen) Beweisregeln heißt *vollständig*, wenn aus ihm alle allgemeingültigen Aussagen ableitbar sind. In diesem Sinne wird sich der Prädikatenkalkül als vollständig erweisen.

Die Vollständigkeit ist ein wesentliches Kriterium für die Brauchbarkeit

eines Kalküls. Aus ihr ergibt sich, daß die Menge der allgemeingültigen Aussagen und die Menge der aus $\emptyset$ ableitbaren Aussagen gleich sind, d.h., der semantische Begriff „allgemeingültig“ stimmt mit dem syntaktischen Begriff „ableitbar“ überein.
Der Nachweis der Vollständigkeit des Prädikatenkalküls war ein Hauptziel, das man bei der Entwicklung der mathematischen Logik verfolgte. Man erhoffte sich davon, ein Verfahren zur Entscheidung über die Allgemeingültigkeit beliebig vorgelegter Aussagen zu erhalten. Leider erfüllte sich diese Hoffnung nicht. Die Frage nach der Allgemeingültigkeit vorgegebener Aussagen läßt sich prinzipiell nicht mit Hilfe formaler Regeln beantworten (und damit auch nicht durch eine Maschine lösen). Obwohl das ursprüngliche Ziel, die Allgemeingültigkeit einer Aussage durch rein mechanische Umformungen feststellen zu können, nicht erreicht wurde, muß die Entwicklung der Beweistheorie als sehr erfolgreich gewertet werden, bildet doch diese Theorie die Grundlage für die Schaffung zahlreicher Programmiersprachen.

Am Beispiel der Gruppentheorie im Abschnitt 2.2 haben wir gesehen, daß eine Aussage unabhängig von einer gegebenen Theorie sein kann. Besonders interessant und wichtig sind nun solche Theorien, zu denen es keine unabhängigen Aussagen gibt.
Eine Theorie T heißt *vollständig*, wenn für jede Aussage φ der Sprache L gilt: entweder $T \vdash \varphi$ oder $T \vdash \neg\varphi$.
Vollständige Theorien sind immer konsistent.
Für die nachfolgenden Untersuchungen sei L eine abzählbare Sprache. Die erzielten Ergebnisse gelten entsprechend auch für überabzälbare Sprachen, ihre Beweise setzen aber tiefergehende mengentheoretische Hilfsmittel voraus.
Zunächst wenden wir uns dem prädikatenlogischen Analogon von Satz 1.21 zu.

Satz 2.27 (Theorem von Lindenbaum) *Jede konsistente Theorie T kann zu einer vollständigen Theorie T' erweitert werden.*

Beweis. Da L als abzählbar vorausgesetzt wurde, gibt es eine Aufzählung $\{\varphi_n : n \in \mathbb{N}\}$ aller Aussagen der Sprache L. Durch Rekursion definieren wir jetzt eine aufsteigende Folge $T_0 \subseteq T_1 \subseteq T_2 \subseteq \ldots$ von Theorien:

$$T_0 = T,$$
$$T_{n+1} = \begin{cases} T_n \cup \{\varphi_n\}, & \text{falls diese Menge konsistent ist,} \\ T_n & \text{sonst.} \end{cases}$$

Behauptung 1. Für jedes n ist T_n konsistent.

Der Beweis hierzu wird induktiv über n geführt.
Für $n = 0$ folgt die Behauptung direkt aus der Voraussetzung. Nun sei T_n als konsistent vorausgesetzt. Entsprechend der Definition ist T_{n+1} in jedem Falle wieder konsistent. Es sei nun $T' = \bigcup_{n=0}^{\infty} T_n$.

Behauptung 2. T' ist konsistent.

Wäre T' inkonsistent, dann gäbe es nach dem Kompaktheitssatz eine endliche inkonsistente Teiltheorie T'_0 von T'. Nach Definition von T' müßte T'_0 aber in einer der Mengen T_n enthalten sein, die nach Behauptung 1 alle konsistent sind. Dies führt zu einem Widerspruch.

Behauptung 3. T' ist vollständig.

Da die Konsistenz von T' schon nachgewiesen ist, genügt es zu zeigen, daß für jede Aussage φ gilt: $T' \vdash \varphi$ oder $T' \vdash \neg\varphi$.
Angenommen, $T' \nvdash \varphi$. Dann ist $T' \cup \{\neg\varphi\}$ konsistent (nach Satz 2.21). $\neg\varphi$ kommt in der Numerierung aller Aussagen vor, es sei etwa $\neg\varphi := \varphi_m$. Daher ist $T_m \cup \{\varphi_m\}$ konsistent, und somit gilt $T_{m+1} = T_m \cup \{\varphi_m\}$. Folglich ist $\varphi_m \in T'$, also $T' \vdash \neg\varphi$. Damit ist die Vollständigkeit von T' nachgewiesen. ❑

Wir wollen jetzt ein „syntaktisches Modell" für eine konsistente Theorie konstruieren. Die folgende Konstruktion geht auf L. A. HENKIN zurück und wird daher *Henkin-Methode* genannt.
Wenn $\exists x\varphi(x)$ eine beliebige Aussage und c eine nicht in φ vorkommende Konstante ist, so wird $\exists x\varphi(x) \to \varphi(c)$ *Henkin-Axiom* und c *Henkin-Konstante* für $\exists x\varphi(x)$ genannt.
Nun sei $L = L_0$ eine abzählbare Sprache und $T = T_0$ eine in L formulierte Theorie. C_1 sei eine (abzählbar unendliche) Menge neuer Konstanten. Dann gibt es offenbar eine Bijektion h_1 zwischen der Menge $A(L_0, x)$ aller Ausdrücke aus L_0 mit der einzigen freien Variablen x und der Menge C_1. Es sei $L_1 = L(C_1)$ die um die Konstanten in C_1 erweiterte Sprache L und

$$T_1 = T_0 \cup \{\exists x\varphi(x) \to \varphi(c) : \ \varphi \in A(L_0, x), \ c = h_1(\varphi)\}$$

die entsprechend erweiterte Theorie in L_1.
Dieser Prozeß läßt sich induktiv fortsetzen. Dazu sei C_{n+1} eine (abzählbar unendliche) Menge von Konstanten, die nicht in L_n vorkommen. Dann gibt es eine Bijektion h_{n+1} zwischen der Menge $A(L_n, x)$ aller Ausdrücke aus L_n mit der einzigen freien Variablen x und C_{n+1}. Wir setzen

$$L_{n+1} = L_n(C_{n+1}) \quad \text{und}$$

$$T_{n+1} = T_n \cup \{\exists x\varphi(x) \to \varphi(c) : \ \varphi \in A(L_n, x), \ c = h_{n+1}(\varphi)\}.$$

Die Vereinigung $T' = \bigcup_{n=0}^{\infty} T_n$ heißt *Henkin-Erweiterung* von T.

Satz 2.28 *Ist T' eine Henkin-Erweiterung von T, dann ist T' eine konservative Erweiterung von T.*

Beweis. Wir zeigen zunächst induktiv über n, daß für jede Aussage ψ aus L gilt: Wenn $T_n \vdash \psi$, so $T \vdash \psi$, wobei $T' = \bigcup_{n=0}^{\infty} T_n$.
Für $k < n$ sei die Behauptung schon bewiesen.
Nun sei $T_n \vdash \psi$. Wegen des Endlichkeitssatzes existieren endlich viele Henkin-Axiome $\psi_1, \ldots, \psi_m$ in $T_n - T_{n-1}$, so daß $T_{n-1} \cup \{\psi_1, \ldots, \psi_m\} \vdash \psi$. Es sei m minimal gewählt. Ist $m = 0$, dann folgt die Behauptung aus der Induktionsvoraussetzung. Wir nehmen $m > 0$ an. Mit Hilfe des Deduktionstheorems erhält man $T_{n-1} \cup \{\psi_1, \ldots, \psi_{m-1}\} \vdash \psi_m \to \psi$, wobei ψ_m das Henkin-Axiom $\exists x \chi(x) \to \chi(c)$ ist. Da c die zu χ gehörige Henkin-Konstante ist, kommt c weder in T_{n-1} noch in $\psi_1, \ldots, \psi_{m-1}$ vor. Nach dem Theorem über die Einführung neuer Konstanten (Satz 2.26) gilt nun

$$T_{n-1} \cup \{\psi_1, \ldots, \psi_{m-1}\} \vdash \forall x((\exists x \chi(x) \to \chi(x)) \to \psi).$$

Wendet man die $\exists$-Einführungsregel an (siehe Box 13(10), S. 72), so erhält man

$$T_{n-1} \cup \{\psi_1, \ldots, \psi_{m-1}\} \vdash \exists x(\exists x \chi(x) \to \chi(x)) \to \psi,$$

und da $\exists x(\exists x \chi(x) \to \chi(x))$ ableitbar ist (vgl. Beispiel 6 auf S. 71) schließlich

$$T_{n-1} \cup \{\psi_1, \ldots, \psi_{m-1}\} \vdash \psi,$$

was im Widerspruch zur Minimalität von m steht. Folglich ist $m = 0$ und die Behauptung bewiesen. ❑

Korollar. *Ist T' eine Henkin-Erweiterung einer konsistenten Theorie T, dann ist T' ebenfalls konsistent.*

Beweis. Aus einer inkonsistenten Theorie ist bekanntlich jede Aussage ableitbar. Wäre T' inkonsistent, so müßte sich nach Satz 2.28 bereits jede Aussage der Sprache L aus T ableiten lassen. Dies widerspricht aber der Konsistenz von T. ❑

Wenn für jeden Ausdruck φ eine Konstante c existiert, so daß das Henkin-Axiom $\exists x \varphi(x) \to \varphi(c)$ aus T ableitbar ist, dann nennen wir T eine *Henkin-Theorie.*
Zu jeder vollständigen Henkin-Theorie wird jetzt ein zugehöriges kanonisches Modell $\mathcal{A}_T$ konstruiert. C sei die Menge der Henkin-Konstanten von T. Auf C definieren wir die folgende Äquivalenzrelation $\sim$:

$$c \sim d \ \ gdw \ \ T \vdash c = d.$$

Wegen der Axiome der Gleichheit ist $\sim$ in der Tat eine Äquivalenzrelation. Als Grundmenge für $\mathcal{A}_T$ wählen wir die Menge $A = C/\!\sim$ aller Äquivalenzklassen auf C.
Ist F ein n-stelliges Funktionszeichen, dann definieren wir eine Funktion $F^* : A^n \longrightarrow A$ wie folgt:
Für $c_1, \dots, c_n \in C$ sei c die Henkin-Konstante des Ausdrucks $x = F(c_1, \dots, c_n)$. Sind c_i^*, c^* die Äquivalenzklassen, die durch c_i bzw. c bestimmt werden, dann setzen wir

$$F^*(c_1^*, \dots, c_n^*) = c^*.$$

Die Axiome der Gleichheit sichern, daß die obige Definition nicht von der Wahl der Repräsentanten $c_1, \dots, c_n$ abhängt.
Analog definiert man für jedes n-stellige Relationssymbol R eine n-stellige Relation auf A:

$$(c_1^*, \dots, c_n^*) \in R^* \quad \text{gdw} \quad T \vdash R(c_1, \dots, c_n).$$

Auch in diesem Fall sichern die Gleichheitsaxiome die Korrektheit der Definition. Die entscheidende Eigenschaft von $\mathcal{A}_T$ wird im folgenden Satz ausgedrückt.

Satz 2.29 *Es sei T eine vollständige Henkin-Theorie.*
Dann gilt für jede Aussage φ: $\mathcal{A}_T \models \varphi$ gdw $T \vdash \varphi$.

Beweis (durch Induktion über den Formelaufbau von φ). Ist φ atomar, dann folgt die Behauptung aus der Definition des Modells $\mathcal{A}_T$. Für zusammengesetzte Aussagen haben wir folgende Fälle zu berücksichtigen:
1. Fall: $\varphi := \neg\psi$. Dann gilt: $\mathcal{A}_T \models \neg\psi \iff$ nicht $\mathcal{A}_T \models \psi$. Die Induktionsvoraussetzung liefert die äquivalente Bedingung: nicht $T \vdash \psi$, und wegen der Vollständigkeit von T ist dies äquivalent zu $T \vdash \neg\psi$.
2. Fall: $\varphi := \psi \wedge \chi$. Hierfür gilt: $\mathcal{A}_T \models \psi \wedge \chi \iff \mathcal{A}_T \models \psi$ und $\mathcal{A} \models \chi$. Nach Induktionsvoraussetzung ist das äquivalent zu $T \vdash \psi$ und $T \vdash \chi$ und damit zu $T \vdash \psi \wedge \chi$.
3. Fall: $\varphi := \exists x\psi(x)$. Ist $\mathcal{A}_T \models \varphi$, dann existiert ein $c^* \in A$ mit $\mathcal{A}_T \models \psi(c)$. Die Induktionsvoraussetzung liefert $T \vdash \psi(c)$ und schließlich $T \vdash \exists x\psi(x)$.
Ist umgekehrt $T \vdash \exists x\psi(x)$ und c eine Henkin-Konstante für $\psi(x)$, dann gilt $T \vdash \exists x\psi(x) \to \psi(c)$, da T eine Henkin-Theorie ist. Mit Hilfe der Abtrennungsregel erhält man $T \vdash \psi(c)$ und nach Induktionsvoraussetzung gilt $\mathcal{A}_T \models \psi(c)$, also $\mathcal{A}_T \models \exists x\psi(x)$. ❑

Nach diesen vorbereitenden Überlegungen läßt sich schließlich das folgende wichtige Theorem beweisen:

Satz 2.30 (Modellexistenztheorem) *Ist T eine konsistente Theorie einer (abzählbaren elementaren) Sprache L, dann besitzt T ein Modell.*

Beweis. Wir erweitern zunächst die Sprache L um die abzählbar-unendliche Menge C neuer Konstanten. Dann läßt sich T zu einer Henkin-Theorie T' in $L(C)$ erweitern. Da T' konsistent ist, kann T' nach dem Satz von LINDENBAUM zu einer vollständigen Theorie T^* erweitert werden. Dabei bleibt die Eigenschaft, Henkin-Theorie zu sein, erhalten. Zu T* kann nun das zugehörige kanonische Modell $\mathcal{A}_{T^*}$ konstruiert werden. Nach Satz 2.29 ist $\mathcal{A}_{T^*}$ ein Modell von T^* und damit auch ein Modell von T. ❑

Das Modellexistenztheorem hat vielfältige Konsequenzen, von denen wir jetzt einige anführen.

Satz 2.31 (Gödelscher Vollständigkeitssatz)
Es sei T eine Theorie der Sprache L. Für jede Aussage φ aus L gilt: φ ist aus T formal beweisbar gdw φ aus T folgt.
In formaler Darstellung: $T \vdash \varphi \iff T \models \varphi$.

Beweis. Die Eigenschaft $T \vdash \varphi \Longrightarrow T \models \varphi$ wurde bereits in Satz 2.13 gezeigt.
Es gelte nun $T \models \varphi$. Wenn $T \nvdash \varphi$, so ist $T \cup \{\neg\varphi\}$ konsistent (siehe Satz 2.21). Entsprechend dem Modellexistenztheorem besitzt $T \cup \{\neg\varphi\}$ ein Modell. Dann kann aber φ nicht aus T folgen. Also $T \vdash \varphi$. ❑

Eine speziellere Form des Gödelschen Vollständigkeitssatzes ist gegeben durch

Satz 2.32 *Eine Aussage ist allgemeingültig gdw sie ableitbar ist.*

Neben der Übereinstimmung von „ableiten“ und „folgen“ ergeben sich weitere Äquivalenzen zwischen semantischen und syntaktischen Begriffen:

Satz 2.33 *Eine Theorie T ist widerspruchsfrei gdw sie konsistent ist.*

Beweis. Ist T konsistent, dann besitzt T ein Modell (nach dem Modellexistenztheorem) und ist daher widerspruchsfrei.
Ist umgekehrt T widerspruchsfrei, dann besitzt T nach Definition ein Modell $\mathcal{A}$. Da aus einer inkonsistenten Theorie jede Aussage ableitbar ist und damit aus ihr folgt, kann sie kein Modell besitzen. Folglich ist T konsistent. ❑

Wir können nun den Beweis des Endlichkeitssatzes für das Folgern nachholen.

Beweis von Satz 2.4. Es gelte $T \models \varphi$. Aus dem Gödelschen Vollständigkeitssatz folgt $T \vdash \varphi$. Der Endlichkeitssatz für das Ableiten (Satz 2.12) ist bereits bewiesen. Folglich existiert eine endliche Teiltheorie $T_0 \subseteq T$ mit $T_0 \vdash \varphi$. Also gilt auch $T_0 \models \varphi$. ❑

Mit dem folgenden Satz wird ein erster Hinweis darauf gegeben, wieviele Elemente ein Modell einer Theorie enthält.

Satz 2.34 (Satz von Löwenheim-Skolem)
Ist T eine abzählbare widerspruchsfreie Theorie, dann besitzt T ein abzählbares Modell.

Beweis. Die nach der Henkin-Methode konstruierten Modelle für abzählbare Theorien sind selbst abzählbar. ❑

2.5 Aufgaben

2.1 Geben Sie eine nichtleere Menge A und eine zweistellige Relation $S \subseteq A^2$ an mit den folgenden Eigenschaften:

a) reflexiv, symmetrisch, nicht transitiv;

b) nicht reflexiv, symmetrisch, nicht transitiv;

c) reflexiv, nicht symmetrisch, transitiv;

d) irreflexiv, antisymmetrisch, transitiv;

e) reflexiv, nicht antisymmetrisch, transitiv;

f) linear, nicht transitiv.

2.2 R sei ein zweistelliges Relationszeichen in der elementaren Sprache L. Geben Sie Aussagen $\varphi_R, \varphi_{IR}, \varphi_S, \varphi_{AS}, \varphi_K, \varphi_L$ und φ_T aus L an, die ausdrücken, daß R reflexiv, irreflexiv, symmetrisch, antisymmetrisch, konnex, linear bzw. transitiv ist!

2.3 Welche der folgenden Theorien sind widerspruchsfrei bzw. widerspruchsvoll (Bezeichnungen wie in Aufgabe 2.2)?

a) $T_a = \{\varphi_L, \varphi_{IR}\}$;

b) $T_b = \{\varphi_{AS}, \varphi_{IR}, \varphi_T\}$;

c) $T_c = \{\varphi_K, \varphi_S, \varphi_T\}$;

d) $T_d = \{\varphi_K, \varphi_{AS}\}$;

e) $T_e = \{\varphi_S, \varphi_T, \varphi_{IR}, \exists x \exists y (R(x,y) \land x \neq y)\}$;

f) $T_f = \{\varphi_{AS}, \varphi_S, \varphi_T\}$.

2.4 Zeigen Sie, daß die Axiome der Theorie $T_{\text{äq}} = \{\varphi_R, \varphi_S, \varphi_T\}$ einer Äquivalenzrelation voneinander unabhängig sind! (Bezeichnungen wie in Aufgabe 2.2)

2.5 Beweisen Sie die Quantorenäquivalenzen aus Box 12, S. 61!

2.6 Bilden Sie die Negation der folgenden Ausdrücke, so daß $\neg$ höchstens noch vor Atomformeln steht!

a) $\forall x \exists y \forall z [R(x,z) \lor (R(y,z) \to ((R(x,y) \to R(z,x)) \lor R(z,y)))]$;

b) $\forall x \exists y \exists z (x = y \land (x < y \lor z < x))$;

c) $\exists z \forall x \exists y (\neg R(x,y) \leftrightarrow R(x,y) \lor R(y,z))$;

d) $\forall z [\exists x (z < x) \to \exists x (z < x \land \forall y (z < y \to y < x \lor y = x))]$;

e) $\forall x \forall y [R(x,y) \to \exists z (R(x,z) \land R(z,y))]$.

2.7 Geben Sie eine alternative (bzw. konjunktive) Normalform der Ausdrücke aus Aufgabe 2.6 an!

2.8 Geben Sie Ableitungsfolgen für die Quantorenbeziehungen aus Box 13 (S. 72) an!

2.9 Führen Sie die Beweise für die Sätze 2.2 und 2.3 aus!

2.10 Man beweise $\vdash \exists x(x = x)$!

2.11 Beweisen Sie, daß $\forall x\varphi \to \exists x\varphi$ für jeden Ausdruck φ ableitbar ist.

2.12 Geben Sie eine Ableitung für $\exists x\forall y\varphi \to \forall y\exists x\varphi$ an!

2.13 Beweisen Sie: Sind T_1 und T_2 Theorien in der Sprache L, so daß $T_1 \cup T_2$ widerspruchsvoll ist, dann gibt es eine Aussage φ in L, so daß $T_1 \models \varphi$ und $T_2 \models \neg\varphi$.

Kapitel 3

Modelltheorie

Mit der Einführung elementarer Sprachen werden die Ausdrucksmöglichkeiten gegenüber dem Aussagenkalkül beträchtlich gesteigert. Die Entwicklung der Prädikatenlogik ist maßgeblich bestimmt worden von den Bestrebungen, die Vollständigkeit des Kalküls nachzuweisen. Als ein Ergebnis dieser Bemühungen wissen wir nun, daß jede konsistente Theorie ein Modell besitzt. Damit ist aber nichts über die Vielfalt der möglichen Modelle einer Theorie gesagt. In der Untersuchung dieser Fragestellung liegen die Wurzeln der Modelltheorie, die sich innerhalb der mathematischen Logik zu einem eigenständigen Gebiet entwickelt hat.
Während bisher die Frage der Existenz eines Modells für eine konsistente Theorie T im Mittelpunkt unseres Interesses stand, widmen wir uns nun der Gesamtheit aller Modelle der Theorie T. Um die große Fülle der Modelle einer Theorie überhaupt erfassen und beschreiben zu können, macht sich ein verstärkter Einsatz mengentheoretischer Hilfsmittel erforderlich.

3.1 Unterstrukturen und Erweiterungen

Bei der Beschreibung realer Prozesse mit Hilfe mathematischer Modelle entsteht häufig das Problem, Elemente mit vorgegebenen Eigenschaften zu finden, z.B. Lösungen gegebener Gleichungen zu bestimmen. Stellt sich dabei heraus, daß die gesuchten Elemente im betrachteten Modell nicht vorhanden sind, dann kann das verschiedene Ursachen haben. Einerseits kann die Existenz solcher Elemente den realen Gegebenheiten widersprechen, andererseits kann aber auch das benutzte Modell ungeeignet gewählt worden sein – etwa weil es nur unzureichend viele Elemente enthält. Im letzteren Fall müßte die gegebene Struktur in geeigneter Weise erweitert werden. Wir werden jetzt präzisieren, was unter einer Strukturerweiterung zu verstehen ist.

Im folgenden sei L eine elementare Sprache und alle Strukturen (soweit nicht anders festgelegt) seien Modelle von L. Zur Vereinfachung der Notation treffen wir folgende Vereinbarung: Ist f ein Funktionszeichen von L, so bezeichne $f^{\mathcal{A}}$ die Funktion in $\mathcal{A}$, deren Name f ist. Ähnlich bezeichnet $R(\mathcal{A})$ die dem Relationszeichen R aus L entsprechende Relation in $\mathcal{A}$. Um unnötige zusätzliche Betrachtungen zu vermeiden,ordnen wir die Individuenkonstanten als 0-stellige Funktionszeichen ein. Neben der Sprache L benötigen wir auch Erweiterungen von L durch Konstanten. Ist $\mathcal{A}$ eine Struktur für L, so entstehe $L(\mathcal{A})$ aus L durch Hinzunahme neuer Konstanten $\underline{a}$ für alle Elemente a des Modells $\mathcal{A}$ (unabhängig davon, ob in L bereits Namen für gewisse Elemente vorhanden sind oder nicht). Eine Konstante $\underline{a}$ wird in der Regel als Name für das Element a benutzt. Sind keine Mißverständnisse zu befürchten, schreiben wir für die Konstanten auch einfach a anstelle von $\underline{a}$.
Es seien $\mathcal{A}$ und $\mathcal{B}$ Strukturen für L mit den Grundmengen $|\mathcal{A}| = A$ bzw. $|\mathcal{B}| = B$.
Eine injektive Abbildung $F: A \longrightarrow B$ heißt *Einbettung* von $\mathcal{A}$ in $\mathcal{B}$, falls die folgenden Bedingungen erfüllt sind:

(1) (1) Für jedes n-stellige Funktionszeichen f aus L und beliebige Elemente $a_1, \ldots, a_n$ in A gilt:

$$F(f^{\mathcal{A}}(a_1, \ldots, a_n)) = f^{\mathcal{B}}(F(a_1), \ldots, F(a_n)).$$

(2) Für jedes n-stellige Relationszeichen R aus L und beliebige Elemente $a_1, \ldots, a_n$ in A gilt:

$$(a_1, \ldots, a_n) \in R(\mathcal{A}) \iff (F(a_1), \ldots, F(a_n)) \in R(\mathcal{B}).$$

Ist F eine Einbettung von $\mathcal{A}$ in $\mathcal{B}$, dann schreiben wir dafür auch

$$F: \mathcal{A} \longrightarrow \mathcal{B}.$$

Bildet F dabei die Menge A auf die Menge B ab, so heißt F ein *Isomorphismus* und die Strukturen $\mathcal{A}$ und $\mathcal{B}$ nennt man *isomorph*, symbolisch dargestellt $\mathcal{A} \cong \mathcal{B}$. Ist insbesondere A eine Teilmenge von B und die natürliche Injektion $I(a) = a$ eine Einbettung von $\mathcal{A}$ in $\mathcal{B}$, dann heißt $\mathcal{A}$ *Unterstruktur* von $\mathcal{B}$ und $\mathcal{B}$ eine *Erweiterung* von $\mathcal{A}$, symbolisch dargestellt $\mathcal{A} \subseteq \mathcal{B}$.
In diesem Fall gilt für jedes n-stellige Relationszeichen R von L die Beziehung $R(\mathcal{A}) = R(\mathcal{B}) \cap A^n$. $R(\mathcal{A})$ wird auch als *Einschränkung* von $R(\mathcal{B})$ (bzw. von R) auf A bezeichnet. Man kann die Einschränkung von R auf beliebige Teilmengen $M \subseteq B$ als $R(M) = R(\mathcal{B}) \cap M^n$ definieren. Aber nicht jede Teilmenge von B liefert eine Unterstruktur von $\mathcal{B}$.
Eine Menge M heißt *abgeschlossen* bezüglich L, wenn für jedes Funktionszeichen f aus L und für beliebige Elemente $a_1, \ldots, a_n \in M$ auch das

Element $f^{\mathcal{B}}(a_1, \ldots, a_n)$ zu M gehört. Die so durch f auf M festgelegte Funktion wird auch mit f^M bezeichnet und *Einschränkung* von $f^{\mathcal{B}}$ auf M genannt.

Satz 3.1 *Ist $\{M_i : i \in I\}$ eine Familie bezüglich L abgeschlossener Teilmengen von $|\mathcal{B}|$, dann ist $\bigcap_{i \in I} M_i$ ebenfalls bezüglich L abgeschlossen.*

Beweis. Es sei f ein n-stelliges Funktionszeichen von L und es seien $a_1, \ldots, a_n \in M_i$ für alle $i \in I$. Dann ist

$$b = f^{M_i}(a_1, \ldots, a_n) = f^{\mathcal{B}}(a_1, \ldots, a_n) \in M_i$$

für alle $i \in I$, also $b \in \bigcap_{i \in I} M_i$. ❑

Für $M \subseteq |\mathcal{B}|$ sei $[M] = \bigcap\{N : M \subseteq N \subseteq |\mathcal{B}|$ und N ist abgeschlossen bezüglich $L\}$. Dann ist $[M]$ die kleinste Teilmenge von $|\mathcal{B}|$, in der M enthalten ist und die bezüglich L abgeschlossen ist. Zusammen mit den Einschränkungen der Funktionen und Relationen von $\mathcal{B}$ wird $[M]$ zu einer Unterstruktur von $\mathcal{B}$, die wir als die von M *erzeugte Unterstruktur* bezeichnen. Ist die Menge M endlich, dann heißt die so erzeugte Unterstruktur $[M]$ *endlich erzeugt.*

Beispiel. Es sei V ein Vektorraum. Eine Teilmenge $U \subseteq V$ ist Unterraum von V gdw U eine Unterstruktur von V ist (bezüglich der elementaren Sprache der Vektorräume). Die lineare Hülle einer beliebigen Teilmenge $M \subseteq V$ liefert die von M erzeugte Unterstruktur. Ein Vektorraum hat endliche Dimension gdw er endlich erzeugt ist.

Es sei F eine Einbettung. Man überzeugt sich leicht davon, daß das Bild $F(|\mathcal{A}|)$ der Menge $|\mathcal{A}|$ in $\mathcal{B}$ abgeschlossen ist. Mit $\mathrm{F}(\mathcal{A})$ bezeichnen wir die durch $\mathcal{B}$ auf $F(|\mathcal{A}|)$ induzierte Unterstruktur.

Satz 3.2 *Die Abbildung $F : |\mathcal{A}| \longrightarrow |\mathcal{B}|$ ist eine Einbettung gdw F einen Isomorphismus zwischen $\mathcal{A}$ und $F(\mathcal{A})$ vermittelt.*

Es seien $\mathcal{A}$ und $\mathcal{B}$ Strukturen für L und $F : \mathcal{A} \longrightarrow \mathcal{B}$ sei eine Einbettung. Die Abbildung F ermöglicht uns, die Struktur $\mathcal{B}$ zu einem Modell für $L(\mathcal{A})$ auszudehnen: Die zusätzlichen Konstanten $\underline{a}$ für $a \in |\mathcal{A}|$ werden in $\mathcal{B}$ durch die Elemente $F(a)$ interpretiert. Das gilt insbesondere für den Fall, daß $\mathcal{A}$ eine Unterstruktur von $\mathcal{B}$ ist. Wenn klar ist, wie die Konstanten $\underline{a}$ in $\mathcal{B}$ zu interpretieren sind, werden wir weiterhin die Notation $\mathcal{B}$ benutzen, auch wenn $\mathcal{B}$ als Modell von $L(\mathcal{A})$ angesehen wird. Das *Diagramm* $D(\mathcal{A})$ von $\mathcal{A}$ ist die Menge der in $\mathcal{A}$ gültigen negierten oder unnegierten atomaren Aussagen von $L(\mathcal{A})$.

Satz 3.3 *Es seien* $\mathcal{A}$ *und* $\mathcal{B}$ *gegebene Strukturen mit* $|\mathcal{A}| \subseteq |\mathcal{B}|$. $\mathcal{A}$ *ist Unterstruktur von* $\mathcal{B}$ *gdw* $\mathcal{B}$ *ein Modell von* $D(\mathcal{A})$ *ist.*

Beweis. $(\longrightarrow)$ Es sei $\mathcal{A} \subseteq \mathcal{B}$. Da die Relationen und die Funktionen von $\mathcal{A}$ die Einschränkungen der entsprechenden Relationen und Funktionen von $\mathcal{B}$ sind, vererbt sich offenbar die Gültigkeit negierter bzw. unnegierter atomarer Aussagen aus $L(\mathcal{A})$ von $\mathcal{A}$ auf $\mathcal{B}$.
$(\longleftarrow)$ Ist $\mathcal{B}$ ein Modell von $D(\mathcal{A})$, so sind die Relationen und Funktionen von $\mathcal{A}$ die Einschränkungen der entsprechenden Relationen und Funktionen von $\mathcal{B}$. Damit ist $\mathcal{A}$ eine Unterstruktur von $\mathcal{B}$. ❑

Wir erinnern daran, daß ein Ausdruck *quantorenfrei* oder *offen* heißt, wenn er keinen der Quantoren $\exists$ oder $\forall$ enthält.

Korollar 3.1. *Ist* $\mathcal{A}$ *Unterstruktur von* $\mathcal{B}$, *so gilt für jede quantorenfreie Aussage* φ *von* $L(\mathcal{A})$: $\mathcal{A} \models \varphi \iff \mathcal{B} \models \varphi$.

Der Beweis läßt sich leicht induktiv über den Formelaufbau führen.

Das obige Korollar drückt sehr gut die charakteristische Eigenschaft von Strukturerweiterungen aus: Die Gültigkeit quantorenfreier Aussagen ist invariant. Das gilt im allgemeinen nicht mehr für Aussagen, die Quantoren enthalten.

Box 14. Unterstrukturen und Erweiterungen

Beispiel 1. Es sei $\mathcal{A} = \langle \mathbb{N}, < \rangle$ die Menge der natürlichen Zahlen mit der üblichen Ordnungsrelation $<$, und $\mathcal{B} = \langle \mathbb{Z}, < \rangle$ sei die Menge der ganzen Zahlen mit ihrer natürlich Ordnung $<$. $\mathcal{A}$ ist eine Unterstruktur von $\mathcal{B}$, denn für beliebige natürliche Zahlen m und n gilt $m < n$ genau dann, wenn m kleiner als n ist, betrachtet als ganze Zahlen.

Beispiel 2. Die rationalen Zahlen $\langle \mathbb{Q}, +, \cdot, 0, 1 \rangle$ mit den Operationen $+$ und $\cdot$ und den Konstanten 0 und 1 bilden eine Unterstruktur der reellen Zahlen $\langle \mathbb{R}, +, \cdot, 0, 1 \rangle$.

Beispiel 3. Die komplexen Zahlen $\langle \mathbb{C}, +, \cdot, 0, 1 \rangle$ bilden eine Erweiterung der rellen Zahlen $\langle \mathbb{R}, +, \cdot, 0, 1 \rangle$.

Ein Ausdruck φ heißt *existentiell* (bzw. *universal*), wenn eine quantorenfreie Formel ψ existiert, so daß φ die Form

$$\exists x_1 \ldots \exists x_n \psi \quad \text{bzw.} \quad \forall x_1 \ldots \forall x_n \psi$$

hat. Existentielle und universale Aussagen werden auch als $\exists$- bzw. $\forall$-Aussagen bezeichnet.

Korollar 3.2. *Ist $\mathcal{A}$ eine Unterstruktur von $\mathcal{B}$ und φ eine in $\mathcal{A}$ gültige $\exists$-Aussage aus $L(\mathcal{A})$, so ist φ auch in $\mathcal{B}$ gültig.*

Beweis. Nach Voraussetzung hat φ die Form $\exists x_1 \ldots \exists x_n \psi(x_1, \ldots, x_n, \bar{a})$, wobei ψ quantorenfrei und $\bar{a}$ eine endliche Folge von Individuenzeichen aus $L(\mathcal{A})$ ist. Es seien $b_1, \ldots, b_n$ Elemente aus $\mathcal{A}$, so daß $\psi(b_1, \ldots, b_n, \bar{a})$ in $\mathcal{A}$ gilt. Aus Korollar 3.1 folgt dann $\mathcal{B} \models \psi(b_1, \ldots, b_n, \bar{a})$ und schließlich $\mathcal{B} \models \exists x_1 \ldots \exists x_n \psi(x_1, \ldots, x_n, \bar{a})$. ❑

Dual dazu gilt ebenfalls:

Korollar 3.3 *Ist $\mathcal{A}$ eine Unterstruktur von $\mathcal{B}$ und φ eine in $\mathcal{B}$ gültige $\forall$-Aussage aus $L(\mathcal{A})$, so ist φ auch in $\mathcal{A}$ gültig.*

Beweis. Angenommen, φ ist nicht in $\mathcal{A}$ gültig, so ist $\mathcal{A} \models \neg\varphi$. Da $\neg\varphi$ zu einer $\exists$-Aussage äquivalent ist, gilt nach Korollar 3.2 $\mathcal{B} \models \neg\varphi$ was einen Widerspruch zur Voraussetzung impliziert. ❑

Wir haben gesehen, daß quantorenfreie Aussagen völlig invariant bezüglich der Gültigkeit bei Strukturerweiterungen sind (Korollar 3.1). Dagegen überträgt sich die Gültigkeit für existentielle bzw. universale Aussagen im allgemeinen nur noch in eine Richtung (Korollare 3.2 und 3.3). Es seien z.B. $\mathcal{A} = \langle \mathbb{N}, < \rangle$, $\mathcal{B} = \langle \mathbb{Z}, < \rangle$ und $\varphi := \exists x(x < 0)$, dann gilt $\mathcal{A} \subseteq \mathcal{B}$ und $\mathcal{B} \models \varphi$, aber $\mathcal{A} \not\models \varphi$.
Nun sind Erweiterungen interessant, bei denen auch die Gültigkeit von existentiellen und universalen Aussagen invariant ist. Eine Unterstruktur $\mathcal{A}$ von $\mathcal{B}$ heißt *existentiell abgeschlossen* in $\mathcal{B}$, $\mathcal{A} \subseteq_e \mathcal{B}$, falls jede in $\mathcal{B}$ gültige $\exists$-Aussage aus $L(\mathcal{A})$ auch in $\mathcal{A}$ gilt.

Satz 3.4 *Ist $\mathcal{A}$ in $\mathcal{B}$ existentiell abgeschlossen, dann ist die Gültigkeit aller existentiellen und aller universalen Aussagen aus $L(\mathcal{A})$ invariant.*

Beweis. Die Gültigkeit von $\exists$-Aussagen ist invariant wegen Korollar 3.2 und der Definition der existentiellen Abgeschlossenheit. Da eine $\forall$-Aussage logisch äquivalent zur Negation einer $\exists$-Aussage ist, überträgt sich die Invarianz auch auf $\forall$-Aussagen. ❑

Beispiele.

1. Es seien $\mathcal{A} = \langle \mathbb{Q}, < \rangle$ und $\mathcal{B} = \langle \mathbb{R}, < \rangle$ die Mengen der rationalen bzw. der reellen Zahlen mit ihrer jeweils üblichen Ordnung. Dann ist $\mathcal{A}$ offensichtlich eine Unterstruktur von $\mathcal{B}$, die in $\mathcal{B}$ existentiell abgeschlossen ist (ergibt sich aus Beispiel 1, S. 100).

2. Es sei $\mathcal{A} = \langle \mathbb{R}, +, 0 \rangle$ die additive abelsche Gruppe der reellen Zahlen mit der üblichen Addition in $\mathbb{R}$. Weiterhin sei $\mathcal{B} = \langle \mathbb{R}^2, +, \bar{0} \rangle$ die Menge der Paare von reellen Zahlen mit komponentenweiser Addition: $(a, b) + (c, d) := (a + c, b + d)$ und der Konstanten $\bar{0} = (0, 0)$. $\mathcal{B}$ ist ebenfalls eine abelsche Gruppe. Die Menge $M = \{(a, 0) \in \mathbb{R}^2 : a \in \mathbb{R}\}$ ist in $\mathcal{B}$ abgeschlossen und die auf M gegebene Unterstruktur von $\mathcal{B}$ ist isomorph zu $\mathcal{A}$. Werden die Elemente a aus $\mathcal{A}$ mit denen der Form $(a, 0)$ aus M identifiziert, so kann man $\mathcal{A}$ als Unterstruktur von $\mathcal{B}$ auffassen. $\mathcal{A}$ ist offenbar existentiell abgeschlossen in $\mathcal{B}$.

3. Ist $\mathcal{A} = \langle \mathbb{Q}, +, \cdot, 1 \rangle$ und $\mathcal{B} = \langle \mathbb{R}, +, \cdot, 1 \rangle$ und sind $+$ und $\cdot$ die üblichen Operationen auf $\mathbb{Q}$ und $\mathbb{R}$, dann ist $\mathcal{A}$ eine Unterstruktur von $\mathcal{B}$. $\mathcal{A}$ ist nicht existentiell abgeschlossen in $\mathcal{B}$. Denn ist φ die Aussage $\exists x (x \cdot x = 1 + 1)$, so ist φ eine $\exists$-Aussage aus $L(\mathbb{Q})$, die zwar in $\mathcal{B}$ aber nicht in $\mathcal{A}$ gilt (φ behauptet die Existenz der Zahl $\sqrt{2}$).

Noch interessanter sind Erweiterungen von $\mathcal{A}$, bei denen die Gültigkeit sämtlicher Aussagen aus $L(\mathcal{A})$ invariant bleibt.
Eine Unterstruktur $\mathcal{A}$ von $\mathcal{B}$ heißt *elementare Unterstruktur* von $\mathcal{B}$ (und gleichzeitig heißt $\mathcal{B}$ *elementare Erweiterung* von $\mathcal{A}$), $\mathcal{A} \preceq \mathcal{B}$, falls für jede Aussage φ aus $L(\mathcal{A})$ gilt: $\mathcal{A} \models \varphi \iff \mathcal{B} \models \varphi$.
Das *elementare Diagramm* $D_e(\mathcal{A})$ (bzw. das *universale Diagramm* $D_\forall(\mathcal{A})$ von $\mathcal{A}$) ist die Menge der Aussagen (bzw. der universalen Aussagen) aus $L(\mathcal{A})$, die in $\mathcal{A}$ gültig sind.

Satz 3.5 *Es seien $\mathcal{A}$ und $\mathcal{B}$ gegebene Strukturen mit $|\mathcal{A}| \subseteq |\mathcal{B}|$.
Dann gilt:*

(1) *$\mathcal{B}$ ist elementare Erweiterung von $\mathcal{A}$ gdw $\mathcal{B}$ Modell von $D_e(\mathcal{A})$ ist.*

(2) *$\mathcal{A}$ ist existentiell abgeschlossen in $\mathcal{B}$ gdw $\mathcal{B}$ Modell von $D_\forall(\mathcal{A})$ ist.*

Beweis. (1). Ist $\mathcal{B}$ eine elementare Erweiterung von $\mathcal{A}$, dann gilt unmittelbar, daß $\mathcal{B}$ ein Modell von $D_e(\mathcal{A})$ ist.
Nun sei umgekehrt $\mathcal{B} \models D_e(\mathcal{A})$. Insbesondere ist $\mathcal{B}$ auch ein Modell von $D(\mathcal{A}) \subseteq D_e(\mathcal{A})$ und damit eine Erweiterung von $\mathcal{A}$ (Satz 3.3). Ist φ eine beliebige, in $\mathcal{A}$ gültige Aussage aus $L(\mathcal{A})$, so ist $\varphi \in D_e(\mathcal{A})$ und damit $\mathcal{B} \models \varphi$, weil $\mathcal{B}$ ein Modell von $D_e(\mathcal{A})$ ist.

Es sei nun $\mathcal{B} \models \varphi$. Ist $\mathcal{A} \not\models \varphi$, so gilt $\mathcal{A} \models \neg\varphi$ und damit $\mathcal{B} \models \neg\varphi$, was der Voraussetzung widerspricht.
(2) wird analog bewiesen. ❑

Beispiele.

1. Ist $\mathcal{A} = \langle \mathbb{Q}, < \rangle$ und $\mathcal{B} = \langle \mathbb{R}, < \rangle$, dann ist $\mathcal{B}$ eine elementare Erweiterung von $\mathcal{A}$ (vgl. Beispiel 1, S. 100).
2. Es seien $\mathcal{A} = \langle A, +, \cdot, 0, 1 \rangle$ und $\mathcal{B} = \langle B, +, \cdot, 0, 1 \rangle$ zwei beliebige algebraisch abgeschlossene Körper der gleichen Charakteristik. Ist $\mathcal{B}$ eine Erweiterung von $\mathcal{A}$, so ist $\mathcal{B}$ eine elementare Erweiterung (vgl. Beispiel 2, S. 101).

Wir geben jetzt ein modelltheoretisches Äquivalent zur existentiellen Abgeschlossenheit an.

Satz 3.6 *Es sei $\mathcal{A}$ eine Unterstruktur von $\mathcal{B}$. Dann ist $\mathcal{A}$ existentiell abgeschlossen in $\mathcal{B}$ gdw $\mathcal{B}$ eine Erweiterung $\mathcal{C}$ besitzt, die elementare Erweiterung von $\mathcal{A}$ ist.*

Beweis. ($\longleftarrow$) Wir nehmen zunächst an, daß eine Struktur $\mathcal{C}$ mit der gewünschten Eigenschaft existiert. φ sei eine $\exists$-Aussage aus $L(\mathcal{A})$, die in $\mathcal{B}$ gültig ist. Wegen Korollar 3.2 gilt φ auch in $\mathcal{C}$ und damit in $\mathcal{A}$, denn $\mathcal{A} \preceq \mathcal{C}$. Folglich ist $\mathcal{A}$ in $\mathcal{B}$ existentiell abgeschlossen.
($\longrightarrow$) Nun sei umgekehrt $\mathcal{A}$ existentiell abgeschlossen in $\mathcal{B}$. Wir betrachten die Theorie $T = D_e(\mathcal{A}) \cup D(\mathcal{B})$ in $L(\mathcal{B})$ und behaupten, T ist konsistent.
Angenommen, T ist inkonsistent, dann ist wegen des Kompaktheitssatzes bereits $D_e(\mathcal{A}) \cup \{\varphi_1(\bar{b}), \ldots, \varphi_m(\bar{b})\}$ für eine gewisse endliche Teilmenge $\{\varphi_1(\bar{b}), \ldots, \varphi_m(\bar{b})\} \subseteq D(\mathcal{B})$ inkonsistent, wobei $\bar{b}$ nur die entsprechenden Konstanten aus $|\mathcal{B}| - |\mathcal{A}|$ bezeichnet. $\varphi(\bar{b})$ sei dabei die Konjunktion $\varphi_1(\bar{b}) \wedge \ldots \wedge \varphi_m(\bar{b})$. Folglich ist $D_e(\mathcal{A}) \cup \{\varphi(\bar{b})\}$ inkonsistent, woraus man

$$D_e(\mathcal{A}) \vdash \neg\varphi(\bar{b})$$

und wegen Satz 2.26 schließlich

$$(\star) \quad D_e(\mathcal{A}) \vdash \forall\bar{x}\neg\varphi(\bar{x})$$

erhält. Da $\exists\bar{x}\varphi(\bar{x})$ eine in $\mathcal{B}$ gültige $\exists$-Aussage aus $L(\mathcal{A})$ ist, gilt $\exists\bar{x}\varphi(\bar{x})$ auch in $\mathcal{A}$ (existentielle Abgeschlossenheit). Das widerspricht der Folgerung ($\star$).
Folglich ist T konsistent und besitzt ein Modell $\mathcal{C}$, welches aufgrund der Sätze 3.3 und 3.5 eine Erweiterung von $\mathcal{B}$ und eine elementare Erweiterung von $\mathcal{A}$ ist. ❑

Auch für den Fall, daß $\mathcal{A}$ keine Unterstruktur von $\mathcal{B}$ ist, läßt sich mittels des obigen Beweises sehr leicht das folgende Resultat herleiten:

Satz 3.7 *Alle in $\mathcal{B}$ gültigen $\exists$-Aussagen gelten auch in $\mathcal{A}$ gdw $\mathcal{B}$ eine Erweiterung $\mathcal{C}$ besitzt, die gleichzeitig eine elementare Erweiterung von $\mathcal{A}$ ist.*

Wir geben noch weitere unmittelbar einsichtige Eigenschaften der Erweiterungen an.

Satz 3.8

(1) *Wenn $\mathcal{A} \subseteq \mathcal{B}$ und $\mathcal{B} \subseteq \mathcal{C}$, so $\mathcal{A} \subseteq \mathcal{C}$.*

(2) *Wenn $\mathcal{A} \subseteq_e \mathcal{B}$ und $\mathcal{B} \subseteq_e \mathcal{C}$, so $\mathcal{A} \subseteq_e \mathcal{C}$.*

(3) *Wenn $\mathcal{A} \preceq \mathcal{B}$ und $\mathcal{B} \preceq \mathcal{C}$, so $\mathcal{A} \preceq \mathcal{C}$.*

Bei Strukturerweiterungen (wie z.B. im Falle der Körpertheorie, wo etwa ein Zerfällungskörper konstruiert werden soll), ist es manchmal erforderlich, den Prozeß der Erweiterung zu wiederholen, wodurch man zu einer Folge $\mathcal{A}_1, \mathcal{A}_2, \mathcal{A}_3, \ldots$ von Strukturen gelangt. Eine solche Folge heißt *Kette*, wenn für beliebige Indizes $i < j$ $\mathcal{A}_i$ eine Unterstruktur von $\mathcal{A}_j$ ist. Wenn für $i < j$ stets $\mathcal{A}_i$ eine elementare Unterstruktur von $\mathcal{A}_j$ ist, dann sprechen wir von einer *elementaren Kette.*

Für eine gegebene Kette $\mathcal{A}_1 \subseteq \mathcal{A}_2 \subseteq \mathcal{A}_3 \subseteq \ldots$ definieren wir die *Vereinigung $\mathcal{A}$ der Kette* wie folgt:

1. Die Grundmenge $|\mathcal{A}|$ der Vereinigung ist $\bigcup_{i<\omega} |\mathcal{A}_i|$.

2. Es sei f ein Funktionszeichen und $a_1, \ldots, a_n \in |\mathcal{A}|$. Dann gibt es ein k, so daß $a_1, \ldots, a_n \in |\mathcal{A}_k|$. Wir setzen nun $f^{\mathcal{A}}(a_1, \ldots, a_n) = f^{\mathcal{A}_k}(a_1, \ldots, a_n)$. Da die Modelle $\mathcal{A}_i$ eine Kette bilden, hängt die Definiton von $f^{\mathcal{A}}$ nicht von der gewählten Struktur $\mathcal{A}_k$ ab.

3. Ist R ein Relationszeichen, dann sei $R(\mathcal{A}) = \bigcup_{i<\omega} R(\mathcal{A}_i)$.

Satz 3.9 *Die Vereinigung $\mathcal{A}$ der Kette $\mathcal{A}_1 \subseteq \mathcal{A}_2 \subseteq \mathcal{A}_3 \subseteq \ldots$ ist für jedes $i = 1, 2, 3, \ldots$ Erweiterung jeder einzelnen Struktur $\mathcal{A}_i$.*

Beweis. Offensichtlich ist $|\mathcal{A}_i| \subseteq |\mathcal{A}|$. Nun sei f ein Funktionszeichen, und $a_1, \ldots, a_n$ seien Elemente aus $\mathcal{A}_i$. Auf Grund der Definition von $f^{\mathcal{A}}$ gibt es ein k, so daß $a_1, \ldots, a_n \in |\mathcal{A}_k|$ und

$$f^{\mathcal{A}}(a_1, \ldots, a_n) = f^{\mathcal{A}_k}(a_1, \ldots, a_n).$$

Da $\mathcal{A}_i$ und $\mathcal{A}_k$ Glieder der Kette sind, gilt auch

$$f^{\mathcal{A}_i}(a_1,\ldots,a_n) = f^{\mathcal{A}_k}(a_1,\ldots,a_n).$$

Für Relationszeichen R ergibt sich

$$R(\mathcal{A}) \cap |\mathcal{A}_i|^n = (\bigcup_{j<\omega} R(\mathcal{A}_j)) \cap |\mathcal{A}_i|^n = \bigcup_{j<\omega} R(\mathcal{A}_j) \cap |\mathcal{A}_i|^n.$$

Für $j \geq i$ gilt offensichtlich $R(\mathcal{A}_j) \cap |\mathcal{A}_i|^n = R(\mathcal{A}_i)$, während für $j < i$ $R(\mathcal{A}_j) \subseteq R(\mathcal{A}_i)$ ist. Insgesamt erhält man damit

$$R(\mathcal{A}) \cap |\mathcal{A}_i|^n = R(\mathcal{A}_i).$$

Folglich ist $\mathcal{A}_i$ Unterstruktur von $\mathcal{A}$. ❑

Das Aufstellen von Ketten und die anschließende Bildung der Vereinigung ist ein effektives Mittel zur Konstruktion neuer Strukturen. In manchen Fällen kann man z.B. zu einer gegebenen Struktur die Lösungen immer neuer Gleichungen hinzufügen, um so schließlich durch Vereinigung der erweiterten Strukturen zu einem Modell zu gelangen, in dem jede der vorgelegten Gleichungen eine Lösung besitzt.
Aus Satz 3.9 und Korollar 3.3 ergibt sich unmittelbar das folgende

Korollar 3.4. *Ist $\mathcal{A}$ die Vereinigung der Kette $\mathcal{A}_1 \subseteq \mathcal{A}_2 \subseteq \mathcal{A}_3 \subseteq \ldots$ und φ eine in $\mathcal{A}_i$ gültige existentielle Aussage aus $L(\mathcal{A}_i)$, so ist φ auch in $\mathcal{A}$ gültig.*

Ein Ausdruck φ heißt $\forall\exists$-*Ausdruck* oder *uniextentiell*, falls ein $\exists$-Ausdruck ψ existiert, so daß φ die Gestalt $\forall x_1 \ldots \forall x_n \psi$ hat.

Satz 3.10 *Eine uniextentielle Aussage φ, die in allen Strukturen einer Kette $\mathcal{A}_1 \subseteq \mathcal{A}_2 \subseteq \mathcal{A}_3 \subseteq \ldots$ gilt, ist auch in der Vereinigung $\mathcal{A}$ der Kette gültig.*

Beweis. Es sei φ eine $\forall\exists$-Aussage, die in allen Modellen $\mathcal{A}_i$ gilt. φ hat nach Voraussetzung die Gestalt $\forall x_1 \ldots \forall x_n \psi$, wobei ψ ein $\exists$-Ausdruck ist. Es genügt zu zeigen, daß für beliebige Elemente $a_1, \ldots, a_n$ aus $\mathcal{A}$ $\psi(a_1, \ldots, a_n)$ in $\mathcal{A}$ gilt.
Für hinreichend großes k gehören $a_1, \ldots, a_n$ zu $\mathcal{A}_k$. Wegen $\mathcal{A}_i \models \varphi$ gilt insbesondere $\mathcal{A}_k \models \psi(a_1, \ldots, a_n)$, und nach Korollar 3.4 ist schließlich $\mathcal{A} \models \psi(a_1, \ldots, a_n)$. ❑

Satz 3.11 (TARSKI) *Ist $\mathcal{A}$ die Vereinigung einer elementaren Kette $\mathcal{A}_1 \preceq \mathcal{A}_2 \preceq \mathcal{A}_3 \preceq \ldots$, dann ist $\mathcal{A}$ für jedes $i = 1, 2, 3, \ldots$ elementare Erweiterung von $\mathcal{A}_i$.*

Beweis. Die Eigenschaft $\mathcal{A}_i \subseteq \mathcal{A}$ folgt bereits aus Satz 3.9. Induktiv über den Formelaufbau weisen wir jetzt die Invarianz der Aussagen aus $L(\mathcal{A}_i)$ nach.
Für quantorenfreie Aussagen gilt dies bereits nach Korollar 3.1. Hat φ die Gestalt $\neg\psi$, dann erhält man aus der Induktionsvoraussetzung:

$$\mathcal{A}_i \models \varphi \iff \mathcal{A}_i \not\models \psi \iff \mathcal{A} \not\models \psi \iff \mathcal{A} \models \varphi.$$

Ähnlich verfährt man bei den anderen aussagenlogischen Konnektoren.
Wir geben nun den Induktionsschritt für den Fall $\varphi := \exists x\psi(x, \bar{a})$ an. Wenn $\mathcal{A}_i \models \exists x\psi(x, \bar{a})$, so gibt es ein Element b in $\mathcal{A}_i$ mit $\mathcal{A}_i \models \psi(b, \bar{a})$. Unter Verwendung der Induktionsvoraussetzung für ψ erhält man $\mathcal{A} \models \psi(b, \bar{a})$ und damit $\mathcal{A} \models \exists x\psi(x, \bar{a})$.
Nun sei umgekehrt $\mathcal{A} \models \exists x\psi(x, \bar{a})$. Dann gibt es ein c in $\mathcal{A}$, so daß $\mathcal{A} \models \psi(c, \bar{a})$. Entsprechend der Definition von $\mathcal{A}$ gibt es in der Kette eine Struktur $\mathcal{A}_k$ mit $c \in |\mathcal{A}_k|$. O.B.d.A. kann man annehmen, daß $k \geq i$ ist. Nach Induktionsvoraussetzung für $\psi(c, \bar{a})$ gilt dann $\mathcal{A}_k \models \psi(c, \bar{a})$ und damit $\mathcal{A}_k \models \exists x\psi(x, \bar{a})$. Aus $\mathcal{A}_i \preceq \mathcal{A}_k$ folgt schließlich die Behauptung, womit der Induktionsschritt abgeschlossen ist. ❑

Aus dem Beweis des vorhergehenden Satzes ergibt sich unmittelbar das folgende, etwas allgemeinere Resultat:

Satz 3.11′ *Ist $\mathcal{A}$ die Vereinigung der Kette $\mathcal{A}_1 \subseteq \mathcal{A}_2 \subseteq \mathcal{A}_3 \subseteq \ldots$ und gibt es eine streng monotone Funktion $h : \mathbb{N} \longrightarrow \mathbb{N}$, so daß $\mathcal{A}_{h(i)} \preceq \mathcal{A}_{h(j)}$ für alle $i < j$, dann ist $\mathcal{A}$ eine elementare Erweiterung jeder Struktur $\mathcal{A}_{h(i)}$, $i \in \mathbb{N}$.*

3.2 Universale und induktive Theorien

Standen in früheren Zeiten vornehmlich konkrete Strukturen wie z.B. die der natürlichen oder der reellen Zahlen im Mittelpunkt des Interesses, so beschäftigt man sich in der modernen Mathematik auch mit der Untersuchung ganzer Klassen gleichartiger Strukturen. Man denke nur an die Gruppentheorie, die Graphentheorie oder die Ringtheorie. Wir lassen daher im folgenden beliebige Zusammenstellungen von Strukturen zu mit der einzigen Einschränkung, daß sie alle von gleicher Signatur sind. Eine solche Zusammenstellung nennt man auch eine *Klasse von Strukturen* oder eine *Strukturklasse.* Zum Beispiel bildet die Gesamtheit aller Gruppen eine Stukturklasse, desgleichen auch die Gesamtheit aller abelschen Gruppen. Auf Klassen $\mathbb{K}_1, \mathbb{K}_2$ von Strukturen wollen wir die üblichen mengentheoretischen Operationen wie *Durchschnitt* und *Vereinigung* anwenden:

$$\mathbb{K}_1 \cap \mathbb{K}_2 = \{\mathcal{A} : \mathcal{A} \in \mathbb{K}_1 \text{ und } \mathcal{A} \in \mathbb{K}_2\},$$

$$\mathbb{K}_1 \cup \mathbb{K}_2 = \{\mathcal{A} : \mathcal{A} \in \mathbb{K}_1 \text{ oder } \mathcal{A} \in \mathbb{K}_2\}.$$

Ist $\{\mathbb{K}_i : i \in I\}$ eine Familie von Strukturklassen, dann sei $\bigcap_{i \in I} \mathbb{K}_i = \{\mathcal{A} : \mathcal{A} \in \mathbb{K}_i \text{ für alle } \in I\}$ der Durchschnitt dieser Familie. Die Klasse $\mathbb{K}_1$ ist in der Klasse $\mathbb{K}_2$ enthalten, $\mathbb{K}_1 \subseteq \mathbb{K}_2$, falls jede Struktur aus $\mathbb{K}_1$ auch zu $\mathbb{K}_2$ gehört. Unter den Strukturklassen spielen diejenigen eine besondere Rolle, die sich mit Hilfe elementarer Sprachen beschreiben lassen. Für jede elementare Theorie T bildet offenbar die Klasse aller Modelle von T eine Strukturklasse, die wir mit $\mathrm{MOD}(T)$ bezeichnen. Eine Klasse $\mathbb{K}$ heißt *axiomatisierbar* oder Δ*-elementar*, wenn es eine elementare Theorie gibt (formuliert in der Sprache, zu deren Signatur die Strukturen aus $\mathbb{K}$ gehören), so daß $\mathbb{K}$ die Modellklasse von T ist. $\mathbb{K}$ ist *elementare Klasse*, wenn $\mathbb{K}$ die Modellklasse einer einzelnen Aussage ist. Offensichtlich sind Durchschnitt und Vereinigung zweier elementarer Klassen wieder elementare Klassen. Dagegen ist im allgemeinen nur der Durchschnitt, nicht aber die Vereinigung axiomatisierbarer Klassen wieder axiomatisierbar. Wir können MOD als einen Operator ansehen, der jeder Theorie eine bestimmte Klasse zuordnet. MOD hat die folgende bemerkenswerte und sofort einsichtige Eigenschaft:

(1) Wenn $T_1 \subseteq T_2$, so $\mathrm{MOD}(T_1) \subseteq \mathrm{MOD}(T_2)$.

Eine Aussage ψ heißt *gültig in der Klasse* $\mathbb{K}$, wenn ψ in jeder Struktur aus $\mathbb{K}$ gilt. Mit $\mathrm{TH}(\mathbb{K})$ bezeichnen wir die Menge aller in $\mathbb{K}$ gültigen Aussagen. $\mathrm{TH}(\mathbb{K})$ heißt *Theorie von* $\mathbb{K}$. Ist $\mathbb{K}$ etwa die Klasse der algebraisch abgeschlossenen Körper, dann nennt man $\mathrm{TH}(\mathbb{K})$ auch *Theorie der algebraisch abgeschlossenen Körper.* Analog verfährt man mit anderen konkreten Modellklassen.

TH läßt sich ebenfalls als ein Operator auffassen, der jeder Klasse eine bestimmte Aussagenmenge der zugehörigen elementaren Sprache zuordnet. TH besitzt die gleiche bemerkenswerte Eigenschaft wie MOD:

(2) Wenn $\mathbb{K}_1 \subseteq \mathbb{K}_2$, so $\mathrm{TH}(\mathbb{K}_1) \subseteq \mathrm{TH}(\mathbb{K}_2)$.

Da der Bildbereich von MOD im Definitionsbereich von TH liegt (und umgekehrt), lassen sich beide Operatoren miteinander verknüpfen zu $\mathrm{TH} \circ \mathrm{MOD}$ und $\mathrm{MOD} \circ \mathrm{TH}$.

Auf diese Weise wird jeder Theorie T eine neue Theorie $\mathrm{TH}(\mathrm{MOD}(T))$ und jeder Klasse $\mathbb{K}$ eine neue Klasse $\mathrm{MOD}(\mathrm{TH}(\mathbb{K}))$ zugeordnet. Dabei gelten die leicht zu verifizierenden Eigenschaften:

(3) $T \subseteq \mathrm{TH}(\mathrm{MOD}(T))$ und $\mathbb{K} \subseteq \mathrm{MOD}(\mathrm{TH}(\mathbb{K}))$.

Treffen für zwei Operatoren die Eigenschaften (1) – (3) zu, dann sprechen wir von einer *Galois-Korrespondenz.*

Bezeichnen wir mit $\mathrm{Im}(\mathrm{TH})$ und $\mathrm{Im}(\mathrm{MOD})$ die Bildbereiche der betreffenden Operatoren, dann gilt für Galois-Korrespondenzen der folgende Satz.

Satz 3.12 $\mathrm{Im}(\mathrm{TH})$ *ist die Fixpunktmenge des zusammengesetzten Operators* $\mathrm{TH} \circ \mathrm{MOD}$, *und ebenso ist* $\mathrm{Im}(\mathrm{MOD})$ *die Fixpunktmenge von* $\mathrm{MOD} \circ \mathrm{TH}$. *Der Operator* MOD *bildet* $\mathrm{Im}(\mathrm{TH})$ *eineindeutig auf* $\mathrm{Im}(\mathrm{MOD})$ *ab. Der zu* MOD *inverse Operator ist* TH.

Beweis. Es sei $\mathbb{K}$ eine beliebige Klasse. Dann ist $\mathbb{K} \subseteq \mathrm{MOD}(\mathrm{TH}(\mathbb{K}))$. Da TH monoton fallend ist, erhält man $\mathrm{TH}(\mathbb{K}) \supseteq \mathrm{TH}(\mathrm{MOD}(\mathrm{TH}(\mathbb{K})))$. Andererseits ist $T \subseteq \mathrm{TH}(\mathrm{MOD}(T))$ für beliebige Theorien T; also insbesondere für $T = \mathrm{TH}(\mathbb{K})$ gilt $\mathrm{TH}(\mathbb{K}) \subseteq \mathrm{TH}(\mathrm{MOD}(\mathrm{TH}(\mathbb{K})))$, woraus schließlich $\mathrm{TH}(\mathbb{K}) = \mathrm{TH}(\mathrm{MOD}(\mathrm{TH}(\mathbb{K})))$ folgt. Damit ist $\mathrm{TH}(\mathbb{K})$ ein Fixpunkt von $\mathrm{TH} \circ \mathrm{MOD}$. Analog erhält man, daß $\mathrm{MOD}(T)$ für beliebige Theorien T ein Fixpunkt von $\mathrm{MOD} \circ \mathrm{TH}$ ist.

Nun sei $\mathbb{K}_1 = \mathrm{MOD}(T_1)$. Dann ist $\mathrm{MOD}(\mathrm{TH}(\mathrm{MOD}(T_1))) = \mathrm{MOD}(T_1)$ und damit MOD invers zu TH. ❑

Wir sehen, daß eine Klasse genau dann Fixpunkt ist, wenn sie axiomatisierbar ist. Eine Theorie ist genau dann Fixpunkt, wenn sie deduktiv abgeschlossen ist. Damit existiert eine eineindeutige Zuordnung zwischen den axiomatisierbaren Klassen und den deduktiv abgeschlossenen Theorien.

Korollar. *Zwei Theorien* T_1 *und* T_2 *sind zueinander äquivalent gdw ihre Modellklassen übereinstimmen.*

Nach diesen allgemeinen Betrachtungen wenden wir uns jetzt spezielleren Theorien zu.

Für jede Theorie T sei $T_\forall$ die Menge der aus T folgenden universalen Aussagen. Die Theorie T heißt *universal*, wenn T zu $T_\forall$ äquivalent ist.

Satz 3.13 *Ist* $\mathcal{B}$ *Modell einer universalen Theorie* T *und* $\mathcal{A}$ *eine Unterstruktur von* $\mathcal{B}$, *so ist auch* $\mathcal{A}$ *Modell von* T.

Beweis. Offensichtlich ist jede Aussage φ aus $T_\forall$ in $\mathcal{B}$ gültig, und wegen Korollar 3.3 zu Satz 3.3 gilt auch φ in $\mathcal{A}$. Folglich ist $\mathcal{A}$ ein Modell von $T_\forall$. Da T und $T_\forall$ äquivalent sind, ist $\mathcal{A}$ auch ein Modell von T. ❑

Beispiele. *Universale Theorien*

1. *Lineare Ordnungen* (siehe Box 15, S. 94)

In der Sprache mit dem einzigen nicht-logischen Zeichen $<$ nennen wir die folgende Menge von Aussagen *Theorie der linearen Ordnung*:

$$\forall x \neg (x < x),$$

$$\forall x \forall y \forall z (x < y \wedge y < z \rightarrow x < z),$$

$$\forall x \forall y (x < y \vee y < x \vee x = y).$$

Modelle dieser Theorie heißen (*linear*) *geordnete Mengen* oder *lineare Ordnungen*. Jede Unterstruktur einer linearen Ordnung ist wieder eine lineare Ordnung.

2. *Gruppentheorie*

In der Sprache mit einer zweistelligen Operation $\circ$, einer einstelligen Funktion $^{-1}$ und einer Konstanten e läßt sich die Gruppentheorie wie folgt axiomatisieren:

$$\forall x \forall y \forall z (x \circ (y \circ z) = (x \circ y) \circ z),$$

$$\forall x (x \circ e = x),$$

$$\forall x (x \circ x^{-1} = e).$$

Jede Unterstruktur einer Gruppe ist ebenfalls eine Gruppe und heißt deshalb auch *Untergruppe*. Darin liegt der Vorteil der obigen Axiomatisierung gegenüber der früheren (Beispiel, S. 53).

3. *Graphentheorie*

Wir benutzen eine elementare Sprache mit einem zweistelligen Relationszeichen R.
Unter der Theorie der irreflexiven symmetrischen Graphen verstehen wir die folgende Menge von Aussagen (siehe auch Box 7, S. 41):

$$\forall x \neg R(x, x),$$

$$\forall x \forall y (R(x, y) \rightarrow R(y, x)).$$

Jede Teilmenge eines Graphen definiert eine Unterstruktur, die wieder ein Graph ist.

Box 15. Ordnungen

Eine reflexive, antisymmetrische und transitive Relation heißt (*reflexive*) *Halbordnung*. Schränkt man die Inklusion $\subseteq$ auf beliebige Mengensysteme ein, so erhält man typische Halbordnungen.
Jeder Halbordnung $S \subseteq M^2$ wird durch $S^- = S - \{(a,a) : a \in M\}$ eine irreflexive, transitive Relation zugeordnet, die als (*irreflexive*) *Halbordnung* bezeichnet wird. Im allgemeinen verwenden wir für reflexive bzw. irreflexive Halbordnungen die Zeichen $\leq$ bzw. $<$ und die Redeweisen „kleiner oder gleich" bzw. „kleiner als".
In Halbordnungen können ausgezeichnete Elemente vorkommen:
a ist *maximal* (bzw. *minimal*) in M, wenn kein Element aus M größer (bzw. kleiner) ist als a.
a ist *größtes* (bzw. *kleinstes*) *Element* in M, wenn jedes Element von M kleiner (bzw. größer) oder gleich a ist. Natürlich ist jedes größte Element auch maximal; und falls es existiert, ist es eindeutig bestimmt. Es können aber durchaus mehrere maximale Elemente existieren.

Beispiel. Es sei $A = \{1, \ldots, 100\}$ und $x \mid y$ die Relation „x teilt y". $x \mid y$ definiert über A eine Halbordnung. Bezüglich dieser Halbordnung ist 1 das kleinste Element. Dagegen gibt es kein größtes Element, aber mehrere maximale Elemente, nämlich die Zahlen 51 bis 100.
Die auf $B = \{2, \ldots, 100\}$ erzeugte Unterstruktur enthält kein kleinstes Element mehr. Die Primzahlen in B bilden gerade die minimalen Elemente der Halbordnung.

Eine reflexive (bzw. irreflexive) Halbordnung, die zusätzlich linear (bzw. konnex) ist, heißt *lineare Ordnung* oder einfach *Ordnung*. Entsprechend nennt man Mengen, die mit einer Ordnung ausgestattet sind, *geordnete Mengen*.
Die Relation $\leq$ in der Menge $\mathbb{R}$ ist eine lineare Ordnung. In geordneten Mengen existiert höchstens ein maximales Element, und dieses ist dann gleichzeitig auch das größte. Gelten für Elemente a, b und c die Beziehungen $a < c$ und $c < b$, so sagen wir, c liegt zwischen a und b. Eine lineare Ordnung mit mindestens zwei Elementen ist *dicht*, wenn zwischen je zwei Elementen mindestens ein weiteres liegt. Die linearen Ordnungen der rationalen und reellen Zahlen sind dicht. Dagegen sind die natürlichen Zahlen nicht dicht geordnet. Die Klasse aller geordneten Mengen ist abgeschlossen bezüglich Unterstrukturen, während das für die Klassen der dicht geordneten Mengen bzw. der Ordnungen mit kleinstem Element nicht der Fall ist.

Die im folgenden Satz ausgedrückte Eigenschaft ist für universale Theorien geradezu charakteristisch.

Satz 3.14 (Łoś – Tarski) *Ist jede Unterstruktur eines Modells von T ebenfalls ein Modell von T, so ist T universal.*

Beweis. Wir wollen die Äquivalenz von $T_\forall$ und T nachweisen. Dazu genügt es zu zeigen, daß beide Theorien die gleiche Modellklasse besitzen. Offensichtlich ist jedes Modell von T auch ein Modell von $T_\forall$.
Nun sei umgekehrt $\mathcal{A}$ ein Modell von $T_\forall$. Wir behaupten, daß $T \cup D(\mathcal{A})$ konsistent ist.
Angenommen, $T \cup D(\mathcal{A})$ ist nicht konsistent. Dann ist bereits eine endliche Teilmenge $\{\varphi_1(\bar{a}), \ldots, \varphi_m(\bar{a})\} \subseteq D(\mathcal{A})$ mit T inkonsistent (Satz 2.24) und damit auch $T \cup \{\varphi(\bar{a})\}$, wobei $\varphi(\bar{a}) = \bigwedge_{i=1}^{m} \varphi_i(\bar{a})$ und $\bar{a}$ nur die Konstanten bezeichnen soll, die nicht in T vorkommen. Wegen Satz 2.21 folgt nun $T \vdash \neg\varphi(\bar{a})$ und weiterhin $T \vdash \forall\bar{x}\neg\varphi(\bar{x})$, da die Konstanten aus $\bar{a}$ nicht in T auftreten (Satz 2.26). $\forall\bar{x}\neg\varphi(\bar{x})$ ist eine universale Aussage und gehört damit zu $T_\forall$. $\mathcal{A}$ ist Modell von $T_\forall$, woraus sich die Gültigkeit von $\forall\bar{x}\neg\varphi(\bar{x})$ in $\mathcal{A}$ ergibt. Dies steht aber im Widerspruch zu $\mathcal{A} \models \varphi(\bar{a})$, womit die Annahme widerlegt ist.
Da die Menge $T \cup D(\mathcal{A})$ konsistent ist, besitzt sie ein Modell $\mathcal{B}$ (entsprechend dem Modellexistenztheorem). O.B.d.A. können wir $|\mathcal{A}| \subseteq |\mathcal{B}|$ voraussetzen, denn die durch die Konstanten aus $\mathcal{A}$ in $\mathcal{B}$ interpretierten Elemente bilden eine zu $\mathcal{A}$ isomorphe Unterstruktur. Wegen Satz 3.3 erhält man $\mathcal{A} \subseteq \mathcal{B}$. Folglich ist $\mathcal{A}$ Unterstruktur eines Modells von T und damit nach Voraussetzung selbst Modell von T. Also ist jedes Modell von $T_\forall$ auch Modell von T, und damit sind beide Theorien äquivalent. ❑

Im Hinblick auf Satz 3.14 verallgemeinern wir jetzt den Begriff „universal" auf beliebige Klassen.
Eine Klasse $\mathbb{K}$ heißt *universal*, wenn jede Unterstruktur eines Modells aus $\mathbb{K}$ ebenfalls wieder zu $\mathbb{K}$ gehört. Wir sagen auch kurz: $\mathbb{K}$ ist *abgeschlossen bezüglich Unterstrukturen.*
Wir betrachten jetzt eine weitere Abgeschlossenheitseigenschaft.
Eine Klasse $\mathbb{K}$ heißt *induktiv*, wenn die Vereinigung jeder beliebigen Kette von Strukturen aus $\mathbb{K}$ wieder zu $\mathbb{K}$ gehört. Hierfür sagt man auch, $\mathbb{K}$ ist bezüglich Ketten abgeschlossen. Eine elementare Theorie T ist *induktiv*, wenn ihre Modellklasse induktiv ist.
Die Sätze 3.13 und 3.14 zeigen die Äquivalenz zweier Begriffe, von denen der eine semantischer und der andere syntaktischer Natur ist. Auch die

Induktivität läßt sich syntaktisch charakterisieren. Für eine Theorie T sei $T_{\forall\exists}$ die Menge aller aus T folgenden uniextentiellen Aussagen.

Satz 3.15 (Chang – Łos – Suszko)
Eine Theorie T ist äquivalent zu $T_{\forall\exists}$ gdw T induktiv ist.

Beweis. ($\longrightarrow$) Es sei $\mathcal{A}_1 \subseteq \mathcal{A}_2 \subseteq \mathcal{A}_3 \subseteq \ldots$ eine Kette von Modellen von T und φ eine $\forall\exists$-Aussage aus $T_{\forall\exists}$. Dann existiert ein $\exists$-Ausdruck $\psi(\bar{x})$, so daß φ die Form $\forall\bar{x}\psi(\bar{x})$ hat. Es sei $\mathcal{A}$ die Vereinigung der Kette der $\mathcal{A}_i$ und $\bar{a} = (a_1, \ldots, a_n)$ ein Tupel aus $\mathcal{A}$. Für hinreichend großes m gehören die a_i aus $\bar{a}$ schon zu einer der Strukturen $\mathcal{A}_m$. Nach Voraussetzung ist $\mathcal{A}_m \models \varphi$ und damit auch $\mathcal{A}_m \models \psi(\bar{a})$. Aus Korollar 3.2 zu Satz 3.3 erhält man schließlich $\mathcal{A} \models \psi(\bar{a})$. Da $\bar{a}$ beliebig gewählt worden war, gilt somit φ in $\mathcal{A}$. Folglich ist $\mathcal{A}$ Modell von $T_{\forall\exists}$, und da T und $T_{\forall\exists}$ nach Voraussetzung äquivalent sind, ist $\mathcal{A}$ auch Modell von T.
($\longleftarrow$) Nun sei umgekehrt T induktiv. Um zu zeigen, daß T und $T_{\forall\exists}$ äquivalent sind, genügt es nachzuweisen, daß jedes Modell von $T_{\forall\exists}$ bereits ein Modell von T ist.
Es sei $\mathcal{A}$ ein beliebiges Modell von $T_{\forall\exists}$.
Wir konstruieren jetzt induktiv eine Kette $\mathcal{A}_1 \subseteq \mathcal{A}_2 \subseteq \mathcal{A}_3 \subseteq \ldots$ mit folgenden Eigenschaften:

(1) $\mathcal{A}_1 = \mathcal{A}$.

(2) $\mathcal{A}_{2n+3}$ ist elementare Erweiterung von $\mathcal{A}_{2n+1}$.

(3) $\mathcal{A}_{2n+1}$ ist existentiell abgeschlossen in $\mathcal{A}_{2n+2}$.

(4) $\mathcal{A}_{2n}$ ist Modell von T.

Die Kette sei schon mit den geforderten Eigenschaften bis zum Glied $\mathcal{A}_{2n+1}$ konstruiert. Wir wollen $\mathcal{A}_{2n+2}$ und $\mathcal{A}_{2n+3}$ definieren und behaupten, daß $T \cup D_{\forall}(\mathcal{A}_{2n+1})$ konsistent ist.
Angenommen, diese Theorie ist nicht konsistent. Dann ist bereits eine endliche Teilmenge $\{\varphi_1(\bar{a}), \ldots, \varphi_m(\bar{a})\} \subseteq D_{\forall}(\mathcal{A}_{2n+1})$ mit T inkonsistent, wobei $\bar{a}$ nur die Konstanten bezeichnen soll, die nicht in T vorkommen. Ist $\varphi(\bar{a})$ die Konjunktion der Ausdrücke $\varphi_1(\bar{a}), \ldots, \varphi_n(\bar{a})$, dann gilt $T \vdash \neg\varphi(\bar{a})$ und schließlich $T \vdash \forall\bar{x}\neg\varphi(\bar{x})$, da die Konstanten aus $\bar{a}$ nicht in T auftreten. Der Ausdruck $\neg\varphi(\bar{x})$ ist logisch äquivalent zu einer existentiellen Formel. Also ist $\forall\bar{x}\neg\varphi(\bar{x})$ eine Folgerung aus $T_{\forall\exists}$ und daher nach den Eigenschaften (1) und (2) in $\mathcal{A}_{2n+1}$ gültig (denn $\mathcal{A}_1 \models \forall\bar{x}\neg\varphi(\bar{x})$ und $\mathcal{A}_1 \preceq \mathcal{A}_{2n+1}$). Das widerspricht aber der Gültigkeit von $\varphi(\bar{a})$ in $\mathcal{A}_{2n+1}$, womit die Behauptung bewiesen ist.

Es sei nun $\mathcal{A}_{2n+2}$ ein beliebiges Modell von $T \cup D_\forall(\mathcal{A}_{2n+1})$. Wegen Satz 3.5 ist $\mathcal{A}_{2n+1}$ in $\mathcal{A}_{2n+2}$ existentiell abgeschlossen. Nach Satz 3.6 existiert dann eine Erweiterung $\mathcal{A}_{2n+3}$ von $\mathcal{A}_{2n+2}$, die gleichzeitig eine elementare Erweiterung von $\mathcal{A}_{2n+1}$ ist. Damit erhalten wir eine Kette mit den gewünschten Eigenschaften (1) – (4).
Es sei $\mathcal{B}$ die Vereinigung dieser Kette. Offenbar ist $\mathcal{B}$ auch die Vereinigung der Teilkette $\mathcal{A}_2 \subseteq \mathcal{A}_4 \subseteq \mathcal{A}_6 \subseteq \ldots$. Da T induktiv ist, erhält man $\mathcal{B} \models T$ aus Eigenschaft 4). Andererseits ist $\mathcal{B}$ auch die Vereinigung der elementaren Teilkette $\mathcal{A}_1 \preceq \mathcal{A}_3 \preceq \mathcal{A}_5 \preceq \ldots$ und damit gilt $\mathcal{A}_1 \preceq \mathcal{B}$. Folglich ist $\mathcal{A} = \mathcal{A}_1$ Modell von T. ❑

3.3 Vollständigkeit und Modellvollständigkeit

Ein Ziel der Formalisierung mathematischer Theorien bestand darin, von möglichst wenigen einsichtigen Aussagen (den *Axiomen* der Theorie) auszugehen und alle wahren Aussagen oder *Theoreme* dieser Theorie allein durch logische Deduktion herzuleiten. Dabei sollen die Axiome möglichst unabhängig voneinander sein, d.h., sie sind so auszuwählen, daß keines der Axiome aus der restlichen Axiomenmenge beweisbar ist. Wir wollen diesen Begriff jetzt für elementare Logiken präzisieren.
Eine Aussage φ heißt *unabhängig* von T, wenn weder φ noch $\neg\varphi$ aus T folgen. Die Aussagen aus T sind *voneinander unabhängig*, falls jede Aussage $\varphi \in T$ von den übrigen (d.h. von $T - \{\varphi\}$) unabhängig ist. φ heißt *abhängig* von T, wenn φ nicht unabhängig von T ist.

Beispiel. Es sei T die Theorie der irreflexiven linearen Ordnungen (siehe Box 15, S. 94). Wir zeigen, daß T unabhängig ist, d.h., für i = 1,2,3 gilt $T - \{\varphi_i\} \not\models \varphi_i, \neg\varphi_i$. Da jedes Modell von T auch ein Modell von $T - \{\varphi_i\}$ ist, genügt es, Modelle $\mathcal{A}_i$ von $T - \{\varphi_i\}$ anzugeben, die nicht Modelle von φ_i sind.
Es seien $\mathcal{A}_1 = \langle \mathbb{N}, \leq \rangle$ und $\mathcal{A}_2 = \langle \{a,b\}, R \rangle$, wobei R die zweistellige Relation $R = \{(a,b),(b,a)\}$ ist. Weiterhin sei $\mathcal{A}_3 = \langle A, \subset \rangle$, wobei $A = \{X : X \subseteq \mathbb{N}\}$ die Menge aller Teilmengen von $\mathbb{N}$ und $\subset$ die echte Inklusion eingeschränkt auf A ist. Die Modelle $\mathcal{A}_i$ leisten offenbar das Verlangte. Also sind die Axiome $\varphi_1, \varphi_2, \varphi_3$ voneinander unabhängig.
Die Aussage $\varphi = \forall x \exists y (x < y)$ ist unabhängig von T, denn es gibt geordnete Mengen ohne größtes Element, aber auch solche mit größtem Ele-

ment. Damit ist aber noch nicht gesagt, daß $T \cup \{\varphi\}$ ein unabhängiges Axiomensystem für geordnete Mengen ohne größtes Element ist.
Der Begriff der Vollständigkeit einer Theorie steht in engem Zusammenhang zu dem der Abhängigkeit.

Satz 3.16 *Eine konsistente Theorie T ist vollständig gdw jede Aussage von T abhängig ist.*

Gewisse vollständige Theorien kann man auf ganz einfache Weise erhalten. Dazu betrachten wir eine Struktur $\mathcal{A}$ und die Modellklasse $\mathbb{K} = \{\mathcal{A}\}$, die nur aus dieser einen Struktur $\mathcal{A}$ besteht. Die Theorie von $\mathbb{K}$ wird in diesem Fall einfach mit $\mathrm{TH}(\mathcal{A})$ bezeichnet. Man überlegt sich leicht, daß $\mathrm{TH}(\mathcal{A})$ vollständig ist. Auf diese Weise erhält man sehr viele verschiedene vollständige Theorien. Da aber im allgemeinen nicht bekannt ist, welche der beiden Aussagen, φ oder $\neg\varphi$, zu $\mathrm{TH}(\mathcal{A})$ gehört und welche nicht, ist die obige Konstruktion mehr von theoretischem Interesse. Zwei Strukturen $\mathcal{A}$ und $\mathcal{B}$ gleicher Signatur heißen *elementaräquivalent*, $\mathcal{A} \equiv \mathcal{B}$, wenn für jede Aussage φ der zugehörigen elementaren Sprache gilt: $\mathcal{A} \models \varphi \iff \mathcal{B} \models \varphi$.

Satz 3.17 *Eine konsistente Theorie T ist vollständig gdw je zwei Modelle von T elementaräquivalent sind.*

Beweis. ($\longrightarrow$) Ist T vollständig und φ eine beliebige Aussage der betrachteten elementaren Sprache, dann folgt aus T entweder φ selbst oder die Negation $\neg\varphi$. Damit gilt φ entweder in jedem Modell von T oder in keinem solchen Modell. Folglich sind je zwei Modelle von T elementaräquivalent.
($\longleftarrow$) Sind umgekehrt je zwei Modelle von T elementaräquivalent und ist $\neg\varphi$ keine Folgerung von T, dann ist $T \cup \{\varphi\}$ konsistent und besitzt daher ein Modell $\mathcal{A}$. Ist $\mathcal{B}$ ein beliebiges Modell von T, dann gilt nach Voraussetzung $\mathcal{A} \equiv \mathcal{B}$ und daher $\mathcal{B} \models \varphi$. Damit folgt φ aus T. ❑

Mit diesem Satz läßt sich die Vollständigkeit auch so charakterisieren:

Korollar. *T ist vollständig gdw T äquivalent ist zu $\mathrm{TH}(\mathcal{A})$ für jedes beliebige Modell $\mathcal{A}$ von T.*

Weiterhin gilt der folgende leicht zu beweisenden Satz:

Satz 3.18 *Isomorphe Strukturen sind elementaräquivalent.*

Der Nachweis der Vollständigkeit einer gegebenen Theorie kann mitunter recht kompliziert sein. Man benutzt dafür häufig spezielle Kriterien und Verfahren, mit denen wir uns später noch befassen werden. Wir betrachten zunächst eine abgewandelte Form der Vollständigkeit.
Eine Theorie T heißt *modellvollständig*, wenn für jedes Modell $\mathcal{A}$ von T die Theorie $T \cup D(\mathcal{A})$ (betrachtet in der Sprache $L(\mathcal{A})$) vollständig ist. Die Modellvollständigkeit ist eine sehr nützliche Eigenschaft mit folgender bemerkenswerter Konsequenz:

Satz 3.19 *T sei eine modellvollständige Theorie.*
Sind $\mathcal{A}$ und $\mathcal{B}$ Modelle von T und ist $\mathcal{B}$ eine Erweiterung von $\mathcal{A}$, dann ist $\mathcal{B}$ bereits eine elementare Erweiterung von $\mathcal{A}$.

Beweis. Es sei T modellvollständig, $\mathcal{A}, \mathcal{B} \models T$ und $\mathcal{A} \subseteq \mathcal{B}$. Nach Voraussetzung ist $T \cup D(\mathcal{A})$ vollständig, folglich sind $T \cup D(\mathcal{A})$ und $D_e(\mathcal{A})$ äquivalente Theorien. Wegen $\mathcal{B} \models T$ und $\mathcal{A} \subseteq \mathcal{B}$ ist $\mathcal{B}$ Modell von $T \cup D(\mathcal{A})$ und damit auch Modell von $D_e(\mathcal{A})$. Nach Satz 3.5 erhält man $\mathcal{A} \preceq \mathcal{B}$. ❏

Satz 3.20 *Jede modellvollständige Theorie ist induktiv.*

Beweis. Es sei $\mathcal{A}_1 \subseteq \mathcal{A}_2 \subseteq \mathcal{A}_3 \subseteq \ldots$ eine Kette von Modellen der modellvollständigen Theorie T. Nach Satz 3.19 ist die Kette elementar. Die Vereinigung $\mathcal{A}$ der elementaren Kette ist elementare Erweiterung jeder der Strukturen $\mathcal{A}_i$, und daher ist $\mathcal{A}$ selbst ein Modell von T. ❏

Die folgende Abschwächung der in Satz 3.19 angegebenen Eigenschaft charakterisiert die Modellvollständigkeit:

Satz 3.21 *Für beliebige Modelle $\mathcal{A}, \mathcal{B}$ von T gelte:*
Wenn $\mathcal{A} \subseteq \mathcal{B}$, so ist $\mathcal{A}$ existentiell abgeschlossen in $\mathcal{B}$.
Dann ist T modellvollständig.

Beweis. Es sei $\mathcal{A}$ ein beliebiges Modell von T. Wir wollen zeigen, daß jede in $\mathcal{A}$ gültige Aussage $\varphi(\bar{a})$ von $L(\mathcal{A})$ aus $T \cup D(\mathcal{A})$ ableitbar ist. Wenn $T \cup D(\mathcal{A}) \not\vdash \varphi(\bar{a})$, dann ist $T \cup D(\mathcal{A}) \cup \{\neg\varphi(\bar{a})\}$ konsistent und besitzt daher ein Modell $\mathcal{B}$, das automatisch eine Erweiterung von $\mathcal{A}$ ist. Nach Voraussetzung ist $\mathcal{A}$ existentiell abgeschlossen in $\mathcal{B}$, $\mathcal{A} \subseteq_e \mathcal{B}$. Wegen Satz 3.6 existiert eine Erweiterung $\mathcal{A}_1$ von $\mathcal{B}$, die elementare Erweiterung von $\mathcal{A}$ ist. Damit ist auch $\mathcal{A}_1$ ein Modell von T, und nach Voraussetzung ist $\mathcal{B}$ existentiell abgeschlossen in $\mathcal{A}_1$. Analog existiert eine Erweiterung $\mathcal{B}_1$ von $\mathcal{A}_1$, die elementare Erweiterung von $\mathcal{B}$ ist. Insgesamt erhält man also $\mathcal{A} \subseteq_e \mathcal{B} \subseteq_e \mathcal{A}_1 \subseteq_e \mathcal{B}_1$ und $\mathcal{A} \preceq \mathcal{A}_1, \mathcal{B} \preceq \mathcal{B}_1$. Offensichtlich läßt sich diese Konstruktion beliebig oft fortsetzen, so daß schließlich eine Kette

$$\mathcal{A} \subseteq_e \mathcal{B} \subseteq_e \mathcal{A}_1 \subseteq_e \mathcal{B}_1 \subseteq_e \mathcal{A}_2 \subseteq_e \mathcal{B}_2 \subseteq_e \ldots$$

entsteht, wobei die $\mathcal{A}_i$ bzw. die $\mathcal{B}_i$ jeweils eine elementare Teilkette bilden. Es sei $\mathcal{C}$ die Vereinigung der obigen Kette. Dann ist $\mathcal{C}$ auch die Vereinigung der elementaren Kette $\mathcal{B} \preceq \mathcal{B}_1 \preceq \mathcal{B}_2 \preceq \ldots$ und damit $\mathcal{B} \preceq \mathcal{C}$. Wegen $\mathcal{B} \models \neg\varphi(\bar{a})$ folgt $\mathcal{C} \models \neg\varphi(\bar{a})$. Andererseits ist $\mathcal{C}$ auch die Vereinigung der elementaren Kette $\mathcal{A} \preceq \mathcal{A}_1 \preceq \mathcal{A}_2 \preceq \ldots$ und damit $\mathcal{A} \preceq \mathcal{C}$. Wegen $\mathcal{A} \models \varphi(\bar{a})$ ist $\varphi(\bar{a})$ auch in $\mathcal{B}$ gültig. Dieser Widerspruch zeigt, daß $T \cup D(\mathcal{A}) \cup \{\neg\varphi(\bar{a})\}$ inkonsistent ist, also gilt

$$T \cup D(\mathcal{A}) \vdash \varphi(\bar{a}). \quad \square$$

Um die Modellvollständigkeit zu testen, genügt es nach Satz 3.21, sich auf $\exists$-Ausdrücke $\varphi = \exists\bar{x}\psi(\bar{x}, \bar{y})$ zu beschränken. Wählt man den quantorenfreien Teil $\psi(\bar{x}, \bar{y})$ in alternativer Normalform und berücksichtigt die Äquivalenz (5) aus Box 12, S. 61, dann läßt sich die Voraussetzung dieses Satzes noch dahingehend abschwächen, daß nur die Invarianz solcher Ausdrücke zu überprüfen ist, für die $\psi(\bar{x}, \bar{y})$ eine Konjunktion von negierten oder unnegierten atomaren Ausdrücken ist. In dieser Form heißt Satz 3.21 auch ROBINSONS *Test zur Modellvollständigkeit.*

Beispiel 1. Es sei T die Theorie der *dichten* linearen Ordnung ohne kleinstes und größtes Element. Dann ist T modellvollständig.

Zum Beweis seien $\mathcal{A}, \mathcal{B}$ Modelle von T mit $\mathcal{A} \subseteq \mathcal{B}$ und $\varphi = \exists\bar{x}\psi(\bar{x}, \bar{a})$ sei eine in $\mathcal{B}$ gültige $\exists$-Aussage, wobei $\bar{x} = (x_1, \ldots, x_n), \bar{a} = (a_1, \ldots, a_m)$ und $a_1, \ldots, a_m \in \mathcal{A}$.
Wegen $\neg(t_1 = t_2) \equiv (t_1 < t_2 \vee t_2 < t_1)$, $\neg(t_1 < t_2) \equiv (t_1 = t_2 \vee t_2 < t_1)$ und Beziehung (5) aus Box 12 kann man o.B.d.A. annehmen, daß $\psi(\bar{x}, \bar{a})$ eine Konjunktion von atomaren Ausdrücken ist. Wegen $\mathcal{B} \models \varphi$ existieren Elemente $b_1, \ldots, b_n$ in $\mathcal{B}$, so daß $\mathcal{B} \models \psi(\bar{b}, \bar{a})$.
Weiterhin können wir annehmen, daß $b_1 \leq b_2 \leq \ldots \leq b_m$ und $a_1 \leq a_2 \leq \ldots \leq a_n$. Wir wollen jetzt für $b_1, \ldots, b_m$ Elemente $c_1, \ldots, c_m$ in $\mathcal{A}$ wählen, so daß $\mathcal{A} \models \psi(\bar{c}, \bar{a})$. Ist $b_1 = a_j$ für ein j, dann sei $c_1 = a_j$. Anderenfalls ist $b_1 < a_1$ oder $a_j < b_1 < a_{j+1}$ für ein $j \in \{1, \ldots, n\}$ oder $a_n < b_1$. In jedem dieser Fälle wählt man entsprechend ein c_1 in $\mathcal{A}$, so daß $c_1 < a_1$ oder $a_j < c_1 < a_{j+1}$ oder $a_n < c_1$. Analog werden die anderen Elemente $c_2, \ldots, c_n$ bestimmt, wobei die a_i und die bereits

gewählten c_j zu berücksichtigen sind. Wegen der Dichtheit der linearen Ordnung $\mathcal{A}$ lassen sich derartige Elemente $c_1, \ldots, c_n$ immer finden. Es ist $\mathcal{A} \models \psi(\bar{c}, \bar{a})$ und damit $\mathcal{A} \models \varphi$.

Beispiel 2. Die Theorie ACF der algebraisch abgeschlossenen Körper („algebraically closed fields") ist modellvollständig.

Um dies nachzuweisen, legen wir die elementare Sprache der Körper zugrunde, die neben den zweistelligen Funktionszeichen $+$ und $\cdot$ für die Addition bzw. Multiplikation noch ein einstelliges Funktionszeichen $-$ zur Kennzeichnung des Inversen bezüglich der Addition und zwei Konstanten 0 und 1 enthält. Die Theorie ACF ist durch das folgende Axiomensystem gegeben (siehe auch B.L. VAN DER WAERDEN [9]).

(1) $\forall x \forall y \forall z\, (x + (y + z) = (x + y) + z)$,

(2) $\forall x \forall y\, (x + y = y + x)$,

(3) $\forall x\, (x + 0 = x)$,

(4) $\forall x\, (x + (-x) = 0)$,

(5) $\forall x \forall y \forall z\, (x(yz) = (xy)z)$,

(6) $\forall x \forall y \forall z\, (x(y + z) = xy + xz)$,

(7) $\forall x\, (x \cdot 1 = x)$,

(8) $\forall x \forall y\, (xy = yx)$,

(9) $\forall x \exists y\, (x = 0 \vee xy = 1)$,

(10) $0 \neq 1$,

(11) $\forall a_0 \ldots \forall a_n \exists x\, (x^{n+1} + a_n x^n + \ldots + a_0 = 0)$, $n = 1, 2, 3, \ldots$.

Die Teiltheorie von ACF, bestehend aus den Axiomen (1) – (8) heißt *Theorie der kommutativen Ringe mit Einselement.* Wird diese Theorie noch um die Axiome (9) und (10) erweitert, so erhält man die *Körpertheorie.* Das Axiomenschema (11) besagt, daß jedes nichtkonstante (Haupt-) Polynom eine Nullstelle besitzt.

Zum Nachweis der Modellvollständigkeit von ACF genügt es wegen Satz 3.21, für beliebige algebraisch abgeschlossene Körper $\mathcal{A}$ und $\mathcal{B}$ mit $\mathcal{A} \subseteq \mathcal{B}$ zu zeigen, daß $\mathcal{A}$ in $\mathcal{B}$ existentiell abgeschlossen ist. Dazu sei W die Menge aller algebraisch abgeschlossenen Zwischenkörper $\mathcal{C}$ mit $\mathcal{A} \subseteq \mathcal{C} \subseteq \mathcal{B}$, in denen gleichzeitig $\mathcal{A}$ existentiell abgeschlossen ist. Da $\mathcal{A}$ selbst zu W gehört, ist W nicht leer. Die Menge W wird durch die Relation $\subseteq$ halbgeordnet. Sei $\mathcal{C}^*$ die Vereinigung einer Kette von Strukturen aus W.

$\mathcal{C}^*$ ist ein algebraisch abgeschlossener Körper, weil ACF eine induktive Theorie ist (Satz 3.15). Weiterhin ist $\mathcal{A}$ in $\mathcal{C}^*$ existentiell abgeschlossen. Folglich ist $\mathcal{C}^*$ in W eine obere Schranke für alle Glieder der Kette. Damit sind die Voraussetzungen des Zornschen Lemmas erfüllt, und W besitzt ein maximales Element $\mathcal{M}$. Stimmt $\mathcal{M}$ mit $\mathcal{B}$ überein, so sind wir fertig, denn nach Voraussetzung ist $\mathcal{A}$ in $\mathcal{M}$ existentiell abgeschlossen. Es verbleibt nur noch der Nachweis, daß tatsächlich $\mathcal{M} = \mathcal{B}$ gilt. Wir benötigen einige Fakten aus der Köpertheorie, deren wesentlicher Inhalt in dem folgenden Satz von E. Steinitz (B.L. van der Waerden, [9], S. 201) ausgedrückt ist.

Hauptsatz. *Zu jedem Körper $\mathcal{K}$ gibt es einen algebraisch abgeschlossenen algebraischen Erweiterungskörper $\mathcal{K}^*$. Und zwar ist dieser Körper bis auf äquivalente Erweiterungen eindeutig bestimmt.*

Den Körper $\mathcal{K}^*$ nennen wir auch algebraischen Abschluß von $\mathcal{K}$. Der Hauptsatz hat die folgende, für uns bedeutungsvolle Konsequenz: Ist $\mathcal{K}_1$ ein beliebiger algebraisch abgeschlossener Erweiterungskörper von $\mathcal{K}$ und $\mathcal{K}_0$ der Körper der Elemente aus $\mathcal{K}_1$, die über $\mathcal{K}$ algebraisch sind, dann sind $\mathcal{K}_0$ und $\mathcal{K}^*$ isomorph. Der Isomorphismus zwischen $\mathcal{K}_0$ und $\mathcal{K}^*$ bildet zudem die Elemente aus $\mathcal{K}$ auf sich selbst ab.

Der Nachweis $\mathcal{M} = \mathcal{B}$ erfolgt nun indirekt.

Annahme: Es existiert ein Element $b \in |\mathcal{B}| \setminus |\mathcal{M}|$.
$\mathcal{M}(b)$ sei der von $|\mathcal{M}| \cup \{b\}$ in $\mathcal{B}$ erzeugte Teilkörper und $\mathcal{M}(b)^*$ sein algebraischer Abschluß. Es ist klar, daß b transzendent über $\mathcal{M}$ ist, so daß $\mathcal{M}(b)^*$ eine echte Erweiterung von $\mathcal{M}$ darstellt. Wie oben bemerkt, läßt sich $\mathcal{M}(\mathrm{b})^*$ als Teilkörper von $\mathcal{B}$ auffassen.

Behauptung: $\mathcal{A}$ ist in $\mathcal{M}(b)^*$ existentiell abgeschlossen.

Für eine $\exists$-Aussage aus $L(\mathcal{A})$ gelte $\mathcal{M}(b)^* \models \exists\bar{x}\varphi(\bar{x}, \bar{a})$. Wir bilden die folgende Theorie T in der Sprache $L(\mathcal{M}, c)$:

$T = \mathrm{ACF} \cup D(\mathcal{M}) \cup \{p(c) \neq 0 : p(x) \text{ ist nichtkonstantes Hauptpolynom}\}$.

Wird die Konstante c als das Element b interpretiert, so ist $\mathcal{M}(b)^*$ ein Modell von T.
Wir betrachten nun ein beliebiges Modell $\mathcal{N}$ von T. O.B.d.A. ist $\mathcal{N}$ eine Erweiterung von $\mathcal{M}$. Ist d die Interpretation der Konstanten c in $\mathcal{N}$, so ist d über $\mathcal{M}$ transzendent. Transzendente Erweiterungen über einem Körper sind eindeutig bestimmt, also sind $\mathcal{M}(b)$ und $\mathcal{M}(d)$ isomorph über $\mathcal{M}$. Wegen des Hauptssatzes läßt sich dieser Isomorphismus auf den algebraischen Abschluß fortsetzen, d.h. also $\mathcal{M}(b)^* \cong \mathcal{M}(d)^*$.

Aus $\mathcal{M}(b)^* \models \exists\bar{x}\varphi(\bar{x},\bar{a})$ folgt nun sofort $\mathcal{M}(d)^* \models \exists\bar{x}\varphi(\bar{x},\bar{a})$. $\mathcal{M}(d)^*$ kann als Teilkörper von $\mathcal{N}$ angenommen werden. Wegen Korollar 3.2 zu Satz 3.3 ist damit $\exists\bar{x}\varphi(\bar{x},\bar{a})$ auch in $\mathcal{N}$ gültig. Da die obigen Überlegungen für jedes beliebige Modell $\mathcal{N}$ von T gemacht werden können, ist die Aussage $\exists\bar{x}\varphi(\bar{x},\bar{a})$ eine Folgerung aus T. Entsprechend dem Kompaktheitssatz und dem Deduktionstheorem gibt es endlich viele nichtkonstante Hauptpolynome $p_1(x),\ldots,p_n(x)$, so daß

$$\mathrm{ACF} \cup D(\mathcal{M}) \models \bigwedge_{i=1}^{n} p_i(c) \neq 0 \rightarrow \exists\bar{x}\varphi(\bar{x},\bar{a})$$

gilt. Nach Satz 2.26 kann c durch eine Variable z ersetzt und anschließend generalisiert werden:

$$\mathrm{ACF} \cup D(\mathcal{M}) \models \forall z(\bigwedge_{i=1}^{n} p_i(z) \neq 0 \rightarrow \exists\bar{x}\varphi(\bar{x},\bar{a})).$$

Mittels der $\exists$-Einführungsregel erhalten wir nun

$$\mathrm{ACF} \cup D(\mathcal{M}) \models \exists z(\bigwedge_{i=1}^{n} p_i(z) \neq 0) \rightarrow \exists\bar{x}\varphi(\bar{x},\bar{a}).$$

Da einerseits jedes nichtkonstante Polynom höchstens endlich viele Nullstellen hat und andererseits jeder algebraisch abgeschlossene Körper unendlich viele Elemente umfaßt, ist die Prämisse der obigen Implikation sicher in $\mathcal{M}$ erfüllt, woraus sich unmittelbar $\mathcal{M} \models \exists\bar{x}\varphi(\bar{x},\bar{a})$ ergibt. Nach Voraussetzung ($\mathcal{M}$ gehört zu W) ist $\mathcal{A}$ in $\mathcal{M}$ existentiell abgeschlossen, was, wie gewünscht, $\mathcal{A} \models \exists\bar{x}\varphi(\bar{x},\bar{a})$ liefert. $\mathcal{M}(b)^*$ gehört somit zu W, was der Maximalität von $\mathcal{M}$ widerspricht. Damit ist unsere Annahme widerlegt, und in der Tat ist $\mathcal{M} = \mathcal{B}$.

Beispiel 3. Die Theorie RCF der reell abgeschlossenen Körper („real closed fields“) ist modellvollständig.

Zur Untersuchung der Theorie der reell abgeschlossenen Körper wählen wir wieder die Sprache der Körper, erweitert um das einstellige Relationszeichen > 0. RCF ist bestimmt durch die Körperaxiome (1) – (10) aus dem vorigen Beispiel 2, S. 101, und den zusätzlichen Axiomen (siehe B.L. van der Waerden [9]):

(12) $\forall x \forall y\,(x > 0 \wedge y > 0 \rightarrow x + y > 0)$,

(13) $\forall x\,(x = 0 \vee x > 0 \vee -x > 0)$,

(14) $\forall x \neg\,(x > 0 \wedge -x > 0)$,

(15) $\forall x \forall y\,(x > 0 \wedge y > 0 \rightarrow xy > 0)$,

(16) $\forall x \exists y\,(x = y^2 \vee -x = y^2)$,

(17) $\forall a_0 \ldots \forall a_{2n} \exists x\,(x^{2n+1} + a_{2n}x^{2n} + \ldots + a_0 = 0)$, $n = 1, 2, 3, \ldots$.

Sind in einem Körper nur die zusätzlichen Axiome (12) – (15) erfüllt, so sprechen wir von einem *angeordneten Körper*.

Axiom (17) drückt aus, daß jedes (Haupt-)Polynom ungeraden Grades wenigstens eine Nullstelle besitzt.
Die Modellvollständigkeit von RCF wird nun ähnlich wie im Falle der Theorie der algebraisch abgeschlossenen Körper nachgewiesen. Wir zeigen für beliebige, reell abgeschlossene Körper $\mathcal{A}$ und $\mathcal{B}$ mit $\mathcal{A} \subseteq \mathcal{B}$, daß $\mathcal{A}$ in $\mathcal{B}$ existentiell abgeschlossen ist. Dazu sei W die Menge aller reell abgeschlossenen Zwischenkörper $\mathcal{C}$ mit $\mathcal{A} \subseteq \mathcal{C} \subseteq \mathcal{B}$, in denen gleichzeitig $\mathcal{A}$ existentiell abgeschlossen ist. Ähnliche Überlegungen wie im vorhergehenden Beispiel liefern ein maximales Element $\mathcal{M}$ in W. Stimmt $\mathcal{M}$ mit $\mathcal{B}$ überein, so sind wir fertig, denn $\mathcal{A}$ ist in $\mathcal{M}$ existentiell abgeschlossen. Für den Nachweis, daß tatsächlich $\mathcal{M} = \mathcal{B}$ ist, benötigen wir eine zum Hauptsatz analoge Aussage über reell abgeschlossene Körper (B.L. van der Waerden [9], Satz 8, S. 244):

Ist $\mathcal{K}$ ein angeordneter Körper, so gibt es eine und – von äquivalenten Erweiterungen abgesehen – nur eine reell abgeschlossene algebraische Erweiterung $\mathcal{K}^*$ von $\mathcal{K}$, deren Anordnung eine Fortsetzung der Anordnung von $\mathcal{K}$ ist. $\mathcal{K}^*$ besitzt außer dem identischen keinen Automorphismus, der die Elemente aus $\mathcal{K}$ fest läßt.

Der Körper $\mathcal{K}^*$ heißt *reeller Abschluß* von $\mathcal{K}$.
Ist $\mathcal{K}_1$ ein beliebiger reell abgeschlossener Erweiterungskörper von $\mathcal{K}$ und $\mathcal{K}_0$ der Körper aller Elemente aus $\mathcal{K}_1$, die über $\mathcal{K}$ algebraisch sind, dann sind $\mathcal{K}_0$ und $\mathcal{K}^*$ isomorph. Der Isomorphismus bildet zudem die Elemente aus $\mathcal{K}$ auf sich selbst ab.

Annahme: Es existiert ein Element $b \in |\mathcal{B}| \setminus |\mathcal{M}|$.
$\mathcal{M}(b)$ sei der von $|\mathcal{M} \cup \{b\}|$ in $\mathcal{B}$ erzeugte Teilkörper und $\mathcal{M}(b)^*$ sein reeller Abschluß, der sich als Teilkörper von $\mathcal{B}$ auffassen läßt.

Behauptung: $\mathcal{A}$ ist in $\mathcal{M}(b)^*$ existentiell abgeschlossen.

In $\mathcal{M}(b)^*$ definiert b eine Zerlegung von $|\mathcal{M}|$:

$$M_0 = \{a \in |\mathcal{M}| : \mathcal{M}(b)^* \models a < b\},$$
$$M_1 = \{a \in |\mathcal{M}| : \mathcal{M}(b)^* \models b < a\}.$$

Wir bilden nun in der Sprache $L(\mathcal{M}, c)$ die Theorie

$$T = \mathrm{RCF} \cup D(\mathcal{M}) \cup \{a < c : a \in M_0\} \cup \{c < a : a \in M_1\}.$$

Wird die Konstante c als das Element b interpretiert, so ist $\mathcal{M}(b)^*$ ein Modell von T. Ist $\mathcal{N}$ ein beliebiges Modell von T, so kann $\mathcal{N}$ als Erweiterung von $\mathcal{M}$ angenommen werden. Die Konstante c werde durch das Element d interpretiert. $\mathcal{M}(d)$ und $\mathcal{M}(b)$ sind transzendente Erweiterungen von $\mathcal{M}$, wobei d und b denselben Schnitt über dem reell abgeschlossenen

Körper $\mathcal{M}$ definieren. Daraus ergibt sich, daß $\mathcal{M}(b)$ und $\mathcal{M}(d)$ isomorph sind. Dieser Isomorphismus läßt sich auf dem reellen Abschluß fortsetzen. In ähnlicher Weise wie im vorhergehenden Beispiel schließt man für $\exists$-Aussagen $\exists\bar{x}\varphi(\bar{x},\bar{a})$ aus $\mathcal{M}(b)^* \models \exists\bar{x}\varphi(\bar{x},\bar{a})$ auf $\mathcal{M}(d)^* \models \exists\bar{x}\varphi(\bar{x},\bar{a})$ und weiter auf $\mathcal{N} \models \exists\bar{x}\varphi(\bar{x},\bar{a})$. Die daraus resultierende Gültigkeitsbeziehung $T \models \exists\bar{x}\varphi(\bar{x},\bar{a})$ führt schließlich zu $\mathcal{A} \models \exists\bar{x}\varphi(\bar{x},\bar{a})$. Also ist $\mathcal{A}$ in $\mathcal{M}(b)^*$ existentiell abgeschlossen und $\mathcal{M}$ somit in W nicht maximal. Der so entstandene Widerspruch widerlegt die Annahme, und es gilt in der Tat $\mathcal{M} = \mathcal{B}$.

Modellvollständige Theorien müssen nicht unbedingt vollständig sein, wie man an der Theorie T der algebraisch abgeschlossenen Körper sieht. Denn in dieser Theorie werden keine Festlegungen über die Charakteristik des Körpers getroffen, so daß aus T z.B. weder $1 + 1 + 1 = 0$ noch die Verneinung dieser Aussage folgt. Wie sich später zeigen wird, müssen auch vollständige Theorien nicht notwendig modellvollständig sein. Trotzdem läßt sich manchmal die Modellvollständigkeit einer Theorie zum Nachweis der Vollständigkeit ausnutzen, wenn nämlich die Theorie ein Primmodell besitzt. Wir wollen zunächst diesen Begriff erläutern.

Ein Modell $\mathcal{A}$ von T heißt *Primmodell* von T, wenn sich $\mathcal{A}$ in jedes Modell von T einbetten läßt.

Satz 3.22 *Ist T modellvollständig und besitzt T ein Primmodell, dann ist T vollständig.*

Beweis. Angenommen, die Ausage φ ist nicht ableitbar aus T. Dann ist $T \cup \{\neg\varphi\}$ konsistent und besitzt ein Modell $\mathcal{B}$. Ein Primmodell $\mathcal{A}$ von T läßt sich in $\mathcal{B}$ einbetten.
Bei geeigneter Interpretation der Konstanten (man benutze die Einbettungsabbildung!) ist $\mathcal{B}$ ein Modell von $T \cup D(\mathcal{A})$. Wegen $\mathcal{B} \models \neg\varphi$ kann φ keine Folgerung von $T \cup D(\mathcal{A})$ sein. Da aber $T \cup D(\mathcal{A})$ vollständig ist, muß $\neg\varphi$ aus $T \cup D(\mathcal{A})$ ableitbar sein. Ist nun $\mathcal{C}$ ein beliebiges Modell von T, dann läßt sich $\mathcal{A}$ als Primmodell auch in $\mathcal{C}$ einbetten. Ebenso wie $\mathcal{B}$ ist auch $\mathcal{C}$ ein Modell von $T \cup D(\mathcal{A})$, was $\mathcal{C} \models \neg\varphi$ impliziert. Folglich gilt $\neg\varphi$ in jedem Modell von T, also $T \vdash \neg\varphi$. Damit ist die Vollständigkeit von T nachgewiesen. ❑

Beispiel. Es sei ACF_p die Theorie der algebraisch abgeschlossenen Körper der Charakteristik p (p ist eine Primzahl oder $p = 0$). ACF_p ist als Erweiterung der Theorie der algebraisch abgeschlossenen Körper selbst wieder modellvollständig. ACF_p besitzt ein Primmodell, nämlich den algebraischen Abschluß des Primkörpers $\mathbb{Z}_p$ der Charakteristik p (falls p eine Primzahl ist) bzw. den algebraischen Abschluß des Körpers der rationalen Zahlen (für $p = 0$). Damit sind die Voraussetzungen von Satz 3.22 erfüllt, also ist ACF_p vollständig.

Wir betrachten jetzt eine weitere Charakterisierung modellvollständiger Theorien, die sich auf syntaktische Eigenschaften der Theorie bezieht. Dazu sei T eine beliebige Theorie in einer elementaren Sprache L. Jeder Ausdruck $\varphi(x_1, \ldots, x_n)$ der Sprache L definiert in jedem Modell $\mathcal{A}$ von T eine n-stellige Relation $\{\bar{a} : \mathcal{A} \models \varphi(\bar{a})\}$, die wir mit $\varphi(\mathcal{A})$ bezeichnen. Eine beliebige Relation S über $|\mathcal{A}|$ heißt *definierbar*, wenn es einen Ausdruck $\varphi(\bar{x})$ gibt, so daß $S = \varphi(\mathcal{A})$ gilt. Die definierbaren Relationen können sehr komplex gestaltet sein, wie das folgende Beispiel zeigt.

Beispiel. Es sei $\varphi(f)$ der Ausdruck

$$\forall x \forall \varepsilon > 0 \exists \delta > 0 \forall y (|x - y| < \delta \to |f(x) - f(y)| < \varepsilon).$$

$\varphi(f)$ definiert in der Menge $\mathbb{R}^{\mathbb{R}}$ aller auf ganz $\mathbb{R}$ definierten reellen Funktionen gerade die Menge der stetigen Funktionen.
Man störe sich nicht daran, daß $\varphi(f)$ strenggenommen kein Ausdruck im Sinne unserer Definition ist. Um komplexere Ausdrücke übersichtlicher zu gestalten, werden verschiedene informelle Schreibweisen bevorzugt. Genauer müßte man für $\varphi(f)$ schreiben

$$\forall x \forall \varepsilon (\varepsilon > 0 \to \exists \delta (\delta > 0 \wedge \forall y (|x - y| < \delta \to |f(x) - f(y)| < \varepsilon))).$$

Aber selbst jetzt kann man einwenden, daß die Menge aller dieser reellen Funktionen gar keine Struktur besitzt, denn es fehlt die Angabe von Relationen und Funktionen. In einem solchen Fall setzen wir stets voraus, daß die in den betreffenden Ausdrücken auftretenden Zeichen die üblichen Relationen und Funktionen bezeichnen. Genau genommen müßte man die Struktur

$$\langle \mathbb{R} \cup \mathbb{R}^{\mathbb{R}}, \mathbb{R}, \mathbb{R}^{\mathbb{R}}, <, >, +, -, |\ |, H, 0 \rangle$$

betrachten, wobei H die Funktion $H(f, x) = f(x)$ sein soll. Die Funktionen sind zunächst nur partiell definiert, was aber nicht stört, da sie im Bedarfsfall künstlich zu Funktionen über $\mathbb{R} \cup \mathbb{R}^{\mathbb{R}}$ erweitert werden können. Nehmen wir zur elementaren Sprache noch zwei einstellige Relationszeichen P und Q (für die Elemente in $\mathbb{R}$ bzw. in $\mathbb{R}^{\mathbb{R}}$) hinzu, dann läßt sich $\varphi(f)$ (wirklich ganz formal) wie folgt angeben:

$$Q(f) \wedge \forall x \forall \varepsilon (P(x) \wedge P(\varepsilon) \wedge \varepsilon > 0 \rightarrow \\ \exists \delta (P(\delta) \wedge \delta > 0 \wedge \forall y (P(y) \wedge |x-y| < \delta \rightarrow |H(f,x) - H(f,y)| < \varepsilon))).$$

Wie man sieht, ist diese Formalisierung nicht schwierig zu bewerkstelligen, aber unübersichtlich. Daher werden wir auch in Zukunft die 'halbformale' Darstellung verwenden.

Die Kompliziertheit eines Ausdrucks (in pränexer Normalform) kann durch die Anzahl der im Präfix vorkommenden Quantorenwechsel gemessen werden. Daher ist ein Ausdruck von einfacherer Gestalt, wenn in seinem Präfix keine Quantorenwechsel vorkommen.
Ein Ausdruck $\varphi(\bar{x})$ heißt bezüglich T *existentiell* (bzw. *universal*), wenn ein existentieller (bzw. universaler) Ausdruck $\psi(\bar{x})$ existiert, so daß $T \vdash (\varphi(\bar{x}) \leftrightarrow \psi(\bar{x}))$.

Satz 3.23 *Für eine elementare Theorie T sind die folgenden Eigenschaften äquivalent:*

(1) *T ist modellvollständig.*

(2) *Jeder Ausdruck ist bezüglich T existentiell.*

(3) *Jeder Ausdruck ist bezüglich T universal.*

Beweis. (1) $\longrightarrow$ (2). Es sei T modellvollständig, $\varphi(x_1, \ldots, x_n)$ eine beliebige Formel und $\bar{c} = (c_1, \ldots, c_n)$ eine Folge von paarweise verschiedenen Konstanten, die in der Sprache L nicht vorkommen. Wir erweitern L um diese Konstanten zu $L(\bar{c})$ und bilden die folgende Menge Σ von Aussagen:

$$\Sigma = \{ \neg\psi(\bar{c}) : \psi(\bar{c}) \text{ ist eine } \exists\text{-Aussage aus } L(\bar{c}), \text{ so daß } \\ T \cup \{\psi(\bar{c})\} \vdash \varphi(\bar{c})\}.$$

Zunächst wollen wir zeigen, daß $T \cup \Sigma \cup \{\varphi(\bar{c})\}$ inkonsistent ist. Angenommen, diese Menge ist konsistent; dann besitzt sie ein Modell $\mathcal{A}$. Nach Voraussetzung ist T modellvollständig, also ist $T \cup D(\mathcal{A})$ vollständig und somit $\varphi(\bar{c})$ aus $T \cup D(\mathcal{A})$ ableitbar. Wegen des Endlichkeitssatzes existieren Aussagen $\varphi_1(\bar{a}, \bar{c}), \ldots, \varphi_m(\bar{a}, \bar{c})$ in $D(\mathcal{A})$, so daß $T \cup \{\chi(\bar{a}, \bar{c})\} \vdash \varphi(\bar{c})$, wobei χ die Konjunktion der $\varphi_1, \ldots, \varphi_m$ ist. Wendet man hierauf das Deduktionstheorem an, so ergibt sich $T \vdash \chi(\bar{a}, \bar{c}) \rightarrow \varphi(\bar{c})$. Durch Generalisierung entsteht $T \vdash \forall \bar{y} \big(\chi(\bar{y}, \bar{c}) \rightarrow \varphi(\bar{c})\big)$, und da $\bar{y}$ in $\varphi(\bar{c})$ nicht frei vorkommt
($\bar{y}$ kann immer so gewählt werden), erhält man $T \vdash \exists \bar{y} \chi(\bar{y}, \bar{c}) \rightarrow \varphi(\bar{c})$.
Entsprechend der Definition von Σ gehört $\neg\exists \bar{y} \chi(\bar{y}, \bar{c})$ zu Σ, also $\mathcal{A} \models \neg\exists \bar{y} \chi(\bar{y}, \bar{c})$. Das ist aber nicht vereinbar mit $\mathcal{A} \models \chi(\bar{a}, \bar{c})$. Dieser Widerspruch beweist, daß $T \cup \Sigma \cup \{\varphi(\bar{c})\}$ inkonsistent ist. Wegen des

Kompaktheitssatzes existieren $\neg\psi_1, \ldots, \neg\psi_k$ in Σ, so daß bereits $T \cup \{\neg\psi_1 \wedge \ldots \wedge \neg\psi_k\} \cup \{\varphi(\bar{c})\}$ inkonsistent ist. Nach Satz 2.21 erhält man hieraus $T \cup \{\varphi(\bar{c})\} \vdash \neg(\neg\psi_1 \wedge \ldots \wedge \neg\psi_k)$, woraus sich nach aussagenlogischer Umformung und Zuhilfenahme des Deduktionstheorems

$$T \vdash \varphi(\bar{c}) \rightarrow (\psi_1(\bar{c}) \vee \ldots \vee \psi_k(\bar{c}))$$

ergibt. Wegen der Definition von Σ gilt andererseits auch

$$T \vdash \psi_i(\bar{c}) \rightarrow \varphi(\bar{c}) \text{ für } i = 1, \ldots, k, \text{ also}$$

$$T \vdash \bigvee_{i=1}^{k} \psi_i(\bar{c}) \rightarrow \varphi(\bar{c}).$$

Da die Konstanten aus $\bar{c}$ in T nicht vorkommen, erhält man

$$T \vdash \forall\bar{x}(\varphi(\bar{x}) \leftrightarrow \bigvee_{i=1}^{k} \psi_i(\bar{x})).$$

Eine Alternative von $\exists$-Ausdrücken ist logisch äquivalent zu einem $\exists$-Ausdruck. Damit gilt die Bedingung (2).

(2) $\longrightarrow$ (3). Es sei $\varphi(\bar{x})$ ein beliebiger Ausdruck. Nach Voraussetzung existiert eine existentielle Formel $\psi(\bar{x})$, so daß $T \vdash \forall\bar{x}\big(\neg\varphi(\bar{x}) \leftrightarrow \psi(\bar{x})\big)$. Folglich gilt auch $T \vdash \forall\bar{x}\big(\varphi(\bar{x}) \leftrightarrow \neg\psi(\bar{x})\big)$. Da $\neg\psi(\bar{x})$ logisch äquivalent ist zu einem $\forall$-Ausdruck, sind wir bereits fertig.

(3) $\longrightarrow$ (1). Es seien $\mathcal{A}, \mathcal{B}$ Modelle von T mit der Eigenschaft $\mathcal{A} \subseteq \mathcal{B}$. Wir wollen zeigen, daß $\mathcal{A}$ in $\mathcal{B}$ existentiell abgeschlossen ist. Dazu sei $\varphi(\bar{a})$ eine beliebige in $\mathcal{B}$ gültige $\exists$-Aussage aus $L(\mathcal{A})$. Nach Voraussetzung ist $\varphi(\bar{x})$ bezüglich T äquivalent zu einem universalen Ausdruck $\psi(\bar{x})$. Es gilt also $\mathcal{B} \models \psi(\bar{a})$ und damit auch $\mathcal{A} \models \psi(\bar{a})$, denn $\psi(\bar{a})$ ist universal. Wegen der Äquivalenz von $\varphi(\bar{x})$ und $\psi(\bar{x})$ bezüglich T gilt weiterhin $\mathcal{A} \models \varphi(\bar{a})$. Hieraus folgt nach Satz 3.21 schließlich die Modellvollständigkeit von T. ❑

Das letzte Theorem zeigt deutlich die Vorteile modellvollständiger Theorien: Die Komplexität definierbarer Relationen wächst nur unwesentlich durch erneute Quantifizierungen. Man kann es auch so formulieren: Alle definierbaren Relationen lassen sich bereits durch existentielle Ausdrücke beschreiben. Bei den ausgezeichneten Eigenschaften modellvollständiger Theorien ist zu vermuten, daß derartige Theorien nicht sehr häufig auftreten. Die Vermutung ist durchaus zutreffend. Ist eine beliebige elementare Theorie gegeben, so ist es tatsächlich nicht sehr wahrscheinlich, daß die Theorie modellvollständig ist.

Allerdings können wir möglicherweise durch Hinzunahme weiterer Axiome schließlich zu einer modellvollständigen Theorie gelangen.

Eine einfache Erweiterung T^* einer elementaren Theorie T heißt *Modellvervollständigung* von T, wenn $T^* \cup D(\mathcal{A})$ für jedes Modell $\mathcal{A}$ von T vollständig ist (bezüglich $L(\mathcal{A})$).

Der folgende Satz stellt einen Zusammenhang zwischen Modellvervollständigung und Modellvollständigkeit her.

Satz 3.24 *Ist T^* Modellvervollständigung einer Theorie T, dann ist T^* modellvollständig.*

Der Beweis folgt unmittelbar aus den Definitionen der Modellvollständigkeit und der Modellvervollständigung.

Als einfache Folgerung erhält man sofort, daß eine modellvollständige Theorie Modellvervollständigung von sich selbst ist.
In allen Gebieten der Mathematik ist die Frage der Eindeutigkeit der konstruierten Objekte von großer Bedeutung, ebenso in unserem Falle: Ist die Modellvervollständigung (falls eine solche existiert) einer gegebenen Theorie eindeutig bestimmt, oder kann sie auf verschiedene Weise erfolgen? Diese Frage wird mit dem nächsten Theorem beantwortet.

Satz 3.25 *Wenn die Theorie T eine Modellvervollständigung T^* besitzt, dann ist T^* (bis auf Äquivalenz) eindeutig bestimmt.*

Beweis. Es seien T^* und T^{**} Modellvervollständigungen von T. Wir zeigen, daß jedes Modell von T^* auch ein Modell von T^{**} ist.
Es sei $\mathcal{A}_1$ ein beliebiges Modell von T^*. Damit ist $\mathcal{A}_1$ auch Modell von T. Da T^{**} Modellvervollständigung von T ist, muß $T^{**} \cup D(\mathcal{A}_1)$ vollständig sein. Ist $\mathcal{B}_1$ ein Modell von $T^{**} \cup D(\mathcal{A}_1)$, dann gilt insbesondere $\mathcal{A}_1 \subseteq \mathcal{B}_1$ und $\mathcal{B}_1 \models T$. Da auch T^* eine Modellvervollständigung von T ist, muß $T^* \cup D(\mathcal{B}_1)$ vollständig sein. Ist $\mathcal{A}_2$ ein Modell von $T^* \cup D(\mathcal{B}_1)$, dann gilt wiederum $\mathcal{B}_1 \subseteq \mathcal{A}_2$ und $\mathcal{A}_2 \models T$. Setzt man diese Konstruktion sukzessive fort, dann erhält man eine Kette $\mathcal{A}_1 \subseteq \mathcal{B}_1 \subseteq \mathcal{A}_2 \subseteq \mathcal{B}_2 \subseteq \ldots$ von Modellen von T. Es sei $\mathcal{C}$ die Vereinigung dieser Kette. Dann ist $\mathcal{C}$ auch die Vereinigung der Teilkette $\mathcal{A}_1 \subseteq \mathcal{A}_2 \subseteq \mathcal{A}_3 \subseteq \ldots$. Die Strukturen $\mathcal{A}_i$ sind sämtlich Modelle von T^*. Nach Voraussetzung ist T^* modellvollständig, also ist die Kette der $\mathcal{A}_i$ elementar und somit insbesondere $\mathcal{A}_1 \preceq \mathcal{C}$. Analog ist $\mathcal{C}$ auch die Vereinigung der Teilkette $\mathcal{B}_1 \subseteq \mathcal{B}_2 \subseteq \mathcal{B}_3 \subseteq \ldots$. Da auch T^{**} modellvollständig ist und die Strukturen $\mathcal{B}_i$ sämtlich Modelle von T^{**} sind, ist $\mathcal{C}$ ein Modell von T^{**}. $\mathcal{A}_1$ war ein beliebiges Modell von T^*. Wegen $\mathcal{A}_1 \preceq \mathcal{C}$ und $\mathcal{C} \models T^{**}$ ist auch $\mathcal{A}_1 \models T^{**}$. Damit ist jedes Modell von T^* auch ein Modell von T^{**}. In der obigen Argumentation lassen sich aus Symmetriegründen T^* und T^{**} vertauschen, so daß auch jedes Modell von T^{**} ein Modell von T^* ist. Folglich sind T^* und T^{**} nach dem Korollar zu Satz 3.12 äquivalent. ❑

Falls eine Modellvervollständigung existiert, ist sie eindeutig bestimmt. Die Frage der Existenz solcher Vervollständigungen wird davon allerdings nicht berührt. Es gibt leider in der Tat Theorien, die keine Modellvervollständigung besitzen.

Beispiel 4. Die Theorie der algebraisch abgeschlossenen Körper ist (als modellvollständige Theorie) die Modellvervollständigung der Theorie der Körper.

Beispiel 5. Die Theorie der reell abgeschlossenen Körper ist die Modellvervollständigung der Theorie der angeordneten Körper. Dies folgt aus der Tatsache, daß die Theorie der reell abgeschlossenen Körper modellvollständig ist, wie wir in Beispiel 3, S. 103, gesehen haben.

Wir geben jetzt noch ein einfaches Beispiel für eine Theorie an, die keine Modellvervollständigung besitzt.

Beispiel 6. Es sei L die Sprache der (irreflexiven) linearen Ordnung mit dem einzigen nicht-logischen Zeichen $<$, und T sei die Theorie der dichten linearen Ordnung mit kleinstem und ohne größtes Element. T ist zwar vollständig, besitzt aber keine Modellvervollständigung.

Angenommen, T^* ist eine solche Vervollständigung von T. Dann ist T^* nach Definition eine einfache Erweiterung von T in L, und nach Satz 3.24 ist T^* modellvollständig. Als konsistente Erweiterung der vollständigen Theorie T kann T^* nur T selbst sein. Wir zeigen nun, daß T^* nicht modellvolllständig ist.
Hierzu seien $I_0 = \{x \in \mathbb{Q} : x \geq 0\}$, $I_1 = \{x \in \mathbb{Q} : x \geq 1\}$, $\mathcal{A} = \langle I_0, < \rangle$, und $\mathcal{B} = \langle I_1, < \rangle$. Dann sind $\mathcal{A}, \mathcal{B}$ Modelle von T mit $\mathcal{B} \subseteq \mathcal{A}$.
Weiterhin ist $\mathcal{A} \models \exists x(x < 1)$, aber nicht $\mathcal{B} \models \exists x(x < 1)$. Folglich kann T in L keine Modellvervollständigung besitzen.

Ist T_0 die Theorie der dichten linearen Ordnung ohne größtes Element, dann besitzt also $T = T_0 \cup \{\exists x \forall y(x < y \vee x = y))\}$ keine Modellvervollständigung.
Andererseits kann T_0 zu einer Theorie T_1 $(= T_0 \cup \{\forall x \exists y(y < x)\})$ erweitert werden, die eine Modellvervollständigung besitzt (T_1 ist modellvollständig nach Beispiel 1, S. 100).

3.4 Elimination der Quantoren

Wie wir im vorhergehenden Abschnitt gesehen haben, besitzen modellvollständige Theorien besonders „schöne“ Eigenschaften, weshalb sie eher selten anzutreffen sind. Da die Modellvollständigkeit aber oft sehr nützlich ist und unter den in der Mathematik üblicherweise untersuchten Strukturklassen durchaus solche mit modellvollständiger Theorie vorkommen, wollen wir uns auch weiterhin mit derartigen Theorien befassen.
Eine elementare Theorie erlaubt die *Elimination der Quantoren*, wenn jede definierbare Relation bereits durch einen quantorenfreien Ausdruck definierbar ist. Präziser ausgedrückt: Zu jeder Formel $\varphi(\bar{x})$ existiert eine quantorenfreie Formel $\psi(\bar{x})$, so daß $T \vdash \varphi(\bar{x}) \leftrightarrow \psi(\bar{x})$ ist.

Satz 3.26 *Erlaubt eine Theorie T die Elimination der Quantoren, dann ist T modellvollständig.*

Der Beweis des Satzes ergibt sich unmittelbar aus der Charakterisierung modellvollständiger Theorien in Satz 3.23.

Die Elimination der Quantoren ist eine syntaktische Eigenschaft, die sich auch semantisch charakterisieren läßt. Ist T modellvollständig, dann ist $T \cup D(\mathcal{B})$ vollständig für jedes Modell $\mathcal{B}$ von T. Ist darüber hinaus sogar $T \cup D(\mathcal{A})$ vollständig für jede Unterstruktur $\mathcal{A} \subseteq \mathcal{B}$, wobei $\mathcal{B}$ ein beliebiges Modell von T ist (betrachtet in der Sprache $L(\mathcal{A})$), dann heißt T *unterstrukturvollständig*.

Satz 3.27 *Eine Theorie T erlaubt die Elimination der Quantoren gdw T unterstrukturvollständig ist.*

Beweis. Wir setzen zunächst voraus, daß T die Elimination der Quantoren erlaubt. Es sei $\mathcal{B} \models T$ und $\mathcal{A} \subseteq \mathcal{B}$. Wir zeigen, daß $T \cup D(\mathcal{A})$ vollständig ist. Dazu sei $\varphi(\bar{a})$ eine in $\mathcal{B}$ gültige Aussage aus $L(\mathcal{A})$. Nach Voraussetzung existiert zu $\varphi(\bar{x})$ eine quantorenfreie Formel $\psi(\bar{x})$, so daß $T \vdash \varphi(\bar{x}) \leftrightarrow \psi(\bar{x})$, folglich ist $\mathcal{B} \models \psi(\bar{a})$. Da $\mathcal{A} \subseteq \mathcal{B}$ und $\psi(\bar{x})$ quantorenfrei ist, gilt auch $\psi(\bar{a})$ in $\mathcal{A}$. Für ein beliebiges Modell $\mathcal{C}$ von $T \cup D(\mathcal{A})$ kann $\mathcal{A}$ als Unterstruktur von $\mathcal{C}$ aufgefaßt werden, so daß auch $\mathcal{C} \models \psi(\bar{a})$, also $T \cup D(\mathcal{A}) \vdash \psi(\bar{a})$. Wegen $\mathcal{C} \models T$ und $T \vdash \varphi(\bar{x}) \leftrightarrow \psi(\bar{x})$ gilt auch $T \cup D(\mathcal{A}) \vdash \varphi(\bar{a})$. Folglich sind die in $\mathcal{B}$ gültigen Aussagen von $L(\mathcal{A})$ aus $T \cup D(\mathcal{A})$ ableitbar, und damit ist $T \cup D(\mathcal{A})$ vollständig.

Nun sei umgekehrt T unterstrukturvollständig und $\varphi(\bar{x})$ eine beliebige Formel. Weiterhin sei $\bar{c}$ eine endliche Folge neuer Konstanten und $L(\bar{c})$ sei die um diese Konstanten erweiterte Sprache. Es sei

$$\Sigma = \{\neg\psi(\bar{c})\colon\ \psi(\bar{c}) \text{ ist eine quantorenfreie Aussage in } L(\bar{c}), \\ \text{so daß } T \cup \{\psi(\bar{c})\} \vdash \varphi(\bar{c})\}.$$

Wir zeigen zunächst, daß die Theorie $T_1 = T \cup \Sigma \cup \{\varphi(\bar{c})\}$ inkonsistent ist.

Angenommen, T_1 ist konsistent. Dann besitzt T_1 ein Modell $\mathcal{B}$. Nach Voraussetzung ist T unterstrukturvollständig und daher ist $T \cup D(\mathcal{B})$ vollständig, also $T \cup D(\mathcal{B}) \vdash \varphi(\bar{c})$.

Induktiv über die Beweislänge von $\varphi(\bar{c})$ zeigt man leicht, daß $T \cup D(\bar{c}) \vdash \varphi(\bar{c})$, wobei $D(\bar{c})$ die Menge der Aussagen aus $D(\mathcal{B})$ ist, welche zu $L(\bar{c})$ gehören. Durch Anwendung des Endlichkeitssatzes erhält man schließlich eine (endliche) Konjunktion $\chi(\bar{c})$ von Elementen aus $D(\bar{c})$, so daß $T \cup \{\chi(\bar{c})\} \vdash \varphi(\bar{c})$.

Nach Definition von Σ gehört $\neg\chi(\bar{c})$ zu Σ und ist somit gültig in $\mathcal{B}$. Andererseits ist aber $D(\bar{c}) \subseteq D(\mathcal{B})$ und daher $\mathcal{B} \models \chi(\bar{c})$, was einen Widerspruch ergibt.

Hieraus folgt schließlich, daß T_1 inkonsistent sein muß. Die Anwendung des Kompaktheitssatzes auf T_1 ergibt, daß bereits

$$T \cup \{\neg\psi_1(\bar{c}), \ldots, \neg\psi_k(\bar{c})\} \cup \{\varphi(\bar{c})\}$$

für eine endliche Teilmenge $\{\neg\psi_1(\bar{c}), \ldots, \neg\psi_k(\bar{c})\}$ von Σ inkonsistent ist. Analog wie im Beweis von Satz 3.23 erhält man

$$T \vdash \varphi(\bar{c}) \to \psi_1(\bar{c}) \vee \ldots \vee \psi_k(\bar{c}).$$

Andererseits folgt aus der Definition von Σ auch $T \vdash \psi_i(\bar{c}) \to \varphi(\bar{c})$ für $i = 1, \ldots, k$. Damit gilt schließlich

$$T \vdash \forall\bar{x}[\varphi(\bar{x}) \leftrightarrow \big(\psi_1(\bar{x}) \vee \ldots \vee \psi_k(\bar{x})\big)].$$

Also erlaubt T die Elimination der Quantoren. ❑

Der Nachweis der Quantorenelimination ist im allgemeinen recht schwierig. Das im folgenden Satz formulierte Kriterium erleichtert die technische Arbeit dahingehend, daß die Elimination nur für überschaubare Teilklassen von Formeln durchzuführen ist.

Eine Formel $\exists x\varphi(x, \bar{y})$ heißt *primitiv*, wenn $\varphi(x, \bar{y})$ eine Konjunktion von verneinten oder unverneinten atomaren Ausdrücken ist.

Satz 3.28 *Ist bezüglich der Theorie T jeder primitive Ausdruck äquivalent zu einem quantorenfreien, dann erlaubt T die Elimination der Quantoren.*

Beweis. Der Beweis erfolgt induktiv über die Anzahl der Quantoren der in pränexer Normalform gegebenen Ausdrücke.
Nach Satz 2.11 ist jeder Ausdruck logisch äquivalent zu einem in pränexer Normalform. Ist diese Normalform bereits quantorenfrei, dann sind wir fertig. Für Ausdrücke in Normalform mit höchstens k Quantoren gelte die Behauptung schon. Es sei φ eine Formel in pränexer Normalform mit $k+1$ Quantoren. φ hat dann die Form $\exists x\psi$ oder $\forall x\psi$, wobei ψ ebenfalls in Normalform gegeben ist, aber nur k Quantoren enthält.
Wir betrachten zunächst den Fall $\varphi = \exists x\psi$.
Nach Induktionsvoraussetzung ist ψ äquivalent zu einer quantorenfreien Formel χ, die in alternativer Normalform $\chi_1 \vee \ldots \vee \chi_m$ gegeben sei. Bezüglich T ist φ damit logisch äquivalent zu $\bigvee_{i=1}^{m} \exists x\chi_i$. Jeder der Ausdrücke $\exists x\chi_i$ ist primitiv und damit nach Voraussetzung äquivalent zu einer quantorenfreien Formel. Dann ist aber φ selbst äquivalent zu einem solchen Ausdruck.
Es sei jetzt $\varphi = \forall x\psi$. Wir betrachten zunächst $\neg\varphi \equiv \exists x\neg\psi \equiv \exists x\vartheta$, wobei ϑ wieder in pränexer Normalform gegeben sei und k Quantoren enthalte. Wie im vorhergehenden Fall ist $\neg\varphi$ äquivalent zu einem quantorenfreien Ausdruck und damit auch φ selbst. ❑

Der folgende Satz stellt einen Zusammenhang zwischen Quantorenelimination und Modellvervollständigung her.

Satz 3.29 *Eine elementare Theorie T erlaubt die Elimination der Quantoren gdw T die Modellvervollständigung seines universalen Teils $T_\forall$ ist.*

Beweis. Wir überlegen uns zunächst, daß eine Struktur $\mathcal{A}$ ein Modell von $T_\forall$ ist gdw ein $\mathcal{B} \supseteq \mathcal{A}$ existiert mit $\mathcal{B} \models T$.
Nach Satz 3.13 ist die Richtung von rechts nach links trivial.
Nun sei $\mathcal{A} \models T_\forall$. Dann genügt zu zeigen, daß $T \cup D(\mathcal{A})$ ein Modell $\mathcal{B}$ besitzt. Ist $T \cup D(\mathcal{A})$ inkonsistent, dann gibt es wegen des Endlichkeitssatzes eine Konjunktion $\varphi(\bar{a})$ von Elementen aus $D(\mathcal{A})$, die mit T inkonsistent ist. (Hierbei bezeichne $\bar{a}$ nur die Individuenkonstanten aus $L(\mathcal{A})$, die nicht zu L gehören). Nach den Sätzen 2.20 und 2.26 ist dann $T \vdash \neg\varphi(\bar{a})$ und $T \vdash \forall\bar{x}\neg\varphi(\bar{x})$. Da $\forall\bar{x}\neg\varphi(\bar{x})$ eine $\forall$-Aussage ist, gehört sie zu $T_\forall$. Folglich ist $\mathcal{A} \models \forall\bar{x}\neg\varphi(\bar{x})$. Dies widerspricht aber $\mathcal{A} \models \varphi(\bar{a})$. Also gilt die obige Behauptung.
Damit ist T die Modellvervollständigung von $T_\forall$ gdw $T \cup D(\mathcal{A})$ vollständig ist für jede Unterstruktur $\mathcal{A}$ eines Modells $\mathcal{B}$ von T; d.h., T ist unterstrukturvollständig. Nach Satz 3.27 sind aber Elimination der Quantoren und Unterstrukturvollständigkeit äquivalent. ❑

Einige bekannte Theorien erlauben tatsächlich die Elimination der Quantoren. Wegen Satz 3.26 sind sie notwendigerweise auch modellvollständig.

Beispiel 1. Die Theorie DLO der dichten linearen Ordnung ohne kleinstes und ohne größtes Element erlaubt die Elimination der Quantoren.

Die Sprache der Theorie DLO enthält $<$ als einziges nicht-logisches Zeichen. Terme sind nur die Variablen. Die atomaren Ausdrücke haben die Gestalt $x = y$ bzw. $x < y$, wobei x und y Variablen sind. Nach Satz 3.28 genügt es, sich bei der Elimination der Quantoren auf primitive Ausdrücke $\exists x\varphi(x, x_1, \ldots, x_n)$ zu beschränken. Wie bereits im Beispiel 1, S. 100, gezeigt wurde, können wir annehmen, daß φ eine Konjunktion atomarer Ausdrücke ist. Die in $\varphi(x, x_1, \ldots, x_n)$ auftretenden atomaren Ausdrücke sind von der Form $y = z$ bzw. $y < z$, wobei y und z unter den Variablen $x, x_1, \ldots, x_n$ vorkommen.
Da der Ausdruck $x = x$ allgemeingültig ist, kann er (falls er in φ vorkommt und nicht das einzige Konjunktionsglied in φ ist) weggelassen werden. Kommt andererseits der Ausdruck $x < x$ vor, so ist φ in keiner linearen Ordnung erfüllbar, womit $\exists x\varphi$ äquivalent zu einem quantorenfreien Ausdruck $y \neq y$ ist.
Sehen wir nun von diesen beiden Sonderfällen einmal ab, so können wir φ o.B.d.A. in der Form

$$(\bigwedge_{i\in I} x_i < x \wedge \bigwedge_{j\in J} x < x_j \wedge \bigwedge_{k\in K} x = x_k) \wedge \psi(x_1, \ldots, x_n)$$

annehmen, wobei $I, J, K \subseteq \{1, \ldots, n\}$.
Durch den ersten Teil des Ausdrucks φ werden die Elemente eingeteilt in solche, die vor x oder nach x stehen oder mit x gleich sind. Ergeben sich dabei keine Widersprüche, so kann wegen der Dichtheit zu vorgegebenen Elementen $x_1, \ldots, x_n$ stets solch ein x gefunden werden, das den Ausdruck erfüllt. Folglich ist in dichten linearen Ordnungen ohne kleinstes und ohne größtes Element der Ausdruck $\exists x\varphi$ äquivalent zu

$$(\bigwedge_{i\in I, j\in J} x_i < x_j \wedge \bigwedge_{i,j\in K} x_i = x_j) \wedge \psi(x_1, \ldots, x_n).$$

Damit ist ein Verfahren gegeben, mit dessen Hilfe effektiv jeder Ausdruck äquivalent bezüglich DLO durch einen quantorenfreien ersetzt werden kann.

Beispiel 2. Die Theorie ACF der algebraisch abgeschlossenen Körper erlaubt die Elimination der Quantoren.

Wegen Satz 3.27 genügt es, die Unterstrukturvollständigkeit von ACF nachzuweisen. Ist $\mathcal{A}$ Unterstruktur eines algebraisch abgeschlossenen Körpers $\mathcal{B}$, dann ist $\mathcal{A}$ ein nullteilerfreier kommutativer Ring mit Einselement (Integritätsbereich). $\mathcal{A}$ besitzt einen (bis auf Äquivalenz) eindeutig bestimmten Quotientenkörper $\mathcal{K}$. Ist nun $\mathcal{M}$ ein beliebiges Modell von $\mathrm{ACF} \cup D(\mathcal{A})$, so existiert eine Einbettung $F : \mathcal{A} \longrightarrow \mathcal{M}$ von $\mathcal{A}$ in $\mathcal{M}$. Wegen der Eindeutigkeit des Quotientenkörpers läßt sich F zu einer Einbettung $F_1 : \mathcal{K} \longrightarrow \mathcal{M}$ fortsetzen. F_1 wiederum läßt sich zu einer Einbettung $F_2 : \mathcal{K}^* \longrightarrow \mathcal{M}$ des algebraischen Abschlusses $\mathcal{K}^*$ von $\mathcal{K}$ erweitern (wir verweisen auf die im Beispiel 2, S. 101, bezüglich des algebraischen Abschlusses gemachten Ausführungen). $\mathcal{K}^*$ erweist sich somit als Primmodell für die Theorie $\mathrm{ACF} \cup D(\mathcal{A})$. Die Modellvollständigkeit von ACF überträgt sich unmittelbar auf $\mathrm{ACF} \cup D(\mathcal{A})$. Unter Verwendung von Satz 3.22 folgt nun auch die Vollständigkeit von $\mathrm{ACF} \cup D(\mathcal{A})$.

Beispiel 3. Die Theorie ACF_p der algebraisch abgeschlossenen Körper der Charakteristik p ($p = 0$ oder p ist eine Primzahl) erlaubt die Elimination der Quantoren.

Die Theorie ACF ist nicht vollständig, denn algebraisch abgeschlossene Körper unterschiedlicher Charakteristik sind nicht elementaräquivalent. Anstelle der Summe $1 + \ldots + 1$, bestehend aus n Summanden, schreiben wir $n \cdot 1$. Für jede Primzahl p bilden wir die Theorie

$$\mathrm{ACF}_p = \mathrm{ACF} \cup \{p \cdot 1 = 0\}.$$

Weiterhin sei

$$\mathrm{ACF}_0 = \mathrm{ACF} \cup \{n \cdot 1 \neq 0 : n > 1\}.$$

Die Elimination der Quantoren für ACF überträgt sich auf die Theorien ACF_p. Der algebraische Abschluß des Körpers $\mathbb{Z}_p$ bzw. des Körpers der rationalen Zahlen sind Primmodelle für ACF_p bzw. für ACF_0. Folglich sind diese Theorien vollständig.

Beispiel 4. Die Theorie RCF der reell abgeschlossenen Körper erlaubt die Elimination der Quantoren.

Wie im Beispiel 2 weisen wir die Unterstrukturvollständigkeit nach, woraus sich wegen Satz 3.27 die Quantorenelimination ergibt. Ist $\mathcal{A}$ Unterstruktur eines reell abgeschlossenen Körpers $\mathcal{B}$, dann ist $\mathcal{A}$ ein nullteilerfreier kommutativer angeordneter Ring mit Einselement. $\mathcal{A}$ besitzt einen (bis auf Äquivalenz) eindeutig bestimmten Quotientenkörper $\mathcal{K}$. Dieser Quotientenkörper läßt sich auf genau eine Weise so anordnen, daß $\mathcal{A}$ eine

Unterstruktur (mit Berücksichtigung der Anordnung) von $\mathcal{K}$ ist. Ist nun $\mathcal{M}$ ein beliebiges Modell von $\mathrm{RCF} \cup D(\mathcal{A})$, so existiert eine Einbettung $F : \mathcal{A} \longrightarrow \mathcal{M}$ von $\mathcal{A}$ in $\mathcal{M}$. Wegen der Eindeutigkeit des Quotientenkörpers $\mathcal{K}$ und der eindeutigen Bestimmtheit der Anordnung auf $\mathcal{K}$ läßt sich F zu einer Einbettung $F_1 : \mathcal{K} \longrightarrow \mathcal{M}$ fortsetzen. F_1 wiederum läßt sich zu einer Einbettung $F_2 : \mathcal{K}^* \longrightarrow \mathcal{M}$ des reellen Abschlusses $\mathcal{K}^*$ von $\mathcal{K}$ erweitern (wir verweisen auf die im Beispiel 3, S. 103, bezüglich des reellen Abschlusses gemachten Ausführungen). $\mathcal{K}^*$ ist Primmodell der Theorie $\mathrm{RCF} \cup D(\mathcal{A})$. Da sich die Modellvollständigkeit von RCF auf $\mathrm{RCF} \cup D(\mathcal{A})$ überträgt, ist wegen Satz 3.22 $\mathrm{RCF} \cup D(\mathcal{A})$ auch vollständig.

3.5 Modellverträglichkeit

Die vorhergehenden Untersuchungen haben gezeigt, wie man eine gegebene elementare Theorie T möglichst effektiv erweitert, nämlich zur Modellvervollständigung. Wie sinnvoll diese Erweiterung ist, wird an dem wichtigsten Beispiel – der Körpertheorie – sichtbar. Wir untersuchen jetzt die Bedingungen weiter, unter denen Modellvervollständigungen existieren, und wollen dabei möglichst Wege zur Konstruktion solcher Vervollständigungen finden.
Zwei Theorien T_1 und T_2 (derselben elementaren Sprache) heißen *modellverträglich*, wenn sich jedes Modell der einen Theorie zu einem Modell der anderen erweitern läßt.

Satz 3.30 *Die Theorien* T_1 *und* T_2 *sind modellverträglich gdw* $(T_1)_\forall = (T_2)_\forall$.

Beweis. ($\longrightarrow$) Es seien T_1 und T_2 modellverträglich, und φ sei eine aus T_1 ableitbare universale Aussage. Wir zeigen, daß φ auch aus T_2 ableitbar ist. Dazu sei $\mathcal{A}$ ein beliebiges Modell von T_2. $\mathcal{A}$ läßt sich zu einem Modell $\mathcal{B}$ von T_1 erweitern. Wegen $T_1 \vdash \varphi$ ist φ in $\mathcal{B}$ gültig und damit auch in $\mathcal{A}$ (denn φ ist universal). Auf Grund des Vollständigkeitssatzes ist dann φ aus T_2 ableitbar. Aus Symmetriegründen impliziert $T_2 \vdash \varphi$ auch $T_1 \vdash \varphi$.
($\longleftarrow$) Es sei $(T_1)_\forall = (T_2)_\forall$ und $\mathcal{A}$ ein beliebiges Modell von T_1. Ist die Theorie $T_2 \cup D(\mathcal{A})$ konsistent, dann besitzt sie ein Modell $\mathcal{B}$, welches die geforderte Erweiterung von $\mathcal{A}$ liefert. Es sei nun $T_2 \cup D(\mathcal{A})$ inkonsistent.

Nach dem Kompaktheitssatz existiert eine Konjunktion $\psi(\bar{a})$ von (verneinten oder unverneinten atomaren) Aussagen aus $D(\mathcal{A})$, so daß $T_2 \cup \{\psi(\bar{a})\}$ inkonsistent ist. Hieraus erhält man sofort $T_2 \vdash \neg\psi(\bar{a})$. Da die Konstanten aus $\bar{a}$ in T_2 nicht vorkommen, gilt schließlich $T_2 \vdash \neg\psi(\bar{x})$, und mit Hilfe der Generalisierung ergibt sich $T_2 \vdash \forall\bar{x}\neg\psi(\bar{x})$. Nach Voraussetzung besitzen T_1 und T_2 dieselbe universale Theorie, also ist auch $T_1 \vdash \forall\bar{x}\neg\psi(\bar{x})$. Das steht aber im Widerspruch dazu, daß $\mathcal{A}$ Modell von T_1 ist und $\mathcal{A} \models \neg\psi(\bar{a})$ gilt.
$T_2 \cup D(\mathcal{A})$ ist in jedem Falle konsistent und besitzt ein Modell $\mathcal{B}$, das Erweiterung von $\mathcal{A}$ ist. Völlig analog schließt man, wenn die Rollen von T_1 und T_2 vertauscht sind. Hieraus folgt die Behauptung. ❑

Zwei Theorien sind also modellverträglich gdw sie dieselben universalen Theoreme besitzen. Diese Charakterisierung läßt sofort erkennen, daß die Modellverträglichkeit die Theorien (gleicher Signatur) in Klassen unterteilt, die auch *Modellverträglichkeitsklassen* genannt werden.
Die Modelle einer Theorie lassen sich also immer zu Modellen von Theorien derselben Modellverträglichkeitsklasse erweitern.
Betrachten wir die Theorien T einer Modellverträglichkeitsklasse $\mathcal{T}$. Diese Klasse $\mathcal{T}$ ist bezüglich $\leq$ halbgeordnet, wobei $T_1 \leq T_2$ gilt, falls T_2 eine Erweiterung von T_1 ist. Wir wollen nun einige wesentliche Eigenschaften von $\leq$ auf $\mathcal{T}$ zusammenstellen.

E 1. $\mathcal{T}$ besitzt ein kleinstes Element.

Beweis. Es sei $\mathcal{T}_\forall$ die allen Theorien aus $\mathcal{T}$ gemeinsame universale Theorie. Dann leistet offensichtlich $\mathcal{T}_\forall$ das Verlangte. Durch $\mathcal{T}_\forall$ ist andererseits die Klasse $\mathcal{T}$ schon eindeutig festgelegt. Folglich können wir $\mathcal{T}_\forall$ auch zur Kennzeichnung von $\mathcal{T}$ benutzen. ❑

E 2. Jede aufsteigende Kette von Theorien aus ein und derselben Klasse $\mathcal{T}$ ist beschränkt.

Beweis. Es sei $T_1 \leq T_2 \leq T_3 \leq \ldots$ eine solche aufsteigende Kette und $T = \bigcup_{i=1}^{\infty} T_i$. Offensichtlich ist T eine Erweiterung jeder der Theorien T_i und damit gilt $T_i \leq T$. Es sei φ universal und aus T ableitbar. Auf Grund des Endlichkeitssatzes ist φ bereits aus einer der Theorien T_i ableitbar, also $\varphi \in \mathcal{T}_\forall$. Folglich gehört T zu $\mathcal{T}$. ❑

E 3. In $\mathcal{T}$ existieren maximale Elemente.

Beweis. Die Existenz maximaler Elemente ergibt sich mit Hilfe des Zornschen Lemmas unter Berücksichtigung der Eigenschaft E 2. Es können durchaus mehrere verschiedene maximale Theorien in $\mathcal{T}$ auftreten. ❑

E 4. Gehört T zu $\mathcal{T}$ und ist T vollständig, dann ist T maximal.

Beweis. Vollständige Theorien besitzen (in der gleichen Sprache) keine echten Erweiterungen und sind daher immer maximal. $\mathcal{T}$ muß aber nicht unbedingt vollständige Theorien enthalten. ❑

Eine Verbindung zu modellvollständigen Theorien ist zunächst nicht gegeben. Um einen solchen Zusammenhang herzustellen, schränken wir die Klasse $\mathcal{T}$ etwas ein. $\mathcal{T}_{\text{Ind}}$ sei die Menge der zu $\mathcal{T}$ gehörenden induktiven Theorien.

Satz 3.31 $\mathcal{T}_{\text{Ind}}$ *besitzt die Eigenschaften* E 1 – E 4.

Den Beweis hierzu führt man völlig analog wie für $\mathcal{T}$, er wird daher weggelassen.

E 5. Wenn $T_1, T_2 \in T_{\text{Ind}}$, so $T_1 \cup T_2 \in T_{\text{Ind}}$.

Beweis. Die Charakterisierung induktiver Theorien in Satz 3.15 ergibt sofort, daß mit T_1 und T_2 auch $T_1 \cup T_2$ induktiv ist. Also ist nur noch die Modellverträglichkeit mit T_1 oder T_2 nachzuweisen. Jedes Modell von $T_1 \cup T_2$ ist natürlich auch ein Modell von T_1, es muß also gar nicht erst erweitert werden.
Nun sei andererseits $\mathcal{A}_1$ ein Modell von T_1. Da T_2 mit T_1 modellverträglich ist, existiert eine Erweiterung $\mathcal{B}_1$ von $\mathcal{A}_1$, die Modell von T_2 ist. Ebenso existiert eine Erweiterung $\mathcal{A}_2$ von $\mathcal{B}_1$, die Modell von T_1 ist. Diese Konstruktion läßt sich beliebig oft wiederholen, so daß man eine Modellkette $\mathcal{A}_1 \subseteq \mathcal{B}_1 \subseteq \mathcal{A}_2 \subseteq \mathcal{B}_2 \subseteq \ldots$ erhält, deren Glieder $\mathcal{A}_i$ Modelle von T_1 und deren Glieder $\mathcal{B}_i$ Modelle von T_2 sind. Ist $\mathcal{C}$ die Vereinigung dieser Kette, dann ist $\mathcal{C}$ auch die Vereinigung der Teilkette $\mathcal{A}_1 \subseteq \mathcal{A}_2 \subseteq \mathcal{A}_3 \ldots$ und damit $\mathcal{C} \models T_1$, denn T_1 ist induktiv. Analog ist $\mathcal{C}$ auch Modell von T_2, so daß schließlich

$$\mathcal{C} \models T_1 \cup T_2 \text{ und } \mathcal{A}_1 \subseteq \mathcal{C}.$$ ❑

Während in $\mathcal{T}$ noch verschiedene maximale Elemente vorkommen können, hat sich die Situation für $\mathcal{T}_{\text{Ind}}$ geändert:

E 6. $\mathcal{T}_{\mathrm{Ind}}$ besitzt ein größtes Element.

Beweis. Es sei T maximal in $\mathcal{T}_{\mathrm{Ind}}$ und T' sei ein beliebiges Element aus $\mathcal{T}_{\mathrm{Ind}}$. Auf Grund von E 5 gehört $T \cup T'$ zu $\mathcal{T}_{\mathrm{Ind}}$. Da T maximal ist, müssen T und $T \cup T'$ äquivalent sein, also ist T Erweiterung von T'. Das bedeutet aber, T ist größtes Element in $\mathcal{T}_{\mathrm{Ind}}$. ❑

Größte und kleinste Elemente einer Halbordnung sind, falls sie existieren, eindeutig bestimmt.

E 7. Ist T modellvollständig, dann ist T größtes Element in $\mathcal{T}_{\mathrm{Ind}}$.

Beweis. Es sei $T' \in \mathcal{T}_{\mathrm{Ind}}$ eine Erweiterung von T und $\mathcal{A} \models T$. Da T' und T modellverträglich sind, läßt sich $\mathcal{A}$ zu einem Modell $\mathcal{B}$ von T' erweitern. Andererseits ist damit $\mathcal{B}$ auch ein Modell von T.
Aus der Modellvollständigkeit von T folgt $\mathcal{A} \preceq \mathcal{B}$ und damit $\mathcal{A} \models T'$. Die Erweiterung T' kann also keine echte Erweiterung sein, folglich sind T und T' äquivalent. Das bedeutet, T ist maximal und damit das größte Element. ❑

Die vollständigen Theorien sind also maximale Elemente in $\mathcal{T}$, während die modellvollständigen Theorien größte Elemente in $\mathcal{T}_{\mathrm{Ind}}$ sind.

Die Theorie T^* heißt *induktive Vervollständigung* von T, wenn T^* das größte Element von $\mathcal{T}_{\mathrm{Ind}}$ ist und T^*, T modellverträglich sind. Ist T^* modellvollständig, dann heißt T^* auch der *Modellbegleiter* von T.

Aus E 6 ergibt sich sofort:

Satz 3.32 *Jede Theorie besitzt eine eindeutig bestimmte induktive Vervollständigung.*

3.6 Produkte

Eine in der Mathematik weit verbreitete Methode zur Konstruktion neuer Strukturen ist die Produktbildung. Wir beginnen mit einem Beispiel.
Es sei $\mathbb{Z}_m$, $m \geq 1$, die Menge aller Restklassen der ganzen Zahlen modulo m mit der üblichen Restklassenaddition $+$. Die Elemente von $\mathbb{Z}_m$ sind also Mengen $X_k = \{x \in \mathbb{Z} : x \equiv k \bmod m\}$ für $k = 0, \ldots, m-1$ und

die Summe $X_i + X_j$ zweier solcher Klassen ist die Menge X_k, die das Element $i + j$ enthält.
$\mathbb{Z}_m$ ist bekanntlich eine additive Gruppe mit genau m Elementen. Auf der Menge $C = \mathbb{Z}_2 \times \mathbb{Z}_3$ aller Paare (a, b) mit $a \in \mathbb{Z}_2$ und $b \in \mathbb{Z}_3$ definieren wir eine neue Addition $\oplus$ durch

$$(a, b) \oplus (c, d) = (a + c, b + d).$$

Die Struktur $\mathcal{C} = \langle C, \oplus \rangle$ hat dieselbe Signatur wie $\mathbb{Z}_2 \times \mathbb{Z}_3$. Zwischen $\mathcal{C}$ und $\mathbb{Z}_6$ besteht eine eineindeutige Beziehung, die durch die folgende Abbildung $F : \mathcal{C} \longrightarrow \mathbb{Z}_6$ beschrieben wird:

$$F(0,0) = 0, \qquad F(1,0) = 3,$$
$$F(1,1) = 1, \qquad F(0,1) = 4,$$
$$F(0,2) = 2, \qquad F(1,2) = 5.$$

Durch einfaches Nachrechnen überprüft man leicht, daß für beliebige Elemente x, y aus $\mathcal{C}$ gilt:

$$F(x \oplus y) = F(x) + F(y).$$

Also vermittelt F einen Isomorphismus zwischen $\mathcal{C}$ und $\mathbb{Z}_6$. Damit ist $\mathcal{C}$ eigentlich gar keine neue Struktur, sondern ist schon durch $\mathbb{Z}_6$ gegeben. Andererseits ist $\mathbb{Z}_6$ (vermittels $\mathcal{C}$) durch die Strukturen $\mathbb{Z}_2$ und $\mathbb{Z}_3$ eindeutig bestimmt. Ähnlich wie man eine Zahl in Faktoren zerlegt, lassen sich auch Strukturen in „Faktoren“ aufspalten. Im obigen Beispiel können $\mathbb{Z}_2$ und $\mathbb{Z}_3$ als „Faktoren“ von $\mathbb{Z}_6$ angesehen werden.
Im folgenden werden nun weitere allgemeine Produkte eingeführt. Ausgehend von dem oben beschriebenen einfachen Fall wollen wir die Konstruktion schrittweise verfeinern. Unser Hauptinteresse gilt jedoch den Ultraprodukten, so daß wir uns bei den notwendigen Zwischenschritten nicht länger als notwendig aufhalten werden, obwohl die dabei betrachteten Produkte durchaus von eigenständigem Interesse sind.

3.6.1 Direktes Produkt

Es seien $\mathcal{A}$ und $\mathcal{B}$ gegebene Strukturen gleicher Signatur mit den Grundmengen A bzw. B. Auf der Menge $C = A \times B$ aller Paare von Elementen aus A und B wird eine Struktur $\mathcal{C}$ wie folgt erklärt:

(1) Ist f ein n-stelliges Funktionszeichen und $(a_1, b_1), \ldots, (a_n, b_n) \in C$, dann sei

$$f^{\mathcal{C}}((a_1, b_1), \ldots, (a_n, b_n)) = (c, d),$$

wobei

$$c = f^{\mathcal{A}}(a_1, \dots, a_n) \text{ und } d = f^{\mathcal{B}}(b_1, \dots, b_n).$$

(2) Ist R ein n-stelliges Relationszeichen und $(a_1, b_1), \dots, (a_n, b_n) \in C$, dann gelte

$$\big((a_1, b_1), \dots, (a_n, b_n)\big) \in R(\mathcal{C}) \text{ gdw}$$
$$(a_1, \dots, a_n) \in R(\mathcal{A}) \text{ und } (b_1, \dots, b_n) \in R(\mathcal{B}).$$

Wird die Menge $C = A \times B$ mit der soeben definierten Struktur versehen, dann heißt sie *direktes Produkt* von $\mathcal{A}$ und $\mathcal{B}$ und wird mit $\mathcal{C} = \mathcal{A} \times \mathcal{B}$ bezeichnet. $\mathcal{A}$ und $\mathcal{B}$ sind *Faktoren* dieses direkten Produkts.
Natürlich läßt sich die Konstruktion des Produktes auch für mehrere Faktoren verallgemeinern. Sind $\mathcal{A}_1, \dots, \mathcal{A}_m$ Strukturen gleicher Signatur, dann sei

$$\mathcal{A}_1 \times \mathcal{A}_2 \times \ldots \times \mathcal{A}_m = \big(\ldots((\mathcal{A}_1 \times \mathcal{A}_2) \times \ldots) \times \mathcal{A}_{m-1}\big) \times \mathcal{A}_m$$

ihr *m-faches direktes Produkt* .

Beispiel 1. Es seien $G_1, \dots, G_m$ multiplikative Gruppen und $G = G_1 \times \ldots \times G_m$ sei das kartesische Produkt der zu den G_i gehörenden Grundmengen. Für die Elemente $(a_1, \dots, a_m), (b_1, \dots, b_m) \in G$ wird eine neue Operation $\otimes$ wie folgt definiert:

$$(a_1, \dots, a_m) \otimes (b_1, \dots, b_m) = (a_1 b_1, \dots, a_m b_m).$$

Man überzeugt sich leicht davon, daß $\langle G, \otimes \rangle = G_1 \otimes \ldots \otimes G_m$ mit dem neutralen Element $(e_1, \dots, e_m)$ wieder eine Gruppe bildet, wobei e_i jeweils das neutrale Element von G_i für $i = 1, \dots, m$ ist.
$G_1 \otimes \ldots \otimes G_m$ ist das direkte Produkt von $G_1, \dots, G_m$. Sind $G_1, \dots, G_m$ additive Gruppen, dann ist die entsprechende Operation $\oplus$ wie folgt in $G = G_1 \times \ldots \times G_m$ definiert:

$$(a_1, \dots, a_m) \oplus (b_1, \dots, b_m) = (a_1 + b_1, \dots, a_m + b_m).$$

$\langle G, \oplus \rangle$ heißt auch *direkte Summe* der $G_1, \dots, G_m$.

Beispiel 2. Es seien $\langle A_1, <_1 \rangle, \dots, \langle A_m, <_m \rangle$ geordnete Mengen.
In $A = A_1 \times \ldots \times A_m$ definieren wir die Relation $<_A$ durch

$$(a_1, \dots, a_m) <_A (b_1, \dots, b_m) \text{ gdw } a_1 <_1 b_1 \text{ und } \ldots \text{ und } a_m <_m b_m.$$

$\langle A, <_A \rangle$ ist das direkte Produkt der $\langle A_i, <_i \rangle$, $i = 1, \dots, m$. Es sei vermerkt, daß die Relation $<_A$ im allgemeinen keine Ordnung mehr sondern nur noch eine Halbordnung ist.

3.6.2 Allgemeines direktes Produkt

Die Konstruktion von direkten Produkten soll nun auf beliebige Familien von Strukturen (gleicher Signatur) ausgedehnt werden. Dazu sei I eine nichtleere Indexmenge und für jedes $i \in I$ sei $\mathcal{A}_i$ eine Struktur (der gegebenen Signatur) mit der Grundmenge A_i. Weiterhin sei $A = \times_{i \in I} A_i$ das kartesische Produkt der A_i über der Menge I. Die Elemente von A bezeichnen wir mit $a, b, c, \ldots$ (eventuell mit Indizes). Da diese Elemente auf I definierte Funktionen sind, soll $a(i)$ wie üblich den Funktionswert von a an der Stelle i angeben. Entsprechend der Definition von A ist dann $a(i) \in A_i$ für jedes $i \in I$. Wir bemerken noch, daß wegen des Auswahlaxioms das kartesische Produkt nichtleerer Mengen ebenfalls eine nichtleere Menge ist.
Analog wie im vorhergehenden Falle wird auf der Menge A eine Struktur $\mathcal{A}$ erklärt. Um uns die technische Arbeit zu erleichtern, seien im folgenden f und R m-stellige Funktions- bzw. Relationszeichen der zugehörigen elementaren Sprache, und für $a_1, \ldots, a_m \in A$ sei $\bar{a} = (a_1, \ldots, a_m)$ und $\bar{a}(i) = (a_1(i), \ldots, a_m(i))$. Dann gelte in $\mathcal{A}$:

(1) $f^{\mathcal{A}}(\bar{a}) = b$, wobei $b \in A$ und $b(i) = f^{\mathcal{A}_i}(\bar{a}(i))$ für alle $i \in I$.

(2) $\bar{a} \in R(\mathcal{A})$ gdw $\bar{a}(i) \in R(\mathcal{A}_i)$ für alle $i \in I$.

Wird das kartesische Produkt $A = \times_{i \in I} A_i$ in der oben beschriebenen Weise strukturiert, dann bezeichnet man die resultierende Struktur $\mathcal{A}$ als *direktes Produkt* der Familie $\{\mathcal{A}_i : i \in I\}$ und schreibt dafür $\prod_{i \in I} \mathcal{A}_i$. Die Strukturen $\mathcal{A}_i$, $i \in I$, heißen *Faktoren* des direkten Produkts.

Beispiel 1. Es sei $\mathcal{F}[a, b]$ die Menge der auf dem Intervall $[a, b]$ definierten reellen Funktionen. Legt man die übliche Definition der Addition von Funktionen zugrunde, daß nämlich für jedes $x \in [a, b]$ gelte

$$(f + g)(x) = f(x) + g(x),$$

dann ist $\langle \mathcal{F}[a, b], + \rangle$ das direkte Produkt $\prod_{i \in [a,b]} \mathcal{A}_i$, wobei $\mathcal{A}_i = \langle \mathbb{R}, + \rangle$ für alle $i \in [a, b]$.

Beispiel 2. Im folgenden sei I die Menge der natürlichen Zahlen $\mathbb{N}$ und für jedes $i \in \mathbb{N}$ sei $\mathcal{A}_i$ der Ring $\mathbb{Z}$ der ganzen Zahlen. Dann läßt sich die Menge $A = \times_{i \in \mathbb{N}} \mathbb{Z}$ aller Folgen von ganzen Zahlen zu einem direkten Produkt machen, indem in A sowohl eine komponentenweise Addition $\oplus$ als auch eine solche Multiplikation $\otimes$ eingeführt werden. Die Folgen a aus A werden wie üblich mit (a_i) bezeichnet, wobei $a(i) = a_i$ ist. Dann gilt also

$$(a_i) \oplus (b_i) := (a_i + b_i) \quad \text{und} \quad (a_i) \otimes (b_i) := (a_i b_i).$$

Offensichtlich ist $\langle A, \oplus, \otimes \rangle = \prod_{i \in \mathbb{N}} \mathbb{Z}$ wieder ein Ring mit Einselement $(1, 1, 1, \ldots)$. Dieser Ring ist aber im Gegensatz zu $\mathbb{Z}$ nicht mehr nullteilerfrei. Denn sind z.B. (a_i) und (b_i) Folgen, die den Bedingungen $a_i = 1 - (-1)^i$ und $b_i = 1 - (-1)^{i+1}$ für alle i genügen, dann sind (a_i) und (b_i) beide von der Nullfolge (dem neutralen Element bezüglich $\oplus$) verschieden, aber ihr Produkt ist null.
Weiterhin existieren in $\mathcal{A}$ Primelemente (z.B. ist jede Folge von Primzahlen ein Primelement). Nicht jedes Element in $\mathcal{A}$ ist jedoch in ein endliches Produkt von Primelementen zerlegbar, denn z.B. die Folge $(i!)$ besitzt unendlich viele Primteiler.
Dieses Beispiel zeigt, daß mit Hilfe von direkten Produkten aus gegebenen Strukturen neue Strukturen mit grundlegend anderen Eigenschaften entstehen können.

3.6.3 Reduziertes Produkt

Nachdem wir nun das direkte Produkt für beliebige Familien von Strukturen bilden können, soll eine Verallgemeinerung in eine andere Richtung vorgenommen werden. Bei der Festlegung der Struktur auf einem kartesischen Produkt wirken alle Faktoren gleichberechtigt. Der Einfluß der einzelnen Faktoren soll jetzt etwas reduziert werden, und zwar verleihen wir jenen Eigenschaften ein größeres Gewicht, die „fast allen" Faktoren zukommen. Dieser Begriff bedarf jedoch einer Präzisierung. Die geläufigste Interpretation von „fast alle" besteht in der Deutung „alle mit Ausnahme von endlich vielen".
Wir benötigen aber einen viel allgemeineren Ansatz. Dazu sei $\mathcal{P}(I)$ die Potenzmenge von I und $\mathcal{F}$ eine nichtleere Teilmenge von $\mathcal{P}(I)$. $\mathcal{F}$ heißt *Filter* auf I, falls die folgenden Bedingungen erfüllt sind:

(1) Wenn $X, Y \in \mathcal{F}$, so $X \cap Y \in \mathcal{F}$.

(2) Wenn $X \in \mathcal{F}$ und $X \subseteq Y$, so $Y \in \mathcal{F}$.

Das Filter heißt *echt*, wenn die leere Menge nicht zu $\mathcal{F}$ gehört. Dies ist gleichbedeutend damit, daß $\mathcal{F}$ eine echte Teilmenge von $\mathcal{P}(I)$ ist.

Beispiel. Es sei $D_\omega(I)$ das Mengensystem aller *koendlichen Teilmengen* von $I \neq \emptyset$, d.h., $X \in D_\omega(I) \iff I \setminus X$ ist endlich. $D_\omega(I)$ ist ein echtes Filter auf I. Die in einem Filter $\mathcal{F}$ auf I vorkommenden Teilmengen können wir uns als die „großen" oder „wesentlichen" Teilmengen von I

vorstellen. „Für fast alle Indizes $i \ldots$" bedeutet nun präzise „für alle i aus einer Menge X des Filters ...".
Ist $\{\mathcal{A}_i : i \in I\}$ eine Familie von Strukturen gleicher Signatur und ist $\mathcal{F}$ ein echtes Filter auf I, dann wird auf dem kartesischen Produkt $A = \bigtimes_{i \in I} A_i$ durch

$$a \sim b \bmod \mathcal{F} \iff \{i \in I : a(i) = b(i)\} \in \mathcal{F}$$

eine Äquivalenzrelation definiert.
Zwei Elemente a, b des kartesischen Produkts werden als (im wesentlichen) gleich angesehen, wenn die Funktionen a und b für „fast alle Indizes" die gleichen Werte haben. Die Menge der Äquivalenzklassen bezeichnen wir mit $A/\mathcal{F} = \bigtimes_{i \in I} A_i/\mathcal{F}$ oder einfach mit $\bigtimes A_i/\mathcal{F}$. Nun wird auf kanonische Weise eine Struktur $\mathcal{A}/\mathcal{F}$ auf $A/\mathcal{F}$ erklärt:
Wie im Falle des direkten Produkts seien f und R n-stellige Funktions- bzw. Relationszeichen, $a_1/\mathcal{F}, \ldots, a_n/\mathcal{F}$ Elemente aus $A/\mathcal{F}$, und es sei $\bar{a}/\mathcal{F} = (a_1/\mathcal{F}, \ldots, a_n/\mathcal{F})$. Für $\mathcal{A}/\mathcal{F}$ legen wir fest:

(1) $f^{\mathcal{A}/\mathcal{F}}(\bar{a}/\mathcal{F}) = b/\mathcal{F}$, wobei $b/\mathcal{F}$ die Äquivalenzklasse in $A/\mathcal{F}$ ist, für die $\{i \in I : f^{\mathcal{A}_i}(\bar{a}(i)) = b(i)\} \in \mathcal{F}$ gilt.

(2) $\bar{a}/\mathcal{F} \in R(\mathcal{A}/\mathcal{F})$ gdw $\{i \in I : \bar{a}(i) \in R(\mathcal{A}_i)\} \in \mathcal{F}$.

Die so erhaltene Struktur heißt *reduziertes Produkt* der $\mathcal{A}_i$, $i \in I$, bezüglich des Filters $\mathcal{F}$ und wird mit $\prod_{i \in I} \mathcal{A}_i/\mathcal{F}$ oder einfach mit $\prod_{\mathcal{F}} \mathcal{A}_i$ bezeichnet.
Mit Hilfe der Filtereigenschaften überzeugt man sich leicht davon, daß die Definitionen für $f^{\mathcal{A}/\mathcal{F}}$ und $R(\mathcal{A}/\mathcal{F})$ korrekt, d.h. unabhängig von der Wahl der Repräsentanten der entsprechenden Äquivalenzklassen sind.

3.6.4 Ultraprodukt

Unter allen echten Filtern sind die maximalen von besonderer Bedeutung. Sie lassen eine einfache Charakterisierung zu, die wir gleich als Definition verwenden wollen.

Ein Filter $\mathcal{F}$ auf I heißt *Ultrafilter*, wenn für jede Teilmenge $X \subseteq I$ entweder $X \in \mathcal{F}$ oder $I \setminus X \in \mathcal{F}$ gilt. Die nach Ultrafiltern reduzierten Produkte heißen *Ultraprodukte*. Sind die zur Bildung des Ultraprodukts benutzten Strukturen $\mathcal{A}_i$ alle gleich, etwa $\mathcal{A}_i = \mathcal{A}$, dann heißt die resultierende Struktur $\prod_{\mathcal{F}} \mathcal{A}/\mathcal{F}$ *Ultrapotenz* von $\mathcal{A}$ bezüglich $\mathcal{F}$.
Ultraprodukte und Ultrapotenzen verdanken ihre große Bedeutung dem folgenden *Theorem von* ŁOS.

Satz 3.33 (Łos) *Es sei* $\{\mathcal{A}_i : i \in I\}$ *eine Familie von Strukturen für* L *und* $\mathcal{F}$ *ein Ultrafilter auf* I. *Für beliebige* m*-Tupel* $\bar{a}$ *von Elementen aus* $\times_{i \in I} A_i$ *und für alle Ausdrücke* $\varphi(x_1, \ldots, x_m)$ *von* L *gilt:*

$$\prod_{\mathcal{F}} \mathcal{A}_i \models \varphi(\bar{a}/\mathcal{F}) \quad gdw \quad \{i \in I : \mathcal{A}_i \models \varphi(\bar{a}(i))\} \in \mathcal{F}.$$

Beweis. Der Beweis erfolgt induktiv über den Formelaufbau.

1. Fall: φ ist ein atomarer Ausdruck.

In diesem Fall erhält man die Behauptung direkt aus der Definition für das Ultraprodukt.

2. Fall: φ ist eine Konjunktion, $\varphi = \psi \wedge \chi$.

Dann ergibt sich die Behauptung aus der folgenden Schlußkette:

$$\begin{aligned}
&\textstyle\prod_{\mathcal{F}} \mathcal{A}_i \models \varphi(\bar{a}/\mathcal{F}) \quad \text{gdw} \\
&\textstyle\prod_{\mathcal{F}} \mathcal{A}_i \models \psi(\bar{a}/\mathcal{F}) \text{ und } \prod_{\mathcal{F}} \mathcal{A}_i \models \chi(\bar{a}/\mathcal{F}) \quad \text{gdw} \\
&I_1 = \{i \in I : \mathcal{A}_i \models \psi(\bar{a}(i))\} \in \mathcal{F} \text{ und} \\
&I_2 = \{i \in I : \mathcal{A}_i \models \chi(\bar{a}(i))\} \in \mathcal{F} \quad \text{gdw} \\
&I_1 \cap I_2 \in \mathcal{F} \quad \text{gdw} \\
&\{i \in I : \mathcal{A}_i \models \psi\big(\bar{a}(i)\big) \wedge \chi\big(\bar{a}(i)\big)\} \in \mathcal{F} \quad \text{gdw} \\
&\{i \in I : \mathcal{A}_i \models \varphi\big(\bar{a}(i)\big)\} \in \mathcal{F}.
\end{aligned}$$

3. Fall: φ hat die Gestalt $\neg\psi$.

Es sei $\prod_{\mathcal{F}} \mathcal{A}_i \models \neg\psi(\bar{a}/\mathcal{F})$. Angenommen, die Menge $I_1 = \{i \in I : \mathcal{A}_i \models \neg\psi\big(\bar{a}(i)\big)\}$ gehört nicht zu $\mathcal{F}$. Da $\mathcal{F}$ ein Ultrafilter ist, muß $I \setminus I_1$ zu $\mathcal{F}$ gehören, d.h., $\{i \in I : \mathcal{A}_i \models \psi\big(\bar{a}(i)\big)\} \in \mathcal{F}$. Entsprechend der Induktionsvoraussetzung gilt dann $\prod_{\mathcal{F}} \mathcal{A}_i \models \psi(\bar{a}/\mathcal{F})$, was der Voraussetzung widerspricht. Also ist $I_1 \in \mathcal{F}$.
Analog zeigt man die umgekehrte Richtung.

4. Fall: $\varphi(x_1, \ldots, x_m)$ hat die Form $\exists y \psi(y, x_1, \ldots, x_m)$.

Es gelte zunächst $\prod_{\mathcal{F}} \mathcal{A}_i \models \exists y \psi(y, \bar{a}/\mathcal{F})$. Dann existiert ein Element $b/\mathcal{F}$, so daß $\prod_{\mathcal{F}} \mathcal{A}_i \models \psi(b/\mathcal{F}, \bar{a}/\mathcal{F})$. Entsprechend der Induktionsvoraussetzung gilt $I_0 = \{i \in I : \mathcal{A}_i \models \psi\big(b(i), \bar{a}(i)\big)\} \in \mathcal{F}$. Offensichtlich ist $I_0 \subseteq I_1 = \{i \in I : \mathcal{A}_i \models \exists y \psi\big(y, \bar{a}(i)\big)\}$, und auf Grund der Filtereigenschaften erhält man damit $I_1 \in \mathcal{F}$, wie behauptet.
Umgekehrt sei $I_1 \in \mathcal{F}$. Wir konstruieren ein Element b aus $\times_{i \in I} A_i$, so daß $\mathcal{A}_i \models \psi\big(b(i), \bar{a}(i)\big)$ für jedes $i \in I_1$ gilt. Gibt es ein b_i in A_i mit der Eigenschaft $\mathcal{A}_i \models \psi\big(b_i, \bar{a}(i)\big)$, dann wählen wir $b(i) = b_i$, anderenfalls sei $b(i)$ ein beliebiges Element aus A_i. Dann ist offensichtlich
$I_1 = \{i \in I : \mathcal{A}_i \models \psi\big(b(i), \bar{a}(i)\big)\}$.

Nach Induktionsvoraussetzung erhält man

$$\prod_{\mathcal{F}} \mathcal{A}_i \models \psi(b/\mathcal{F}, \bar{a}/\mathcal{F})$$

und daraus schließlich

$$\prod_{\mathcal{F}} \mathcal{A}_i \models \exists y \psi(y, \bar{a}/\mathcal{F}).$$

Damit ist der Beweis des Theorems von ŁOS abgeschlossen. ❑

Korollar. *Ist* $\{\mathcal{A}_i : i \in I\}$ *eine Familie von elementaräquivalenten Strukturen und* $\mathcal{F}$ *ein Ultrafilter auf der Menge* I, *dann ist* $\prod_{\mathcal{F}} \mathcal{A}_i \equiv \mathcal{A}_j$ *für jedes* $j \in I$.

Beweis. Es sei φ eine Aussage und j ein Element aus I. Nach dem Theorem von ŁOS gilt:

$$\prod_{\mathcal{F}} \mathcal{A}_i \models \varphi \quad \text{gdw} \quad \{i \in I : \mathcal{A}_i \models \varphi\} \in \mathcal{F}.$$

Da die leere Menge nicht zu $\mathcal{F}$ gehört, existiert ein $i \in I$ mit $\mathcal{A}_i \models \varphi$. Nach Voraussetzung ist $\mathcal{A}_i \equiv \mathcal{A}_j$ für $i, j \in I$ und daher auch $\mathcal{A}_j \models \varphi$. Nun sei umgekehrt $\mathcal{A}_j \models \varphi$. Dann ist offenbar $\mathcal{A}_i \models \varphi$ für alle $i \in I$. Da I zum Ultrafilter gehört, folgt die Behauptung aus dem vorhergehenden Theorem. ❑

Wir befassen uns jetzt mit einigen wichtigen Anwendungen des Theorems von ŁOS.

1. Als erste Anwendung wird ein neuer Beweis des Kompaktheitssatzes angegeben.

Dazu sei T eine beliebige Theorie. Es genügt zu zeigen, daß mit jeder endlichen Teilmenge $T' \subseteq T$ auch T selbst ein Modell besitzt. Dies wird durch die Konstruktion eines geeigneten Ultraprodukts erreicht.
Es sei $I = P_\omega(T)$ die Menge aller endlichen Teilmengen von T, und für $\varphi \in T$ sei $T_\varphi = \{T' \in I : \varphi \in T'\}$.
Das Mengensystem $D = \{T_\varphi : \varphi \in T\}$ hat die Eigenschaft, daß jeder endliche Durchschnitt von Elementen aus D nicht leer ist. Denn für $T_{\varphi_1}, \ldots, T_{\varphi_n} \in D$ ist $\{\varphi_1, \ldots, \varphi_n\} \in \bigcap_{i=1}^n T_{\varphi_i}$.
D läßt sich zu einem echtem Filter erweitern, indem man alle Obermengen von Mengen aus D und deren endliche Durchschnitte zu D hinzunimmt. Mit Hilfe des Zornschen Lemmas erhält man ein Ultrafilter über I, das D enthält. Nach Voraussetzung hat jedes Element $i \in I$ (i ist hierbei eine endliche Teilmenge von T) ein Modell $\mathcal{A}_i$.

Das Ultraprodukt $\prod_{\mathcal{F}} \mathcal{A}_i$ erweist sich als Modell von T. Denn wenn $\varphi \in T$, so ist $\{\varphi\} = i$ für ein $i \in I$ und $\{\varphi\} \in T_\varphi \in D \subseteq \mathcal{F}$. Jedes Element j aus T_φ gehört natürlich auch zu I und besitzt daher ein Modell $\mathcal{A}_j$, welches auf Grund der Definition von T_φ auch Modell von φ ist. Folglich gilt

$$\{j \in I : \mathcal{A}_j \models \varphi\} \subseteq \{j \in T_\varphi : \mathcal{A}_j \models \varphi\} \in \mathcal{F},$$

also

$$\prod_{\mathcal{F}} \mathcal{A}_i \models \varphi.$$

2. Ultrapotenzen sind hervorragend geeignet, um sogenannte *Nichtstandardmodelle* zu konstruieren.

Wir demonstrieren dies am Beispiel der Arithmetik. Es sei $\mathbb{Z}$ der geordnete Ring der ganzen Zahlen und $\mathcal{F}$ ein Ultrafilter über $\mathbb{N}$, das Erweiterung des Filters der koendlichen Menge ist.
Nach dem Theorem von ŁOS ist $\mathbb{Z}^* = \prod_{\mathcal{F}} \mathbb{Z} \equiv \mathbb{Z}$ und damit ein Modell der Arithmetik. Aber $\mathbb{Z}^*$ ist nicht isomorph zu $\mathbb{Z}$, denn in $\mathbb{Z}^*$ existieren „unendlich große" Elemente.
Man überzeugt sich leicht davon, daß jede Einbettung $F : \mathbb{Z} \longrightarrow \mathbb{Z}^*$ das Einselement $1 \in \mathbb{Z}$ auf die Äquivalenzklasse $(1, 1, 1, \ldots)/\mathcal{F}$ in $\mathbb{Z}^*$ abbildet. Damit gilt auch für jedes $k \in \mathbb{Z}$ $F(k) = (k, k, k, \ldots)/\mathcal{F}$. Das durch die monoton wachsende Folge $(i)_{i \in \mathbb{N}}$ dargestellte Element $(1, 2, 3, \ldots)/\mathcal{F}$ ist größer als jedes Element der Gestalt $F(k)$, denn $\{i \in \mathbb{N} : k < i\}$ ist koendlich und daher in $\mathcal{F}$. Folglich besitzt $\mathbb{Z}^*$ Elemente, die größer als jedes Vielfache von 1 (also „unendlich groß") sind. Somit sind $\mathbb{Z}^*$ und $\mathbb{Z}$ nicht isomorph. In $\mathbb{Z}$ und $\mathbb{Z}^*$ gelten die gleichen elementaren Sätze der Zahlentheorie, obwohl die Modelle grundlegend verschieden strukturiert sind. Insbesondere kann $\mathbb{Z}^*$ als echte Erweiterung von $\mathbb{Z}$ aufgefaßt werden.
Nichtstandardmodelle können nützliche Eigenschaften haben, die bei der Lösung von Problemen eine zusätzliche Hilfe darstellen. Vermittels der elementaren Äquivalenz können derartig gefundene Resultate auf das Standardmodell übertragen werden.

3. Als dritte Anwendung zeigen wir, daß die jeweiligen Klassen der endlichen Gruppen, Ringe, Körper,... nicht axiomatisierbar sind.

Angenommen, es gibt eine Theorie T, die als Modelle genau die endlichen Gruppen besitzt. Für jedes $i \in \mathbb{N}$ sei G_i eine endliche Gruppe mit wenigstens i Elementen, also $G_i \models T$.

Es sei $\mathcal{F}$ ein Ultrafilter, das Erweiterung des Filters der koendlichen Mengen ist. Nach dem Theorem von ŁOS ist $\mathcal{A}^* = \prod_{\mathcal{F}} G_i$ ebenfalls ein Modell von T. Entsprechend der Wahl der Modelle G_i ist für jede natürliche Zahl n die Menge

$$\{i \in \mathbb{N} : G_i \models \exists x_1 \ldots \exists x_n \bigwedge_{k \neq j} x_k \neq x_j\}$$

koendlich. Nach dem Theorem von ŁOS enthält damit $\mathcal{A}^*$ unendlich viele Elemente im Widerspruch zur Annahme.
Dasselbe Argument läßt sich im Falle endlicher Ringe bzw. Körper verwenden.

4. Die Klasse $\mathbb{K}$ der wohlgeordneten Mengen ist nicht axiomatisierbar.

Angenommen, es gibt eine Theorie, durch die $\mathbb{K}$ axiomatisiert wird, d.h., $M \in \mathbb{K} \iff M \models T$. Offenbar gehört $\mathbb{N}$ als geordnete Menge zu $\mathbb{K}$. Jede Ultrapotenz $\prod_{\mathcal{F}} \mathbb{N}$ ist elementaräquivalent zu $\mathbb{N}$ und damit Modell von T. Ist $\mathcal{F}$ wie im vorhergehenden Beispiel gewählt, dann ist $\prod_{\mathcal{F}} \mathbb{N}$ nicht wohlgeordnet, denn unter den unendlich großen Elementen gibt es kein kleinstes. Das widerspricht der Annahme.

3.7 Horntheorien

Wie wir im vorhergehenden Abschnitt gesehen haben, sind direkte Produkte von Gruppen wieder Gruppen. Ähnliches gilt auch für andere Strukturen. Dies ist kein Zufall. Denn für diese Eigenschaft sind nicht inhaltliche (gruppentheoretische) Gründe ausschlaggebend, sondern bereits die formale Gestalt der zugrundegelegten Axiome ist dafür verantwortlich. Mit der genaueren Bestimmung dieser Gestalt wollen wir uns jetzt befassen. Dazu legen wir zunächst den Begriff der *Basis-Hornformel* fest.

(1) Jede negierte oder unnegierte Atomformel ist eine Basis-Hornformel. Negierte oder unnegierte Atomformeln heißen auch (insbesondere in der Informatik) *Literale.* Ein Literal ist *negativ* oder *positiv*, je nach dem, ob es die Negation enthält oder nicht.

(2) Ist φ eine Basis-Hornformel und ψ eine Atomformel, dann sind $\varphi \vee \neg\psi$ und $\neg\psi \vee \varphi$ ebenfalls Basis-Hornformeln.

Eine Basis-Hornformel φ ist also eine Alternative von Literalen, in der höchstens ein Alternativglied unnegiert auftritt. Bis auf Vertauschung der

Glieder hat φ dann die Gestalt $\neg\varphi_1 \vee \ldots \vee \neg\varphi_n \vee \psi$ oder $\neg\varphi_1 \vee \ldots \vee \neg\varphi_n$, wobei $\varphi_1, \ldots, \varphi_n$ und ψ Atomformeln sind. Kommt in der Alternative ein positives Literal vor, dann sprechen wir auch von einer *strengen Basis-Hornformel.* Jede Basis-Hornformel $\neg\varphi_1 \vee \ldots \vee \neg\varphi_n \vee \psi$ ist logisch äquivalent zu $\varphi_1 \wedge \ldots \wedge \varphi_n \to \psi$.

Box 16. Logische Programmierung

Basis-Hornformeln sind von grundlegender Bedeutung in der Theorie der *logischen Programmierung*, die aus den Untersuchungen auf dem Gebiet der Künstlichen Intelligenz bezüglich des automatischen „Theorembeweisens“ hervorgegangen ist. Die Vorgehensweise besteht darin, aus bereits vorhandenen Fakten mit Hilfe gegebener Regeln automatisch neue Fakten zu erzeugen. Um diese Vorstellung umsetzen zu können, muß dem Computer in einer geeigneten Sprache mitgeteilt werden, welche Informationen bereits vorliegen und welche Regeln benutzt werden dürfen. Dafür läßt sich der Prädikatenkalkül hervorragend einsetzen. Dabei werden nicht einmal die Ausdrucksmöglichkeiten elementarer Sprachen voll ausgeschöpft, schon ein Fragment genügt, um die notwendigen Rechenprogramme zu formalisieren.

Fakten über gegebene Objekte werden durch die Gültigkeit positiver Literale dargestellt. Basis-Hornformeln der Gestalt $\varphi_1 \wedge \ldots \wedge \varphi_n \to \psi$ werden als Regeln zur Gewinnung neuer Fakten aufgefaßt.

Jede endliche Menge positiver Literale (Fakten) zusammen mit einer endlichen Menge strenger Basis-Hornformeln (Regeln) bildet ein *logisches Programm.* Mit Hilfe derartiger Programme läßt sich prüfen, ob eine vorgelegte Konjunktion von atomaren Formeln $\psi_1 \wedge \ldots \wedge \psi_n$ (vermutete Fakten) in dem vorhandenen Modell erfüllt werden kann.

Der Zusammenhang zur Prädikatenlogik ergibt sich folgendermaßen. Jedes logische Programm P bestimmt eine elementare Theorie T. Die Frage, ob aus T die Aussage $\exists\bar{x}(\psi_1 \wedge \ldots \wedge \psi_n)$ beweisbar ist oder nicht, läßt sich nach Satz 2.21 auf die Untersuchung der Konsistenz der Theorie $T \cup \{\forall\bar{x}(\neg\psi_1 \vee \ldots \vee \neg\psi_n)\}$ zurückführen. Letzteres wird durch Einsatz von Computern bewältigt.

Beispiel 1. Literale in der Sprache der Gruppentheorie:

(a) $x + (y + z) = (x + y) + z$,

(b) $x + 0 = x$,

(c) $x + y = 0$,

(d) $x + y = y + x$.

Beispiel 2. Ausdrücke in der Sprache der Körpertheorie:

(e) $x(yz) = (xy)z$,

(f) $x(y + z) = xy + yz$,

(g) $(x + y)z = xz + yz$,

(h) $x \cdot 1 = x, \; x \cdot 0 = 0$,

(i) $x \neq 0 \rightarrow xy = 1$.

(e) – (h) sind atomare Ausdrücke und damit auch Basis-Hornformeln, (i) ist logisch äquivalent zu $x = 0 \vee xy = 1$, also keine Basis-Hornformel.

Alle Ausdrücke, die man aus den Basis-Hornformeln durch Quantifizieren und Bildung von Konjunktionen gewinnt, heißen *Hornformeln.* Enthält eine solche Hornformel keine freien Variablen, wird sie *Hornaussage* genannt.

Beispiel 3. Hornaussagen:

(a) $\forall x \forall y \forall z(x + (y + z) = (x + y) + z)$,

(b) $\forall x(x + 0 = x)$,

(c) $\forall x \exists y(x + y = 0)$,

(d) $\forall x \forall y(x + y = y + x)$,

(e) die Konjunktion der Aussagen (a) – (d).

Die Bedeutung der Hornformeln im Zusammenhang mit reduzierten Produkten ergibt sich aus der folgenden Eigenschaft.

Satz 3.34 *Es sei* $\{\mathcal{A}_i : i \in I\}$ *eine Familie von Strukturen für eine gegebene Sprache* L *und* $\mathcal{F}$ *ein echtes Filter über der nichtleeren Menge* I*. Dann gilt für jede Hornformel* $\varphi(x_1, \ldots, x_n)$ *aus* L *und für beliebige Elemente* $a_1, \ldots, a_n \in \prod_{i \in I} A_i$, *mit* $\bar{a} = (a_1, \ldots, a_n)$:
Wenn $X = \{i \in I : \mathcal{A}_i \models \varphi(\bar{a}(i))\} \in \mathcal{F}$, *so* $\prod_{\mathcal{F}} \mathcal{A}_i \models \varphi(\bar{a}/\mathcal{F})$.

Beweis. Wir führen den Beweis durch Induktion über den Formelaufbau von φ.
1. Ist φ ein Literal, dann folgt die Behauptung unmittelbar aus der Definition des reduzierten Produkts.

2. φ habe die Gestalt $\neg\psi(\bar{x}) \vee \chi(\bar{x})$ mit der Basis-Hornformel χ und der Atomformel ψ. Falls $Y = \{i \in I : \mathcal{A}_i \models \psi(\bar{a}(i))\}$ nicht zu $\mathcal{F}$ gehört, sind wir bereits fertig, da dann $\neg\psi(\bar{a}/\mathcal{F})$ im reduzierten Produkt gilt, also auch $\prod_{\mathcal{F}} \mathcal{A}_i \models (\neg\psi \vee \chi)(\bar{a}/\mathcal{F})$.
Es sei nun $Y \in \mathcal{F}$. Da nach Voraussetzung X zu $\mathcal{F}$ gehört, ist auch $X \cap Y \in \mathcal{F}$ und damit $\{i \in I : \mathcal{A}_i \models \chi(\bar{a}(i))\} \in \mathcal{F}$. Entsprechend der Induktionsvoraussetzung gilt dann $\chi(\bar{a}/\mathcal{F})$ in $\prod_{\mathcal{F}} \mathcal{A}_i$, also auch $\prod_{\mathcal{F}} \mathcal{A}_i \models (\neg\psi \vee \chi)(\bar{a}/\mathcal{F})$.

3. φ hat die Form $\varphi_1 \wedge \varphi_2$, $\exists x\psi$ oder $\forall x\psi$. Diese Fälle werden ähnlich behandelt wie die entsprechenden Beweisschritte im Theorem von ŁOS und bleiben dem Leser überlassen. ❑

Als Folgerung aus Satz 3.34 erhält man das folgende

Korollar 1. *Die Gültigkeit einer Hornaussage in allen Faktoren überträgt sich auf das reduzierte Produkt.*
Insbesondere ist eine Hornaussage in einem direkten Produkt gültig, sofern sie in jedem Faktor gilt.

Beweis. Es sei φ eine Hornaussage, die in den Strukturen $\mathcal{A}_i$, $i \in I$, gilt. Dann ist $\{i \in I : \mathcal{A}_i \models \varphi\} = I$ und damit ein Element jedes Filters $\mathcal{F}$ über I. Nach Satz 3.34 ist φ in $\prod_{\mathcal{F}} \mathcal{A}_i$ gültig. Da jedes direkte Produkt ein spezielles reduziertes Produkt ist (für $\mathcal{F} = \{I\}$), bleibt nichts weiter zu beweisen. ❑

Bemerkung. Es läßt sich sogar zeigen, daß die Hornaussagen gerade die Aussagen sind, deren Gültigkeit sich bei der Bildung reduzierter Produkte von den Faktoren auf das Produkt überträgt.

Eine Theorie T, die sich durch Hornaussagen axiomatisieren läßt, heißt *Horntheorie*. Als einfache Folgerung des vorhergehenden Korollars erhält man

Korollar 2. *Das reduzierte Produkt $\prod_{\mathcal{F}} \mathcal{A}_i$ von Modellen $\mathcal{A}_i$, $i \in I$, einer Horntheorie T ist wieder ein Modell von T.*

Beispiele. Folgende Theorien sind Horntheorien:

1. die Theorie der Gruppen,

2. die Theorie der abelschen Gruppen,

3. die Theorie der Ringe,

4. die Theorie der Booleschen Algebren,

5. die Theorie der halbgeordneten Mengen.

Insbesondere ist das direkte Produkt von Gruppen, Ringen, Booleschen Algebren wieder eine Gruppe, ein Ring bzw. eine Boolesche Algebra.

Keine Horntheorien sind:

6. die Theorie der Körper.

Die Körpertheorie enthält das Axiom $\forall x \exists y(x \neq 0 \rightarrow xy = 1)$, das keine Hornaussage ist. Allerdings wäre es vorstellbar, daß die Körpertheorie ein anderes, nur aus Hornaussagen bestehendes Axiomensystem besitzt. Das ist aber nicht möglich, denn wegen Korollar 2 müßte das direkte Produkt beliebiger Körper wieder einen Körper sein, was aber nicht der Fall ist.

7. die Theorie der linearen Ordnungen.

Die Linearität $\forall x \forall y(x \leq y \vee y \leq \mathrm{x})$ ist keine Hornaussage.

3.8 Aufgaben

3.1 Man zeige: Sind je zwei abzählbare Modelle einer widerspruchsfreien Theorie T isomorph, so ist T vollständig.

3.2 $\mathcal{A}$ sei eine endliche Struktur. Beweisen Sie, daß jede Sruktur $\mathcal{B}$ genau dann zu $\mathcal{A}$ elementaräquivalent ist, wenn sie zu $\mathcal{A}$ isomorph ist!

3.3 Zeigen Sie, daß die Klassen

a) der endlichen Strukturen (gegebener Signatur),

b) der endlichen Körper,

c) der endlich erzeugten Gruppen,

d) der endlich erzeugten Körper

nicht axiomatisierbar sind!

3.4 Es sei φ eine Aussage der Sprache der Körpertheorie.
Beweisen Sie: Ist φ in allen Körpern der Charakteristik 0 gültig, dann gilt φ in allen Körpern ab einer bestimmten Charakteristik!

3.5 Weisen Sie nach, daß die Theorie der Körper der Charakteristik 0 keine elementare Klasse ist!

3.6. Belegen Sie durch ein Beispiel, daß die Vereinigung zweier axiomatisierbarer Klassen nicht notwendig wieder axiomatisierbar ist!

3.7 Zeigen Sie, daß die geordnete Menge $\mathbb{Q}$ der rationalen Zahlen ein Primmodell für die Theorie DLO der dichten linearen Ordnung ohne kleinstes und größtes Element ist!

3.8. a) Beweisen Sie: Die Theorie der dichten linearen Ordnungen mit kleinstem und größtem Element ist nicht modellvollständig. (Hinweis: Das abgeschlossene Intervall $[0,1]$ ist im Intervall $[0,2]$ nicht existentiell abgeschlossen.)

b) Die elementare Sprache der Ordnungen werde um zwei Konstanten $c_{\min}$ und $c_{\max}$ für das kleinste bzw. das größte Element erweitert. Man zeige, daß die Theorie der dichten linearen Ordnungen mit kleinstem und größtem Element in der erweiterten Sprache modellvollständig und vollständig ist!

3.9 Beweisen Sie, daß sich aus $\mathcal{A} \subseteq \mathcal{B} \preceq \mathcal{C}$ und $\mathcal{A} \preceq \mathcal{C}$ die Beziehung $\mathcal{A} \preceq \mathcal{B}$ ergibt!

3.10 Die elementare Sprache L enthalte als einzige nicht-logische Zeichen eine Konstante 0 und ein einstelliges Funktionszeichen S.
Die Theorie T_S sei gegeben durch die Axiome $Sx \neq 0$, $S^n x \neq x$ für alle $n \geq 1$ (S n-mal angewendet) und $Sx = Sy \to x = y$.
Beweisen Sie:

a) T_S erlaubt die Elimination der Quantoren,

b) T_S besitzt ein Primmodell,

c) T_S ist vollständig.

3.11 Führen Sie die Elimination der Quantoren für folgende Theorien durch:

a) Für die Theorie der dichten linearen Ordnungen mit kleinstem und größtem Element.

b) Für die Theorie der diskreten linearen Ordnungen mit kleinstem und ohne größtes Element (das sind Ordnungen, bei denen jedes Element, das nicht das kleinste ist, einen unmittelbaren Vorgänger hat und jedes Element einen unmittelbaren Nachfolger besitzt).
Hinweis: Man erweitere die zugrunde gelegte Sprache durch jeweils ein Zeichen für das erste Element, für die Vorgänger- und die Nachfolgerfunktion.

3.12 Die elementare Sprache L enthalte als einziges nicht-logisches Zeichen ein zweistelliges Relationssymbol $\sim$.
$T_{\text{äq}} = \{\varphi_R, \varphi_S, \varphi_T\}$ sei die Theorie einer Äquivalenzrelation (siehe auch Aufgabe 2.4). $\varphi_{n,k}$ und $\psi_{n,k}$ seien die Formulierungen der Aussagen „Es gibt mindestens n Äquivalenzklassen mit genau k Elementen“ bzw. „Es gibt mindestens n Äquivalenzklassen mit mindestens k Elementen“. Wir setzen

$$\Delta = \{\varphi_{n,k} : n \geq 1,\ k \geq 1\} \cup \{\psi_{n,k} : n \geq 1,\ k \geq 1\}.$$

Beweisen Sie:

a) Sind $\mathcal{A}$ und $\mathcal{B}$ abzählbare Modelle von $T_{\ddot{a}q}$ in denen dieselben Aussagen aus Δ gelten, dann läßt sich $\mathcal{A}$ in $\mathcal{B}$ oder $\mathcal{B}$ in $\mathcal{A}$ einbetten.

b) Zwei Modelle von $T_{\text{äq}}$ sind genau dann elementaräquivalent, wenn in ihnen dieselben Aussagen aus Δ gelten.

3.13 Beweisen Sie, daß eine Struktur $\mathcal{A}$ eine Erweiterung besitzt, die Modell einer gegebenen Theorie T ist gdw jede endlich erzeugte Unterstruktur von $\mathcal{A}$ eine derartige Erweiterung besitzt!

3.14 Man zeige, daß eine Struktur $\mathcal{A}$ Modell einer universalen Theorie T ist gdw jede endlich erzeugte Unterstruktur von $\mathcal{A}$ Modell von T ist!

3.15 Man beweise, daß zwei Strukturen $\mathcal{A}$ und $\mathcal{B}$ elementaräquivalent sind gdw sie eine gemeinsame elementare Erweiterung besitzen!

3.16 Beweisen Sie, daß eine Theorie T ein Axiomensystem aus Basis-Hornformeln besitzt gdw T universal ist und jedes direkte Produkt von Modellen der Theorie T wieder ein Modell von T ist!

3.17 Es sei $\mathcal{F}$ ein Ultrafilter über $\mathbb{N}$, das alle koendlichen Mengen umfaßt. Man weise nach, daß für jede unendliche Struktur $\mathcal{A}$ die Ultrapotenz $\prod_{\mathcal{F}} \mathcal{A}$ nicht isomorph zu $\mathcal{A}$ ist!

Kapitel 4
Entscheidbarkeit elementarer Theorien

Unter der *Entscheidbarkeit* einer elementaren Theorie T versteht man üblicherweise die Existenz eines „allgemeinen Verfahrens", mit dessen Hilfe man für jede gegebene Aussage φ aus der zu T gehörenden Sprache L „effektiv entscheiden" kann, ob φ ein Theorem von T ist oder nicht. Dies ist natürlich keine mathematische Definition sondern nur eine Umschreibung der Entscheidbarkeit durch andere undefinierte Begriffe. Eine Präzisierung ist also angebracht.

Eine elementare Theorie ist durch eine Menge von Ausdrücken – die Axiome – in der zugehörigen elementaren Sprache L bestimmt. Dabei war es bisher belanglos, in welcher Form die Axiome gegeben sind. Eine genauere Untersuchung zeigt jedoch, daß die Art und Weise, wie sich eine Theorie darstellen läßt, auch Einfluß auf ihre Eigenschaften hat. Dieser bisher vernachlässigte Aspekt soll nun stärker berücksichtigt werden.

Der Vollständigkeitssatz bietet die Möglichkeit, die Theoreme von T mittels der Ableitungsregeln aus den Axiomen zu gewinnen. Das formale Beweisen ist seiner Natur nach als etwas „mechanisches" anzusehen, denn die Inhalte der in einer Ableitung vorkommenden Aussagen sind für das Ableiten bedeutungslos. Es ist deshalb naheliegend anzunehmen, daß der Ableitungsvorgang (das formale Beweisen) von einem Automaten vorgenommen werden kann, indem dieser die Ableitungsregeln mechanisch auf die Axiome anwendet. Es stellt sich nun die Frage: Gibt es eine Maschine, die für jede vorgegebene Aussage φ entscheiden kann, ob φ ein Theorem von T ist oder nicht? Zu Beginn des 20. Jahrhunderts beschäftigten sich einige Mathematiker sehr intensiv mit dieser Problematik und schufen dabei zu einem wesentlichen Teil die theoretischen Grundlagen der heutigen Informatik. Bei diesen Untersuchungen stellte sich aber auch heraus, daß die Konstruktion eines solchen Automaten, der uns die mühevolle Arbeit des Beweisens abnehmen könnte, wohl ein ewiger Wunschtraum bleiben wird. Setzt man zudem noch bestimmte Wirkungsmechanismen für diesen Automaten voraus, dann läßt sich sogar definitiv nachweisen, daß derartige „allwissende“ Maschinen nicht existieren können. Um einen nicht wörtlich zu verstehenden Vergleich aus der Physik zu wählen: Eine solche Maschine wäre ein „Perpetuum mobile der Informatik“!

Trotz dieses generellen Unmöglichkeitsbeweises (den wir später noch erläutern werden), gibt es auch positive Resultate zu verzeichnen. So läßt sich unsere Idee zwar nicht für alle, aber doch für eine ganze Reihe weniger komplexer Theorien durchaus realisieren. Unter welchen Bedingungen dies möglich ist, hängt auch wesentlich von der Art und Weise ab, in der die Axiome einer Theorie gegeben sind.

Damit nämlich ein Automat überprüfen kann, ob eine vorgelegte Aussage ein Theorem ist oder nicht, muß er zumindest alle Axiome der betreffenden Theorie kennen. Die Axiomenmenge muß also in einer Form gegeben sein, die die Maschine auch „versteht“. Der tiefere Grund, warum sich so viele Theorien dem automatischen Beweisen entziehen, besteht darin, daß sie sich nicht „maschinengerecht“ darstellen lassen.

4.1 Berechenbare Funktionen

Nach diesen grundsätzlichen Bemerkungen befassen wir uns jetzt ausführlicher mit der Frage, was ein Algorithmus oder „allgemeines Verfahren“ eigentlich ist. Vor demselben Problem standen auch die Mathematiker in der ersten Hälfte des 20. Jahrhunderts. Genauso wie sie wollen wir nur sehr einfache Operationen als „mechanisch“ ansehen. Geeignete einfache Objekte sind die natürlichen Zahlen, die man sich z.B. als Striche auf verschiedenen Zetteln oder auch Tafeln vorstellen kann. Als „mechanische“ Aktionen betrachten wir z.B. das Hinzufügen von Strichen, das Ausradieren aller Striche auf einem Zettel oder das Kopieren eines Zettels. Im elektronischen Zeitalter lassen sich die Striche auf den Zetteln natürlich bequemer als Werte von Variablen in einem Computer vorstellen. Um auch „mechanische“ Aktionen auf eine Rechenmaschine zu übertragen, muß erst einmal deren prinzipielle Funktionsweise erörtert werden. Vereinfachend gesagt sind Computer technische Geräte, die die Möglichkeit zum Ablaufen von Programmen (der „Software“) bieten. Allerdings unterliegen sie technischen Beschränkungen in Bezug auf Speicherkapazität und Arbeitsgeschwindigkeit, die hier bei der Untersuchung grundsätzlicher Probleme nicht berücksichtigt werden. Von diesen Beschränkungen

können wir uns befreien, indem wir virtuelle Computer mit unbegrenzter Speicherkapazität und unendlich hoher Arbeitsgeschwindigkeit einführen. Ihre Arbeitsweise soll nun genauer erläutert werden.
Ein virtueller Computer kann beliebig viele Variablen $X_0, X_1, X_2, \ldots$ für natürliche Zahlen verwalten (wegen der vorausgesetzten unendlichen Speicherkapazität) und elementare Operationen (*löschen, erhöhen, kopieren* und *verzweigen*) ausführen. Die Anweisungen für diese Operationen sind die Grundbausteine für eine elementare Programmiersprache (EPS) zur Steuerung virtueller Computer.
Eine endliche Folge $(I_1, \ldots, I_n)$ von Anweisungen ist ein EPS-*Programm*. Die einzelnen Folgenglieder $I_1, \ldots I_n$ werden auch als Programmzeilen oder einfach nur als Zeilen bezeichnet. Ein *Programmablauf* ist die zeilenweise Abarbeitung der Anweisungen des Programms beginnend mit der ersten Zeile. Im Detail sehen die Anweisungen folgendermaßen aus.

Arithmetische Anweisungen:

1. *Löschen*: $X_j := 0$
   Aktion: Die Variable X_j wird auf 0 gesetzt (gelöscht).
2. *Erhöhen*: $X_j := X_j + 1$
   Aktion: Der Wert der Variablen X_j wird um 1 erhöht.
3. *Kopieren*: $X_j := X_k$
   Aktion: Der Wert der Variablen X_k wird in die Variable X_j übertragen.

Logische Anweisungen:

4. *Verzweigen*: *if* $X_j = X_k$ *then* m
   Aktion: Haben die Variablen X_j und X_k denselben Wert, so wird der Programmablauf mit der Zeile m fortgesetzt. Sind die Werte verschieden, so passiert gar nichts und das Programm wird mit der nächsten Zeile fortgesetzt.

Die arithmetischen Anweisungen können sicherlich als „mechanisch" betrachtet werden, denn sie sind unseren anfänglichen Überlegungen bezüglich der Striche auf Zetteln nachgebildet. Aber auch die logischen Anweisungen können wir voll und ganz als „mechanisch" akzeptieren, denn das Überprüfen zweier Variablen auf Gleichheit läßt sich prinzipiell auch „mechanisch" realisieren. Somit können EPS-Programme als „allgemeine Verfahren" angesehen werden. Da die arithmetischen und logischen Anweisungen von so einfacher Art sind, gehören sie so oder in äquivalenter

Form zu den Maschinenbefehlen jedes modernen Computers und zu den Grundbausteinen aller gängigen Programmiersprachen. Damit lassen sich EPS-Programme nahezu in jede andere Maschinen- oder Programmiersprache für reale Computer übertragen.

Von nun an soll also *Algorithmus* oder „allgemeines Verfahren" zur Bestimmung einer arithmetischen Größe bedeuten: Es gibt ein EPS-Programm, das diese Größe „berechnet". Was nun genau darunter zu verstehen ist, soll nachfolgend erläutert werden. In jedem EPS-Programm kommen nur endlich viele Variablen vor. Nur diese Variablen können durch das Programm verändert werden. Nach dem Start des Programms werden nun Zeile für Zeile die Anweisungen abgearbeitet solange bis die letzte Programmzeile ausgeführt ist und keine „nächste Zeile" mehr vorhanden ist oder bereits vorher bei einer Verzweigung in eine nicht vorhandene Zeile gewechselt werden soll. In beiden Fällen endet der Programmablauf oder wie wir auch sagen: Das Programm hält an. Das Ergebnis des Ablaufs sind die aktuellen Werte der Variablen nach dem Anhalten (was wegen der angenommenen unendlich hohen Arbeitsgeschwindigkeit unmittelbar erfolgt). Falls das Programm nicht anhält, läuft es ewig weiter und liefert gar kein Ergebnis. Über diese Programmabläufe ist durch die EPS-Programme eine funktionale Beziehung gegeben: Der ursprünglichen Belegung der Programmvariablen vor dem Start wird die Belegung der Variablen nach dem Halt des Programms zugeordnet.

Beispiel. Programm ADD

$I_1 \quad X_0 := 0$
$I_2 \quad if \;\; X_1 = X_0 \;\; then \;\; 6$
$I_3 \quad X_0 := X_0 + 1$
$I_4 \quad X_2 := X_2 + 1$
$I_5 \quad if \;\; X_0 = X_0 \;\; then \;\; 2$
$I_6 \quad X_0 := X_2$

Verfolgen wir den Ablauf des Programms ADD: Hat die Variable X_1 den Wert 0, wird nach der zweiten Zeile sofort in die letzte Zeile gewechselt und das Programm endet. Andernfalls wird nicht verzweigt und die Variablen X_0 und X_2 erhöht. In Zeile 5 wird *immer* zur Zeile 2 gewechselt. Die Anweisungen $I_2 - I_5$ werden solange durchlaufen, bis X_1 und X_0 dieselben Werte haben, d.h. (Wert von X_1)-mal. Da X_2 jedesmal erhöht wird, ist der Wert von X_2 bei Verlassen der Schleife und damit beim Halt des Programms gerade die Summe der ursprünglichen Werte der Variablen X_1 und X_2. Durch die letzte Anweisung erhält auch X_0 diesen Wert. Dagegen bleibt X_1 unverändert. Wir können sagen: Das Programm berechnet die Summe der Zahlen in X_1 und X_2.

Am EPS-Programm ADD wollen wir einige grundsätzliche Fragen im Zusammenhang mit der durch EPS-Programmen gegebenen funktionalen Beziehung klären. Wesentlichen Einfluß auf den Programmablauf haben die Ausgangswerte der Variablen X_1 und X_2, denn ihre Summe wird berechnet. Sie werden auch als *Eingabevariablen* oder *Parameter* bezeichnet. Die anfänglichen Werte aller anderen Variablen sind bedeutungslos, es sind *Hilfsvariablen.* Nach dem Anhalten des Programms ist eigentlich nur eine Variable interessant, nämlich X_2, da sie das Ergebnis der Berechnung enthält. Es ist allerdings zweckmäßig, das Ergebnis eines Programmablaufs immer in ein und derselben Variablen, etwa X_0, zu speichern. X_0 ist die *Ausgabe-* oder *Ergebnisvariable* und zählt immer als Hilfsvariable. Im allgemeinen ist nicht ohne weiteres ersichtlich, welche Variablen nur Hilfsfunktionen erfüllen. Durch besondere Gestaltung des Programmanfangs lassen sich diese Variablen aber formal hervorheben. Ein EPS-Programm $(I_1, \ldots, I_n)$ hat einen *Vorspann*, wenn es ein Anfangsstück $(I_1, \ldots, I_k)$ hat, das mit der Anweisung $X_0 := 0$ endet und das genau aus Lösch-Anweisungen für die Hilfsvariablen besteht. An Hand des Vorspanns ist erkennbar, welche Variablen Hilfsvariablen und welche Parameter sind. Da es offensichtlich nicht darauf ankommt, welche Werte die Hilfsvariablen beim Start des Programms haben, kann jedes Programm durch einen passenden Vorspann ergänzt werden. Ein EPS-Programm ist *wohldefiniert*, wenn es einen Vorspann besitzt, seine letzte Programmzeile die Form $X_0 := X_j$ hat und jede seiner Verzweigungsanweisungen auf vorhandene Programmzeilen verweist. Offenbar können wir immer ohne Beschränkung der Allgemeinheit von wohldefinierten EPS-Programmen ausgehen ohne das jedesmal ausdrücklich zu betonen. In wohldefinierten Programmen sind gleichermaßen auch die Parameter festgelegt. Anstelle von P schreiben wir deshalb auch $P(X_{j_1}, \ldots, X_{j_n})$, wenn $X_{j_1}, \ldots, X_{j_n}$ genau die Parameter von P sind. Hält das Programm bei der Variablenbelegung $X_{j_1} := a_1, \ldots, X_{j_n} := a_n$ an, dann sagen wir, $P(X_{j_1}, \ldots, X_{j_n})$ ist für die Eingabewerte $\bar{a} = (a_1, \ldots, a_n)$ *definiert* und schreiben $b = P(\bar{a})$, wobei b der Wert der Variablen X_0 nach dem Halt ist. Das Programm $P(X_{j_1}, \ldots, X_{j_n})$ erzeugt so eine n-stellige Funktion $P(x_{j_1}, \ldots, x_{j_n})$ auf der Menge der natürlichen Zahlen. Es ist jedoch zu beachten, daß diese Funktion im allgemeinen nur partiell definiert ist, da nicht jede Eingabe von Werten für die Variablen zu einem Halt führen muß. Die gleichartige Bezeichnung von Programmen und der mit ihrer Hilfe berechneten Funktionen sollte zu keinerlei Mißverständnissen führen. Ein Programm $P(\bar{X})$ heißt *korrekt*, wenn es für beliebige Eingabewerte definiert ist. Die auf den natürlichen Zahlen durch korrekte Programme gegebenen Funktionen heißen EPS-*berechenbar*.

Damit haben wir endlich eine geeignete mathematische Präzisierung der Vorstellung effektiv berechenbarer Funktionen. Daß EPS-berechenbare Funktionen im anschaulichen Sinne berechenbar sind, daran gibt es wohl keinen Zweifel. Viel eher könnte man bezweifeln, ob damit wirklich alle irgendwie berechenbaren Funktionen erfaßt werden. Tatsächlich gab es zu Beginn der Untersuchungen (und auch später) ganz unterschiedliche Ansätze, um die effektiv berechenbaren Funktionen zu erfassen. Ein grundlegendes Ergebnis dieser Bemühungen war, daß alle diese Ansätze zur selben Funktionenklasse, nämlich den *rekursiven Funktionen*, geführt haben. Insbesondere gilt: Eine zahlentheoretische Funktion ist *rekursiv* genau dann, wenn sie mit einem korrekten EPS-Programm berechnet werden kann. Da wir die rekursiven Funktionen formal gar nicht eingeführt haben, können wir das auch als Definition ansehen. Gewöhnlich wird die Klasse der rekursiven Funktionen aus einigen einfachen Funktionen mit Hilfe von Erzeugungsregeln gewonnen (man vergleiche z.B. J.R. SHOENFIELD [5], S. 109). Aus der Art und Weise wie die rekursiven Funktionen eingeführt werden ist leicht zu ersehen, daß sie offenbar berechenbar sind. Die sogenannte *Churchsche Hypothese* besagt nun, daß die rekursiven Funktionen gerade die effektiv berechenbaren Funktionen sind. Sie wird durch vielfältige praktische Erfahrungen gestützt und bestätigt. Die Churchsche Hypothese läßt sich zur EPS-Hypothese abwandeln: *Jede effektiv berechenbare Funktion kann durch ein* EPS-*Programm berechnet werden.* Diese These wird auch durch den folgenden weiteren Ausbau der allgemeinen Theorie gestützt. In den theoretischen Arbeiten zur Logik wird in der Regel der Aufbau der berechenbaren Funktionen über die rekursiven Funktionen bevorzugt. Dieser Gewohnheit folgen wir, d.h. für EPS-berechenbar sagen wir auch rekursiv.

Als erstes sollen die Möglichkeiten neue EPS-Programme zu entwerfen verbessert werden. Bereits beim EPS-Programm ADD ist es vorteilhaft, Abkürzungen und Markierungen zu benutzen. Anstelle der logischen Anweisung $(if\ X_j = X_j\ then\ m)$ schreiben wir einfacher $(goto\ m)$, denn es muß in jedem Fall zur Zeile m gewechselt werden. Um das lästige Durchzählen der Zeilen zu vermeiden und eine übersichtlichere Darstellung zu haben, markieren wir einfach die Zeilen in die beim Verzweigen gewechselt werden soll mit geeigneten Worten und geben in der Verzweigungsanweisung die entsprechende Markierung an.

Das folgende Programm ORD ist wohldefiniert, korrekt und liefert die Werte 1 oder 0, je nach dem, ob die Zahl in X_1 kleiner ist als die in X_2 oder nicht. Am Vorspann ist unmittelbar erkennbar, daß X_3, X_4, X_0 Hilfsvariablen sind, während X_1 und X_2 die Parameter von ORD sind.

Beispiel. Programm ORD(X_1, X_2)

```
        X3 := 0
        X4 := 0
        X0 := 0
        if X1 = X2 then ZERO
        X3 := X1
        X4 := X2
MAIN :  X3 := X3 + 1
        if X3 = X2 then ONE
        X4 := X4 + 1
        if X4 = X1 then ZERO
        goto MAIN
ONE :   X0 := X0 + 1
ZERO :  X0 := X0
```

Für die weitere Entwicklung neuer EPS-Programme ist es vorteilhaft, auf bereits bekannte EPS-Programme zurückgreifen zu können. Dabei werden die bereits vorhandenen EPS-Programme als Unterprogramme eingesetzt. Im Grunde genommen ist die Methode ganz einfach und problemlos durchführbar. Nur eine Kleinigkeit ist zu beachten: Die verwendeten Variablen dürfen sich nicht ins Gehege kommen. Da alle Variablen (die Ausgabevariable X_0 sei einmal von den folgenden Betrachtungen ausgenommen) die gleichen Eigenschaften haben, kommt es nicht wirklich darauf an, welche Variablen in einem EPS-Programm vorkommen. Ersetzt man die Variablen eines EPS-Programms in eineindeutiger Weise durch andere Variablen, so erhält man ein vollkommen gleichwertiges EPS-Programm. Ein dermaßen geändertes EPS-Programm bezeichnen wir auch als *Kopie.* Durch Verwendung geeigneter Kopien können wir immer erreichen, daß jedes Unterprogramm seine eigenen (nur in ihm vorkommenden) Variablen hat. Verwendet werden Unterprogramme wie EPS-Anweisungen, weshalb sie auch als *Pseudo-Anweisungen* bezeichnet werden. Sei $ABC(Y_1, \ldots, Y_m)$ eine geeignete Kopie des Programms ABC, wobei die Variablen $Y_1, \ldots, Y_m$ paarweise voneinander verschieden sind und gerade die Parameter des Programms sind. Weiterhin seien $X_{j_0}, \ldots, X_{j_m}$ Variablen die nicht im EPS-Programm $ABC(Y_1, \ldots, Y_m)$

vorkommen. Unter diesen Voraussetzungen lassen sich mit Hilfe des Programms ABC Pseudo-Anweisungen bilden.

Pseudo-Anweisungen:

$gosub \;\; X_{j_0} := ABC(X_{j_1}, \ldots, X_{j_m})$

> Aktion: Der Ablauf des Hauptprogramms wird unterbrochen, um das EPS-Programms ABC mit den Werten $Y_1 := X_{j_1}, \ldots, Y_m := X_{j_m}$ zu starten. Falls das Programm anhält, wird der Wert von X_0 an die Variable X_{j_0} übergeben und das Hauptprogramm fortgesetzt. Die Variablen des Hauptprogramms (außer X_0) werden dabei nicht geändert.

Die Auffassung von Unterprogrammen als Anweisungen und ihre Verknüpfung mit einer Aktion ist für das Verständnis von Programmabläufen nützlich. Tatsächlich wird der Rahmen der EPS-Programme jedoch nicht verlassen, denn die Pseudo-Anweisung

$$gosub \;\; X_{j_0} := ABC(X_{j_1}, \ldots, X_{j_m})$$

steht abkürzend für das folgende an entsprechender Stelle einzufügende

Unterprogramm: $gosub \;\; X_{j_0} := ABC(X_{j_1}, \ldots, X_{j_m})$

$$\begin{aligned}
&Y_1 := X_{j_1} \\
&Y_2 := X_{j_2} \\
&\quad\vdots \\
&Y_m := X_{j_m} \\
&ABC(Y_1, \ldots, Y_m) \\
&X_{j_0} := X_0
\end{aligned}$$

Mit dem folgenden EPS-Programm MULT(X_1, X_2) wird das Produkt der Zahlen in X_1 und X_2 berechnet. Eine geeignete Kopie des EPS-Programms ADD wird dabei als Unterprogramm verwendet. Die Angabe des Vorspanns ($X_3 := 0$, $X_4 := 0$, $X_0 := 0$) ist wegen des expliziten Anführens der Parameter entbehrlich.

Beispiel. Programm MULT(X_1, X_2)

MAIN: $if \;\; X_1 = X_3 \;\; then$ END

$X_3 := X_3 + 1$

$gosub \;\; X_4 :=$ ADD(X_2, X_4)

$goto$ MAIN

END: $X_0 := X_4$

Eine Teilmenge $A \subseteq \mathbb{N}^n$ (oder eine n-stellige Relation A in $\mathbb{N}$) heißt *rekursiv*, wenn die *charakteristische Funktion* f_A von A rekursiv ist, wobei f_A die Abbildung von $\mathbb{N}^n$ in $\mathbb{N}$ ist, die für $\bar{a} \in A$ den Wert 1 und für $\bar{a} \in \mathbb{N}^n \setminus A$ den Wert 0 annimmt.

Satz 4.1 *Addition und Multiplikation natürlicher Zahlen sind rekursive Funktionen. Die Ordnungsrelation $<$ in $\mathbb{N}$ ist ebenfalls rekursiv.*

Beweis. Für Addition und Multiplikation wurden bereits EPS-Programme angegeben. Ebenso für die Relation $<$. ❑

Satz 4.2 *Sind $A \subseteq \mathbb{N}^n$ und $B \subseteq \mathbb{N}^n$ rekursiv, dann sind auch $A \cap B$, $A \cup B$ und $A \setminus B$ rekursiv.*

Beweis. Wir führen den Beweis für den Durchschnitt aus.
Es seien P_A und P_B EPS-Programme, die den rekursiven Mengen A bzw. B entsprechen, also

$$P_A(\bar{a}) = 1 \iff \bar{a} \in A \quad \text{und} \quad P_B(\bar{a}) = 1 \iff \bar{a} \in B$$

für beliebige n-Tupel $\bar{a}$ von Elementen aus $\mathbb{N}$.
$P_A(\bar{Y})$ und $P_B(\bar{Z})$ seien geeignete Kopien der Programme, die als Unterprogramme benutzt werden sollen.

Programm $P_{A\cap B}(\bar{X})$:

$$\begin{aligned} &\textit{gosub}\ \ Y_1 := P_A(\bar{X}) \\ &\textit{gosub}\ \ Y_2 = P_B(\bar{X}) \\ &\textit{gosub}\ \ Z := \mathrm{MULT}(Y_1, Y_2) \\ &X_0 := Z \end{aligned}$$

Die Programme für $A \cup B$ und $A \setminus B$ werden ähnlich konstruiert. ❑

Eine Menge $A \subseteq \mathbb{N}$ heißt *rekursiv aufzählbar*, wenn es ein Programm $P(X)$ gibt, welches für alle Eingabewerte a definiert ist und dessen Wertebereich gerade die Menge A ist.

Satz 4.3 *Ist $B \subseteq \mathbb{N}$ rekursiv und sind $A \subseteq B$ und $B \setminus A$ rekursiv aufzählbar, dann ist A ebenfalls rekursiv.*

Beweis. Da B rekursiv ist, existiert ein Programm P_B, so daß

$$P_B(a) = \begin{cases} 1 \text{ für } a \in B, \\ 0 \text{ für } a \notin B. \end{cases}$$

$P_1(Z)$ und $P_2(Z)$ seien Programme, deren Wertebereiche A bzw. $B \setminus A$ sind. Wir entwickeln daraus das folgende Programm, das die Menge A charakterisiert:

```
        gosub Y := P_B(X)
        if Y = 0 then END
MAIN:   gosub Y_1 := P_1(Z)
        if Y_1 = X then ONE
        gosub Y_2 := P_2(Z)
        if Y_2 = X then END
        Z := Z + 1
        goto MAIN
ONE:    W := W + 1
END:    X_0 := W
```

Zunächst wird für den gegebenen Wert der Variablen X berechnet, ob er zu B gehört. Ist das nicht der Fall, so hält das Programm und das Ergebnis ist 0. Gehört der Wert von X zu B, dann werden nacheinander $P_1(0), P_2(0), P_1(1), P_2(1), \ldots$ berechnet. Da die Elemente aus B entweder zu A oder zu $B \setminus A$ gehören, gibt es eine natürliche Zahl m, so daß entweder $X = P_1(m)$ oder $X = P_2(m)$. Je nach dem, welcher Fall eingetreten ist, hat X_0 den Wert 1 oder 0. ❑

Es sei $P(X_1, X_2)$ ein korrektes Programm, so daß zu jeder natürlichen Zahl a eine natürliche Zahl b mit $P(a, b) = 0$ existiert. Das Programm $Q(X_1)$ berechne zu jedem a das kleinste b, so daß $P(a, b) = 0$ gilt. In diesem Fall wird $Q(X_1)$ auch mit $\mu X_2[P(X_1, X_2) = 0]$ bezeichnet und man sagt, $Q(X_1)$ ergibt sich aus $P(X_1, X_2)$ durch Anwendung des *μ-Operators.*

Programm $Q(X_1)$:

```
MAIN:   gosub X_3 := P(X_1, X_2)
        if X_3 = 0 then END
        X_2 := X_2 + 1
        goto MAIN
END:    X_0 := X_2
```

4.2 Entscheidbarkeit

Welchen Zusammenhang gibt es nun zwischen den rekursiven Funktionen und der Darstellung einer Theorie? Jede elementare Sprache L mit höchstens endlich vielen nicht-logischen Zeichen läßt sich in natürlichen Zahlen *verschlüsseln* oder *codieren*, d.h., jeder Formel φ entspricht eine natürliche Zahl $\ulcorner\varphi\urcorner$, die *Gödelnummer* oder *Gödelzahl* von φ, wobei die Zuordnung so festgelegt ist, daß man aus der Gödelnummer $\ulcorner\varphi\urcorner$ die Formel φ rekonstruieren kann. Das funktioniert so ähnlich wie die Zerlegung einer Zahl in Primfaktoren und kann von einem Computer vorgenommen werden. Auf die Einzelheiten bei der Definition der Gödelzahlen soll hier nicht weiter eingegangen werden (siehe Aufgabe 4.11).
Im folgenden geben wir einige grundlegende Resultate zur Entscheidbarkeit an und erläutern sie. Auf Beweise werden wir teilweise verzichten.
Die Menge G_L der Gödelnummern aller Formeln aus L ist rekursiv. Jeder Theorie T wird die Teilmenge $\ulcorner T\urcorner \subseteq G_L$ der Gödelzahlen der Ausdrücke aus T zugeordnet:

$$\ulcorner T\urcorner = \{\ulcorner\varphi\urcorner : \varphi \in T\}.$$

Eine Theorie T heißt *rekursiv axiomatisiert* (oder kurz *rekursiv*), wenn die Menge $\ulcorner T\urcorner$ der Gödelzahlen von T rekursiv ist. T wird *rekursiv aufzählbar* genannt, falls $\ulcorner T\urcorner$ rekursiv aufzählbar ist.
Ist T rekursiv, dann existiert ein Programm $P(x)$, so daß

$$P(\ulcorner\varphi\urcorner) = 1 \text{ gdw } \varphi \in T$$

für alle Ausdrücke φ aus L.
Warum ist die rekursive Axiomatisierbarkeit so bedeutungsvoll? Besteht T aus unendlich vielen Axiomen, wie z.B. die Theorie der algebraisch abgeschlossenen Körper, dann ist es unmöglich, die Axiome einem Computer in endlicher Zeit einzeln mitzuteilen. Dagegen kann ein Programm P in endlicher Zeit eingegeben werden. Benötigt ein Computer die Information, ob eine bestimmte Aussage φ ein Axiom ist oder nicht, dann berechnet er $P(\ulcorner\varphi\urcorner)$ und entscheidet an Hand des errechneten Wertes.

Satz 4.4 *Ist eine Theorie T rekursiv, dann ist die Menge der Theoreme von T rekursiv aufzählbar.*

Der Beweis dafür ist recht aufwendig und läßt sich mit unseren bisher entwickelten bescheidenen Hilfsmitteln nicht ohne weiteres führen. Wir wollen aber wenigstens den Inhalt des Satzes anschaulich erläutern. Er besagt, daß ein Programm existiert, das sukzessive alle Theoreme von

T erzeugt. Das bedeutet aber nicht, daß ein Computer für jede eingegebene Aussage φ entscheiden kann, ob sie ein Theorem von T ist oder nicht. Nur wenn die eingegebene Aussage tatsächlich ein Theorem ist, kommt der Computer zu einer Entscheidung. Die „automatische Erzeugung aller Theoreme einer Theorie" und die „Entscheidung darüber, ob eine beliebig vorgegebene Aussage ein Theorem der Theorie ist oder nicht" sind unterschiedliche Fragestellungen. Zur automatischen Erzeugung aller Theoreme einer Theorie T genügt es, ein rekursives Axiomensystem von T zu finden. Für die Lösung des zweiten Problems muß sogar die gesamte Theoremmenge rekursiv sein.
Sollte die Menge der Theoreme einer Theorie T rekursiv sein, dann heißt T *entscheidbar*, anderenfalls *unentscheidbar*.
Mit dieser Begriffsbildung läßt sich der nachfolgende wichtige Satz formulieren.

Satz 4.5 *Ist T eine rekursiv axiomatisierbare und vollständige Theorie, dann ist T entscheidbar.*

Beweis. G_A sei die Menge der Gödelnummern aller Aussagen von L. G_A ist eine Teilmenge von G_L und wie diese rekursiv. T_1 sei die Menge der Theoreme von T. Nach Satz 4.4 ist T_1 rekursiv aufzählbar.
Für jede Aussage φ gilt:

$$\ulcorner\varphi\urcorner \in G_A \setminus \ulcorner T_1 \urcorner \iff T \nvdash \varphi.$$

Wegen der Vollständigkeit von T erhält man für φ weiterhin

$$T \nvdash \varphi \iff T \vdash \neg\varphi.$$

Aus Satz 4.4 ergibt sich leicht, daß die Menge derjenigen Theoreme von T, die die Form $\neg\varphi$ haben, rekursiv aufzählbar ist. Unter Beachtung der obigen Äquivalenzen erhält man unmittelbar die rekursive Aufzählbarkeit von $G_A \setminus \ulcorner T_1 \urcorner$. Satz 4.3 liefert schließlich die Rekursivität von T_1 und damit die Entscheidbarkeit von T. ❑

Satz 4.6 *Die Theorie* RCF *der reell abgeschlossenen Körper ist entscheidbar.*

Beweis. Im Beispiel 3, S. 103, wurde gezeigt, daß die Theorie RCF modellvollständig ist. Darüber hinaus ist sie auch vollständig, da sie ein Primmodell besitzt (Satz 3.22), nämlich den Körper der reell-algebraischen Zahlen.
Das angegebene Axiomensystem für RCF ist rekursiv, woraus sich nach Satz 4.5 die Entscheidbarkeit dieser Theorie ergibt. ❑

Satz 4.7 *Für jede Primzahl p und für $p = 0$ ist die Theorie* ACF_p *der algebraisch abgeschlossenen Körper der Charakteristik p entscheidbar.*

Beweis. Entsprechend dem Beispiel auf Seite 105 ist ACF_p vollständig und rekursiv axiomatisiert, woraus nach Satz 4.5 die Entscheidbarkeit folgt. ❑

Satz 4.8 *Ist die Theorie T entscheidbar, dann ist auch jede endliche Erweiterung von T entscheidbar.*

Beweis. Es sei $T' = T \cup \{\varphi_1, \ldots, \varphi_n\}$. Die Entscheidung über die Gültigkeit von $T' \vdash \varphi$ kann zurückgeführt werden auf die von
$T \vdash \varphi_1 \wedge \ldots \wedge \varphi_1 \rightarrow \varphi$. ❑

Der Nachweis der Entscheidbarkeit einer gegebenen Theorie ist (falls er gelingt) im allgemeinen sehr aufwendig. Die bisher bekannten Entscheidungsverfahren hängen in der Regel stark von den konkreten Eigenschaften der untersuchten Theorien ab.
Auf soche speziellen Verfahren werden wir nicht weiter eingehen.
Von etwas allgemeinerem Charakter ist die folgende Methode. Eine nichtleere Menge Δ von Aussagen aus L heißt *Basis* für T, falls für je zwei Modelle $\mathcal{A}$, $\mathcal{B}$ von T gilt: $\mathcal{A}$ und $\mathcal{B}$ sind bereits dann elementaräquivalent, wenn in ihnen die gleichen Aussagen aus Δ gelten.
$\bigvee(\neg)\Delta$ sei die Menge der Alternativen der negierten und unnegierten Aussagen aus Δ. Unter bestimmten Voraussetzungen kann die Menge $\bigvee(\neg)\Delta$ zur Lösung des Entscheidungsproblems für die Theorie T herangezogen werden.

Satz 4.9 *Es sei T eine rekursiv axiomatisierbare Theorie und Δ eine rekursive Basis für T. Wenn für jede Aussage φ aus $\bigvee(\neg)\Delta$ entscheidbar ist, ob φ ein Theorem von T ist oder nicht, so ist T entscheidbar.*

Erlaubt eine Theorie T die Elimination der Quantoren und enthält die zugehörige Sprache L wenigstens eine Individuenkonstante, dann ist die Menge aller atomaren Aussagen von L eine Basis für T.

Wählen wir nun als konkretes Beispiel die Theorie ACF der algebraisch abgeschlossenen Körper. ACF besitzt ein rekursives Axiomensystem (Beispiel 2, S. 101). Da ACF nicht vollständig ist, läßt sich zum Nachweis der Entscheidbarkeit Satz 4.5 nicht anwenden.

Wie wir bereits wissen, erlaubt ACF die Elimination der Quantoren (Beispiel 2, S. 114). Aus den Ausführungen im Beispiel 3 (S. 115) folgt, daß $\Delta = \{n \cdot 1 = 0 : n \in \mathbb{N} \text{ und } n > 0\}$ eine rekursive Basis für ACF ist. Weiterhin ist klar, daß eine Alternative von negierten und unnegierten Aussagen aus Δ nur dann aus ACF ableitbar ist, wenn entweder $\neg(1 = 0)$ als Alternativglied auftritt oder ein und dieselbe Aussage aus Δ in der Alternative sowohl negiert als auch unnegiert vorkommt. Damit haben wir ein Entscheidungsverfahren für die Aussagen aus $\bigvee(\neg)\Delta$, woraus sich entsprechend Satz 4.9 die Entscheidbarkeit von ACF ergibt.

Box 17. Entscheidbare Theorien

Eine ganze Reihe elementarer Theorien hat sich als entscheidbar erwiesen. Der Nachweis der Entscheidbarkeit ist im allgemeinen recht aufwendig und setzt weitgehende Kenntnisse über die Theorie voraus. Wir geben einige Beispiele entscheidbarer Theorien an, ohne auf Beweise oder auch nur auf die Theorien im einzelnen einzugehen. Entscheidbar sind

1. die Theorie der algebraisch abgeschlossenen Körper (der Charakteristik p bzw. 0), insbesondere auch die Theorien des Körpers der komplexen bzw. der algebraischen Zahlen;
2. die Theorie der reell abgeschlossenen Körper, insbesondere auch die Theorie des Körpers der reellen Zahlen;
3. die Theorie der linearen Ordnungen und verschiedene Vervollständigungen dieser Theorie, wie z.B. die Theorie der dichten linearen Ordnungen ohne kleinstes und größtes Element;
4. die Theorie der Wohlordnungen;
5. die Theorie der Booleschen Abgebren;
6. die Theorie der abelschen Gruppen und die der geordneten abelschen Gruppen;
7. die Theorie der ganzen Zahlen mit Addition und Ordnung;
8. die Theorie einer einstelligen Funktion;
9. die Theorie der Bäume;
10. die Theorie einer Äquivalenzrelation.

Wir beschließen diesen Abschnitt mit einer allgemeinen Aussage über die Existenz entscheidbarer Erweiterungen einer Theorie.

Satz 4.10 *Jede konsistente entscheidbare Theorie T besitzt eine vollständige entscheidbare einfache Erweiterung.*

ACF_p ist z.B. eine solche Erweiterung von ACF. Die Theorie DLO der dichten linearen Ordnung ohne kleinstes und größtes Element ist eine der vielen vollständigen und entscheidbaren einfachen Erweiterungen der Theorie der linearen Ordnung.

4.3 Unentscheidbarkeit

Die Entscheidbarkeit einer Theorie T ist eine wünschenswerte Eigenschaft, denn sie ermöglicht eine algorithmische Behandlung einiger Fragestellungen, die T betreffen.
Leider ist die Entscheidbarkeit aber selten anzutreffen. Kompliziertere mathematische Theorien werden sich im allgemeinen als unentscheidbar erweisen. Daher wollen wir uns jetzt mit der Unentscheidbarkeit befassen und einige Methoden erläutern, die zum Nachweis der Unentscheidbarkeit benutzt werden können.
Im folgenden betrachten wir die Theorie Q, die ein Fragment der elementaren Arithmetik darstellt. Zur Sprache von Q gehören das einstellige Funktionszeichen S, die zweistelligen Funktionszeichen $+$ und $\cdot$, das zweistellige Relationszeichen $<$ und die Konstante 0. Die Axiome von Q sind durch die folgenden Ausdrücke gegeben:

(1) $S(x) \neq 0$,

(2) $S(x) = S(y) \to x = y$,

(3) $x + 0 = x$,

(4) $x + S(y) = S(x + y)$,

(5) $x \cdot 0 = 0$,

(6) $x \cdot S(y) = x \cdot y + x$,

(7) $\neg(x < 0)$,

(8) $x < S(y) \to x < y \lor x = y$,

(9) $x < y \lor x = y \lor y < x$.

Offensichtlich ist das angegebene Axiomensystem endlich, und es spiegelt unsere Vorstellung von den Operationen in den natürlichen Zahlen wider, wobei S als Nachfolgerfunktion zu interpretieren ist. Ohne Beweis zitieren wir das folgende wichtige *Theorem von* CHURCH (siehe z.B. [5], S. 131), aus dem weitere grundlegende Resultate folgen.

Satz 4.11 (CHURCH)
Jede konsistente Erweiterung von Q *ist unentscheidbar.*

Mit Hilfe dieses Satzes lassen sich viele Theorien als unentscheidbar nachweisen, insbesondere ist Q selbst unentscheidbar. Zusammen mit Satz 4.5 folgt aus dem Churchschen Theorem unmittelbar der *Unvollständigkeitssatz von* GÖDEL, der weitreichende Konsequenzen für die Entwicklung der Mathematik hatte.

Satz 4.12 (GÖDEL) *Ist* T *eine konsistente rekursiv axiomatisierbare Erweiterung von* Q, *dann ist* T *unvollständig.*

Dieser Satz ist in mehrerer Hinsicht bemerkenswert. Zum einen bestätigt er das schon eingangs erwähnte Resultat, daß es kein Programm gibt, welches alle Theoreme der elementaren Arithmetik erzeugen kann, und zum anderen macht er die Beschränktheit der axiomatischen Methode deutlich. Insbesondere gibt es kein vollständiges rekursives Axiomensystem für die elementare Arithmetik und folglich auch nicht für kompliziertere mathematische Theorien. Damit war der Plan, die Mathematik vollständig zu axiomatisieren, wie er noch zu Beginn des 20. Jahrhunderts bestand, gescheitert. Der Unvollständigkeitssatz wirft gleichzeitig auch neue Fragen auf. Wenn Q nicht vollständig ist, wie sehen dann die Aussagen der Arithmetik aus, die nicht aus Q folgen, aber gültig sind? Im Gödelschen Beweis des Satzes wird eine derartige Aussage konstruiert, die ihre eigene Nichtbeweisbarkeit behauptet. Es war eine interessante Aufgabe, eine möglichst einfache zahlentheoretische Aussage zu finden, deren Gültigkeit feststeht, die aber nicht aus Q folgt. Die Lösung dieses Problems erwies sich als äußerst schwierig und gelang erst in jüngerer Zeit.
Denkbar wäre auch, daß einige bisher ungelöste zahlentheoretische Probleme mit von Q unabhängigen Aussagen in Verbindung stehen.

Das Theorem von CHURCH bildet häufig die Grundlage für den Nachweis der Unentscheidbarkeit einer gegebenen Theorie T. Die dabei angewendete Methode läßt sich folgendermaßen charakterisieren: Gegeben seien zwei Theorien T_1 und T_2 in den Sprachen L_1 bzw. L_2. Wir setzen voraus, daß für jede Aussage φ aus L_1 eine Aussage φ^* aus L_2 existiert, so daß $T_1 \vdash \varphi \iff T_2 \vdash \varphi^*$.

Für den Rest des Kapitels nehmen wir zur Vereinfachung an, daß die verwendeten Sprachen nur endlich viele nichtlogische Zeichen enthalten, obwohl es nur darauf ankommt, φ^* aus φ konstruktiv zu gewinnen (etwa durch ein Programm). Unter diesen Voraussetzungen liefert jedes Entscheidungsverfahren für T_2 auch ein solches für T_1. Diese Überlegungen werden in dem nachfolgenden Satz zusammengefaßt.

Satz 4.13 *Es sei T_1 eine unentscheidbare Theorie.*

(1) *Ist T_2 eine konservative Erweiterung von T_1, so ist T_2 unentscheidbar.*

(2) *Ist T_1 eine endliche Erweiterung von T_2, so ist T_2 unentscheidbar.*

(3) *Ist T_1 eine definitorische Erweiterung von T_2, so ist T_2 unentscheidbar.*

Beweis. (1). Wir setzen einfach $\varphi^* = \varphi$. Wäre T_2 entscheidbar, so wäre auf Grund von $T_1 \vdash \varphi \iff T_2 \vdash \varphi^*$ auch T_1 entscheidbar, was der Voraussetzung widerspricht.

(2). Ist $T_1 = T_2 \cup \{\varphi_1, \ldots, \varphi_n\}$ und wählt man $\varphi^* = \varphi_1 \wedge \ldots \wedge \varphi_n \to \varphi$, so ergibt sich analog wie bei (1) die Unentscheidbarkeit von T_2.

(3). Da T_1 eine definitorische Erweiterung von T_2 ist, wählt man für φ^* einfach die Reduzierte von φ in L_2. ❑

Da Q endlich axiomatisiert ist, kann Q als endliche Erweiterung der logischen Theorie Ded($\emptyset$), d.h. der Menge aller allgemeingültigen Aussagen (in der gleichen elementaren Sprache), aufgefaßt werden. Die Unentscheidbarkeit von Q liefert nach Satz 4.13(2) sofort die Unentscheidbarkeit von Ded($\emptyset$).
Als Folgerung erhält man somit die Unentscheidbarkeit der Prädikatenlogik, wenn dabei eine Sprache zugrunde gelegt wird, die die elementare Sprache der Arithmetik umfaßt.

Box 18. Interpretation

Durch Verallgemeinerung der Vorstellung einer Spracherweiterung gelangen wir zum Begriff der Interpretation. Es seien L und L' beliebige elementare Sprachen. Eine injektive Abbildung $I : L' \longrightarrow L$ der nicht-logischen Zeichen beider Sprachen heißt *Interpretation von L' in L*, wenn durch I jedem Relations- und Funktionszeichen von L' ein Relations- bzw. Funktionszeichen aus L mit gleicher Stellenzahl zugeordnet wird. Anstelle von $I(R)$ und $I(f)$ schreiben wir R_I bzw. f_I. Die Erweiterung einer Sprache ist ein Spezialfall einer Interpretation.

Dieses Konzept wird nun noch weiter ausgebaut. Dazu sei T eine Theorie und U ein einstelliges Relationszeichen in L. $I^+ = (I, U)$ heißt *Interpretation von L' in T*, wenn $T \vdash \exists x U(x)$ und für jedes n-stellige Funktionssymbol f von L' gilt:

$$T \vdash U(x_1) \wedge \ldots \wedge U(x_n) \rightarrow U(f_I(x_1, \ldots, x_n)).$$

Die Interpretation I ermöglicht es, jedem Term t von L' einen Term t_I von L zuzuordnen: In t werden schrittweise alle Funktionszeichen f durch die interpretierten Zeichen f_I ersetzt. Zu jeder Formel φ von L' existiert eine Transformierte φ_{I^+} in L.
Die Definition von φ_{I^+} erfolgt induktiv über den Formelaufbau.

1. Ist φ ein atomarer Ausdruck $t_1 = t_2$ oder $R(t_1, \ldots, t_n)$, so sei φ_{I^+} der Ausdruck $t_{1I} = t_{2I}$ bzw. $R(t_{1I}, \ldots, t_{nI})$.
2. Hat φ die Form $\psi \wedge \chi$, so setzen wir $\varphi_{I^+} := \psi_{I^+} \wedge \chi_{I^+}$. Mit den anderen Konnektoren verfahren wir analog.
3. Für $\varphi := \exists x \psi$ oder $\varphi := \forall x \psi$ sei $\varphi_{I^+} := \exists x(U(x) \wedge \psi_{I^+})$ bzw. $\varphi_{I^+} := \forall x(U(x) \rightarrow \psi_{I^+})$.

Für jeden Ausdruck $\varphi(x_1, \ldots, x_n)$ aus L' ist

$$\varphi_{I^*} := (U(x_1) \wedge \ldots \wedge U(x_n) \rightarrow \varphi_{I^+}(x_1, \ldots, x_n))$$

die *Übersetzung* von φ.
Es seien eine Interpretation $I^+ = (I, U)$ von L' in T und eine Theorie T' in L' gegeben. I^+ heißt *Interpretation von T' in T*, wenn für jedes Axiom φ aus T' die Übersetzung φ_{I^*} aus T ableitbar ist, $T \vdash \varphi_{I^*}$.

Interpretationstheorem. *Es sei I^+ eine Interpretation der Theorie T' in der Theorie T. Dann gilt für jeden Ausdruck φ aus L':*
$T' \vdash \varphi$, so $T \vdash \varphi_{I^*}$.

Die Interpretation I^+ von T' in T heißt *treu*, wenn für jeden Ausdruck φ von L' gilt: $T' \vdash \varphi \iff T \vdash \varphi_{I^*}$. Eine Theorie T_1 in der Sprache L_1 heißt *in T interpretierbar*, wenn es eine Interpretation von T_1 in eine definitorische Erweiterung von T gibt.

Interpretationen gehören zu den wichtigsten Hilfsmitteln zum Nachweis der Unentscheidbarkeit einer Theorie. Grundlage der Methode ist die folgende Tatsache.

Satz 4.14 *Ist I^+ eine treue Interpretation der Theorie T_1 in der Theorie T_2 und ist T_1 unentscheidbar, so ist auch T_2 unentscheidbar.*

Beweis. Ist I^+ eine treue Interpretation, dann gilt

$$T_1 \models \varphi \iff T_2 \models \varphi_{I^*},$$

womit sich ein Entscheidungsverfahren für T_2 auf die Theorie T_1 übertragen ließe. ❑

Ehe wir einige Beispiele (Box 19, S. 157) unentscheidbarer Theorien angeben, führen wir weitere notwendige Begriffe ein.
T_1 und T_2 seien Theorien in ein und derselben Sprache L. T_2 ist mit T_1 *kompatibel*, wenn $T_1 \cup T_2$ konsistent ist. Theorien können unterschiedliche Grade von Unentscheidbarkeit besitzen, wodurch ein gewisses Maß für ihre Kompliziertheit gegeben ist. Eine Theorie T heißt

wesentlich unentscheidbar, wenn jede konsistente einfache Erweiterung von T unentscheidbar ist;

erblich unentscheidbar, wenn jede Teiltheorie von T unentscheidbar ist;

stark unentscheidbar, wenn jede mit T kompatible Theorie unentscheidbar ist.

Mit Hilfe des Theorems von CHURCH erhält man unmittelbar die wesentliche Unentscheidbarkeit des zahlentheoretischen Fragments Q. Als Beispiel für eine unentscheidbare, aber nicht wesentlich unentscheidbare Theorie erwähnen wir die Gruppentheorie. Diese ist zwar selbst unentscheidbar, besitzt aber eine konsistente entscheidbare einfache Erweiterung, nämlich die Theorie der abelschen Gruppen.
Widmen wir uns nun dem Verhältnis der verschiedenen Grade von Unentscheidbarkeit. Offensichtlich ist jeder der eingeführten Begriffe eine Verschärfung der „bloßen“ Unentscheidbarkeit. Die sofort ins Auge fallenden Konsequenzen aus den obigen Definitionen sind im folgenden Satz zusammengestellt.

Satz 4.15

(1) *Jede konsistente einfache Erweiterung einer wesentlich unentscheidbaren Theorie ist ebenfalls wesentlich unentscheidbar.*

(2) *Jede Teiltheorie einer erblich unentscheidbaren Theorie ist wieder erblich unentscheidbar.*

(3) *Jede konsistente einfache Erweiterung einer stark unentscheidbaren Theorie ist ebenfalls stark unentscheidbar.*

(3) *Jede stark unentscheidbare Theorie ist sowohl wesentlich als auch erblich unentscheidbar.*

Wie sich aus Punkt (4) des obigen Theorems ergibt, hat im Vergleich mit den anderen Arten die starke Unentscheidbarkeit den höchsten Grad an Komplexität.

Satz 4.16 *Ist eine Theorie endlich axiomatisierbar und wesentlich unentscheidbar, so ist sie stark unentscheidbar.*

Beweis. T sei endlich axiomatisierbar und wesentlich unentscheidbar. Weiterhin sei die Theorie T_1 kompatibel mit T. Dann ist $T_1 \cup T$ eine konsistente einfache Erweiterung von T. Andererseits ist $T_1 \cup T$ eine endliche unentscheidbare Erweiterung von T_1 (denn T ist endlich axiomatisierbar), woraus nach Satz 4.13(2) die Unentscheidbarkeit von T_1 folgt. ❑

Korollar. *Die Theorie Q ist stark unentscheidbar.*

Das Korollar unterstreicht die Bedeutung der Theorie Q. Mit Hinblick auf mögliche Interpretationen der Theorie Q ist eine Verallgemeinerung von Satz 4.14 wünschenswert.

Satz 4.17 *T sei in der konsistenten Theorie T_1 interpretierbar.*

(1) *Ist T wesentlich unentscheidbar, so ist auch T_1 wesentlich unentscheidbar.*

(2) *Ist T stark unentscheidbar, so ist auch T_1 stark unentscheidbar.*

Beweis. T_1 besitzt eine konsistente definitorische Erweiterung T_2, so daß eine Interpretation I^+ von T in T_2 existiert.
(1). T_0 sei die Menge der Ausdrücke φ aus L (der Sprache von T), für die die Übersetzung φ_{I^*} aus T_2 ableitbar ist. T_0 ist eine konsistente einfache Erweiterung von T und deshalb nach Voraussetzung unentscheidbar. Da I^+ eine treue Interpretation von T_0 in T_2 ist, ist T_2 ebenfalls unentscheidbar (Satz 4.14). Wegen Satz 4.13(3) ist damit auch T_1 unentscheidbar. Die obige Argumentation läßt sich auf jede konsistente einfache

Erweiterung von T_1 übertragen, woraus die wesentliche Unentscheidbarkeit von T_1 folgt.
(2). Den Beweis führt man analog zu Fall (1). ❑

Es ist bemerkenswert, daß im Gegensatz zu Satz 4.14 im Satz 4.17 die zugrundeliegende Interpretation nicht notwendig treu sein muß.

Korollar. *Ist die Theorie Q in der konsistenten Theorie T interpretierbar, so ist T stark unentscheidbar.*

Das Korollar vermittelt ganz nebenbei die Erkenntnis, daß jede elementare Theorie, in der die Arithmetik darstellbar ist, stark unentscheidbar sein muß. Nun soll noch die Bedeutung der verschiedenen Grade von Unentscheidbarkeit für den speziellen Fall vollständiger Theorien dargelegt werden.

Satz 4.18 *Es sei T eine vollständige elementare Theorie.*

(1) *T ist unentscheidbar gdw T wesentlich unentscheidbar ist.*

(2) *T ist erblich unentscheidbar gdw T stark unentscheidbar ist.*

Die Gültigkeit der angeführten Aussagen ist offensichtlich. Für vollständige Theorien reicht die Differenzierung zwischen „unentscheidbar" und „stark unentscheidbar" aus.
Zur Charakterisierung einer vollständigen Theorie kann die Theorie jedes ihrer Modelle benutzt werden (Satz 3.17). Wir führen deshalb auch die folgenden Bezeichnungen ein: Eine Struktur $\mathcal{A}$ heißt (*stark*) *unentscheidbar*, wenn die Theorie $\mathrm{TH}(\mathcal{A})$ (stark) unentscheidbar ist.

Beispiel. Die Struktur $\mathcal{N} = \langle\, \mathbb{N}, +, \cdot, S, 0\,\rangle$ ist stark unentscheidbar.

Beweis. Wegen Satz 4.18(2) genügt es, die erbliche Unentscheidbarkeit von $\mathrm{TH}(\mathcal{N})$ nachzuweisen. Zu diesem Zweck sei T eine Teiltheorie von $\mathrm{TH}(\mathcal{N})$. Da $\mathcal{N}$ auch Modell der Theorie $T \cup Q$ ist, ist $T \cup Q$ eine konsistente endliche Erweiterung von T, die sich wegen des Theorems von Church als unentscheidbar erweist. Nach Satz 4.13(2) ist dann T ebenfalls unentscheidbar. ❑

Stark unentscheidbare Modelle lassen sich auch zum Nachweis der Unentscheidbarkeit von Theorien benutzen, wie der folgende Satz zeigt.

Satz 4.19 *Besitzt eine Theorie T ein stark unentscheidbares Modell, so ist T erblich unentscheidbar.*

Beweis. Es sei $\mathcal{A}$ ein stark unentscheidbares Modell von T. Also ist $\mathrm{TH}(\mathcal{A})$ erblich unentscheidbar. Jede Teiltheorie von T ist auch Teiltheorie von $\mathrm{TH}(\mathcal{A})$ und damit unentscheidbar. ❏

Den häufig einfacheren Umgang mit Strukturen (statt Theorien) wollen wir auch für die Methode der Interpretation nutzbar machen.
Es seien $\mathcal{A}$ und $\mathcal{B}$ Strukturen für die Sprachen L und L_1. $\mathcal{A}$ heißt in $\mathcal{B}$ *definierbar*, wenn es eine Interpretation $I^+ = (I, U)$ von L in einer definitorischen Erweiterung T von $\mathrm{TH}(\mathcal{B})$ gibt, so daß

a) $U(\mathcal{B}) = |\mathcal{A}|$,

b) für jedes Funktionszeichen f von L ist $f^{\mathcal{A}} = f_I^{\mathcal{B}} \upharpoonright |\mathcal{A}|$ und

c) für jedes Relationszeichen R von L ist $R(\mathcal{A}) = R_I(\mathcal{B}) \upharpoonright |\mathcal{A}|$.

Satz 4.20 *Ist $\mathcal{A}$ definierbar in $\mathcal{B}$ und $\mathcal{A}$ stark unentscheidbar, so ist $\mathcal{B}$ ebenfalls stark unentscheidbar.*

Der Beweis wird analog wie für Satz 4.17 geführt, wir verzichten deshalb auf die Details. ❏

Unter Verwendung der Sätze 4.19 und 4.20 und des Beispiels, S. 155, erhalten wir folgendes nützliche Resultat.

Satz 4.21 *Besitzt die Theorie T ein Modell $\mathcal{B}$, in dem sich die natürlichen Zahlen (mit Addition und Multiplikation) definieren lassen, so ist T erblich unentscheidbar.*

Beispiel 1. Es sei $\mathbb{Z}$ der Ring der ganzen Zahlen mit Addition und Multiplikation. Innerhalb von $\mathbb{Z}$ lassen sich bekanntlich mit Hilfe eines Satzes von LAGRANGE die natürlichen Zahlen definieren: Jede natürliche Zahl ist die Summe von vier Quadraten ganzer Zahlen. Folglich definiert

$$\varphi(x) := \exists x_1 \ldots \exists x_4 (x = x_1 \cdot x_1 + \ldots + x_4 \cdot x_4)$$

innerhalb von $\mathbb{Z}$ die Menge der natürlichen Zahlen. Auf $\varphi(\mathbb{Z})$ können wir die Nachfolgerfunktion S und die Ordnungsrelation $<$ wie folgt bestimmen:

$$y = S(x) \iff y = x + 1,$$

$$x < y \iff \exists z(\varphi(z) \wedge y = x + z) \wedge x \neq y.$$

Also ist in $\mathbb{Z}$ die Struktur $\mathcal{N}$ definierbar. Wegen Satz 4.20 ist $\langle \mathbb{Z}, +, \cdot, 0, 1 \rangle$ stark unentscheidbar.

Beispiel 2. Ein Resultat von JULIA ROBINSON besagt, daß der Ring $\mathbb{Z}$ im Körper $\mathbb{Q}$ der rationalen Zahlen definierbar ist. Wegen des obigen Beispiels und Satz 4.20 ergibt sich die starke Unentscheidbarkeit von $\mathbb{Q}$.

Box 19. Unentscheidbare Theorien

Der Ring $\mathbb{Z}$ der ganzen Zahlen und der Körper $\mathbb{Q}$ der rationalen Zahlen sind beide stark unentscheidbar (Beispiele 1 und 2). Daraus ergibt sich die Unentscheidbarkeit der folgenden elementaren Theorien:

1. die Theorie der ganzen bzw. der rationalen Zahlen,
2. die Theorie der Ringe (mit Einselement),
3. die Theorie der kommutativen Ringe (mit Einselement),
4. die Theorie der Integritätsbereiche,
5. die Theorie der Körper,
6. die Theorie der Körper der Charakteristik 0.

Diese Theorien sind sogar erblich unentscheidbar.
Da die Theorien 2 – 6 ACF_0 als entscheidbare Erweiterung besitzen, sind sie weder wesentlich noch stark unentscheidbar. Weitere unentscheidbare Theorien sind:

7. die Theorie der irreflexiven symmetrischen Graphen,
8. die Theorie der (reflexiven bzw. irreflexiven) Halbordnungen,
9. die Theorie der Verbände,
10. die Theorie zweier Äquivalenzrelationen,
11. die Theorie zweier einstelliger Funktionen.

4.4 Aufgaben

4.1 Bestätigen Sie durch Angabe korrekter Programme, daß die Mengen
a) der geraden Zahlen,
b) der ungeraden Zahlen,
c) der Zweierpotenzen,
d) der Primzahlen
rekursiv sind!

4.2 Geben Sie ein korrektes Programm für die Funktion

$$x \dot{-} y = \begin{cases} x - y, & \text{wenn } x \geq y, \\ 0 & \text{sonst} \end{cases}$$

an!

4.3 Erstellen Sie ein korrektes Programm zur Berechnung der Exponentialfunktion 2^x!

4.4 Stellen Sie ein korrektes Programm zur Berechnung der Binomialkoeffizienten auf!

4.5 Zeigen Sie, daß die Fibonacci-Folge $1, 1, 2, 3, 5, 8, 13, 21, 34, \ldots$ rekursiv ist!

4.6 Es seien G, $H_1, \ldots, H_k$ rekursive Funktionen.
Man beweise, daß die durch $F(\bar{x}) = G\big(H_1(\bar{x}), \ldots, H_k(\bar{x})\big)$ definierte Funktion ebenfalls rekursiv ist!

4.7 Es sei $G(\bar{x}, z)$ eine rekursive Funktion, für die $\mathbb{N} \models \forall \bar{x} \exists z (G(\bar{x}, z) = 0)$ gilt. Man gebe ein korrektes Programm an, das die Funktion

$$F(\bar{x}) = \mu z[G(\bar{x}, z) = 0]$$

(„die kleinste natürliche Zahl z, für die $G(\bar{x}, z) = 0$ gilt") berechnet!

4.8 Gegeben sei eine $(n+1)$-stellige rekursive Relation $R(\bar{x}, z)$. Für jedes n-Tupel $\bar{a}$ sei $(\mu z \leq b) R(\bar{a}, z)$ die kleinste natürliche Zahl z_0, für die $\mathbb{N} \models R(\bar{a}, z_0) \vee (z_0 = b)$ gilt. Zeigen Sie, daß die Funktion

$$F(\bar{x}, y) = (\mu z \leq y) R(\bar{x}, z)$$

rekursiv ist!

4.9 $P_1, \ldots, P_k$ seien n-stellige rekursive Relationen, die eine Zerlegung von $\mathbb{N}^n$ bilden, und $F_1, \ldots, F_k$ seien n-stellige rekursive Funktionen. Beweisen Sie, daß die durch

$$F(\bar{x}) = \begin{cases} F_1(\bar{x}), & \text{falls } P_1(\bar{x}), \\ \vdots & \\ F_k(\bar{x}), & \text{falls } P_k(\bar{x}), \end{cases}$$

definierte Funktion rekursiv ist!

4.10 $R(\bar{x}, z)$ sei eine $(n+1)$-stellige rekursive Relation.
Weisen Sie nach, daß die $(n+1)$-stelligen Relationen

a) $\exists z\big(z < y \wedge R(\bar{x}, z)\big)$,
b) $\forall z\big(z < y \rightarrow R(\bar{x}, z)\big)$

ebenfalls rekursiv sind!

4.11 L sei die elementare Sprache mit dem einzigen zweistelligen Funktionssymbol $+$. Eine „Gödelisierung" G von L läßt sich nun wie folgt vornehmen:

(1) $G(x_n) = 2^n$,
(2) $G(t + s) = 3^{G(t)} \cdot 5^{G(s)}$, t, s Terme in L,
(3) für atomare Ausdrücke gelte $G(t = s) = 7^{G(t)} \cdot 11^{G(s)}$,
(4) für zusammengesetzte Ausdrücke gelte
$G(\neg\varphi) = 13^{G(\varphi)}$,
$G(\varphi \wedge \psi) = 17^{G(\varphi)} \cdot 19^{G(\psi)}$,
$G(\forall v_n \varphi) = 23^{G(\varphi)} \cdot 2^n$.

Man zeige, daß die Menge der Gödelzahlen (:= der Wertebereich von G) eine rekursive Menge ist!

4.12 Die elementare Sprache L enthalte als einzige nichtlogische Zeichen eine Konstante 0 und ein einstelliges Funktionszeichen S. Die Theorie T sei durch die Axiome

$$Sx \neq 0, \; Sx = Sy \rightarrow x = y \; \text{ und } \; S^n x \neq x \; \text{(für alle } n \geq 1)$$

gegeben (siehe Aufgabe 3.9).
Beweisen Sie die Entscheidbarkeit von T!

(Hinweis: Man verwende Satz 4.5.)

4.13 Die elementare Sprache L enthalte als einziges nichtlogisches Zeichen ein zweistelliges Relationssymbol $\sim$. $T_{äq} = \{\varphi_R, \varphi_S, \varphi_T\}$ sei die Theorie einer Äquivalenzrelation (siehe Aufgabe 2.4). Δ sei wie in Aufgabe 3.11 gebildet.

a) Man begründe, warum Δ eine rekursive Basis für T ist!
b) Zeigen Sie die Entscheidbarkeit von T!

4.14 L sei die elementare Sprache mit den einstelligen Relationszeichen $P_1, \ldots, P_k$. Beweisen Sie, daß die Menge der allgemeingültigen Ausdrücke von L entscheidbar ist!

(Hinweis: Finden Sie eine rekursive Basis, bestehend aus Aussagen über die Durchschnitte der Prädikate.)

Kapitel 5

Mengenlehre

5.1 Vorbemerkungen

Mathematische Methoden fanden Eingang in viele Bereiche der modernen Wissenschaften. Dafür war es notwendig, der Mathematik eine Grundlage zu geben, auf der sie sich eigenständig entwickeln konnte. Eine solche Grundlage war die von Georg Cantor geschaffene Mengenlehre. Cantors Vorstellungen entsprangen einer naiven Mengenauffassung. Für ihn war eine *Menge* „eine Zusammenfassung bestimmter, wohlunterschiedener Objekte unserer Anschauung oder unseres Denkens (welche die Elemente der Menge genannt werden) zu einem Ganzen". Außerdem benutzte Cantor mehrere Prinzipien, die später (zum Teil in veränderter Form) in die axiomatische Mengenlehre übernommen wurden.

Leider erwies sich sein Abstraktionsprinzip, wonach Mengen als Zusammenfassungen von Objekten mit gegebenen Eigenschaften gebildet werden dürfen, als fehlerhaft. Um die Jahrhundertwende mehrten sich die Widersprüche im Gefüge dieser Mengenlehre. Als Beispiel führen wir die von Bertrand Russel 1901 konstruierte Antinomie an:

Entsprechend Cantors Abstraktionsprinzip existiert die Menge M aller derjenigen Mengen X, die sich nicht selbst als Element enthalten. Für beliebige Mengen X gilt also: X gehört genau dann als Element zu M, wenn X nicht Element von sich selbst ist. Dies führt aber für die Menge $X = M$ zum Widerspruch.

Das „Fundament" der Mathematik war durch die aufgetretenen Widersprüche recht „brüchig" geworden. Man sprach sogar von einer Grundlagenkrise. Allerdings waren die grundlegenden Ideen der Mengenlehre so brilliant und vorteilhaft für die Mathematik, daß eine Reihe nahmhafter Mathematiker daran ging, das „Fundament" zu „sanieren", was schließlich nach mehrjährigen Anstrengungen zum axiomatischen Aufbau der Mengenlehre führte. Hierbei ist anzumerken, daß es genau genommen nicht

die Mengenlehre gibt, sondern im Gegenteil ganz verschiedene Konzepte existieren, deren Untersuchung zu einem eigenständigen Gebiet innerhalb der Mathematik geworden ist.

Die zweckmäßige ZF-*Mengenlehre* entstand aus den Überlegungen von Ernst Zermelo und Abraham Fraenkel. In den von ihnen aufgestellten Axiomen wurden einige als richtig angenommene Beziehungen zwischen Mengen postuliert. Nur diese Axiome der Mengenlehre sowie die logischen Axiome nebst den Ableitungsregeln dürfen bei der Grundlegung der Mathematik benutzt werden. Die Axiome spiegeln also *Eigenschaften* von Mengen wider. Dagegen wird nicht festgelegt, was eine Menge ist. Wenn wir trotzdem Mengen als Zusammenfassungen von Objekten zu neuen Einheiten auffassen, dann ist dies keine Definition im mathematischen Sinne, sondern lediglich eine Veranschaulichung dessen, was mit dem Mengenbegriff ausgedrückt werden soll. „Menge“ ist ein Grundbegriff, der nicht definiert wird.

Warum kann man nun mit einem nicht definierten Begriff arbeiten und zu objektiven Erkenntnissen kommen? Der Grund ist darin zu sehen, daß es nicht wichtig ist, was Mengen sind, sondern welche Eigenschaften sie besitzen. Die Axiome sollen „einsichtige“ Eigenschaften der Mengen widerspiegeln, die aus der Abstraktion von Eigenschaften konkreter Mengen entstanden sind.

Die Axiome lassen sich nicht beweisen. Lehnt jemand eines oder mehrere der Axiome als „uneinsichtig“ ab, so ist damit auch eine Ablehnung weiterer Theoreme der Mathematik verbunden. Die große Mehrheit der Mathematiker akzeptiert jedoch die ZF-Mengenlehre, der noch das Auswahlaxiom hinzugefügt wurde. Auf ihr läßt sich die „klassische“ Mathematik aufbauen.

Wir schließen die Vorbemerkungen mit der Frage nach der Konsistenz der ZF-Mengenlehre ab. Obwohl jedes einzelne Axiom der Mengenlehre durchaus einsichtig sein kann, ist damit noch nicht gesagt, daß das System als Ganzes keine Widersprüche in sich birgt. Diese Frage ist bis heute nicht entschieden (und will man die Mengenlehre als Fundament der Mathematik ansehen, so kann die Widerspruchsfreiheit auch nicht bewiesen werden, da man hierzu andere Voraussetzungen benötigt, für die sich die gleiche Frage stellt).

Jeder Widerspruchsfreiheitsbeweis für ZF ist bis jetzt nur relativ, d.h., es werden einige Axiome von ZF weggelassen oder abgeschwächt, und das so reduzierte Axiomensystem wird als widerspruchsfrei angenommen, woraus dann die Widerspruchsfreiheit von ZF hergeleitet wird.

Im Zusammenhang mit weiteren mengentheoretischen Axiomen gehen wir auf diese Frage im letzten Abschnitt des Kapitels noch einmal ein.

5.2 Das Mengenuniversum

Wie bereits früher bemerkt wurde, ist die konkrete Darstellung der Mengen belanglos, solange die durch die Axiome geforderten Eigenschaften erfüllt sind. Wir gehen davon aus, daß alle benötigten Objekte bereits irgendwie existieren, obwohl sie vielleicht noch gar nicht „entdeckt“ sind. Als Objekte können beliebige Dinge auftreten: Gegenstände, Körper, Zahlen, Punkte, ... und natürlich auch Mengen. Die Gesamtheit aller dieser Objekte bezeichnet man treffend als *Universum*. Objekte können zu einem neuen Objekt, nämlich zu einer Menge, zusammengefaßt sein. Diejenigen Objekte, die der Menge angehören, heißen ihre *Elemente*.

Die einzigen Beziehungen zwischen den Objekten, die in der Mengenlehre von Bedeutung sind, sind die *Elementbeziehung* und die Gleichheit. Diejenigen Objekte, die selbst keine Mengen sind, heißen *Urelemente*. Um Widersprüche zu vermeiden, denken wir uns das Universum in verschiedenen Stufen entstanden. Auf jeder Stufe können nur Urelemente und Mengen niedrigerer Stufe zu neuen Mengen zusammengefaßt werden. Eine Zusammenfassung von Objekten ist nur dann eine Menge, wenn diese auf irgendeiner Stufe erfolgte. Die Konstruktion der Universa kann für beliebig vorgegebene Zusammenstellungen von Urelementen vorgenommen werden. Für die Belange der Mathematik kann auf die Verwendung von Urelementen überhaupt verzichtet werden. Die in diesem Fall auftretenden Mengen werden auch *reine Mengen* genannt. Da bereits sämtliche Schwierigkeiten der Mengentheorie für den Fall der reinen Mengen auftreten und diese Art Mengentheorie vollständig ausreicht, um die derzeit bekannte Mathematik schrittweise aufzubauen und zu begründen, beschränken wir uns im folgenden auf eine Mengenlehre ohne Urelemente, wie sie von ZERMELO und FRAENKEL entwickelt wurde.

Wir formulieren jetzt in Form von Axiomen die wichtigsten Eigenschaften, die allen Mengen zukommen sollen. Aus methodischen Gründen erfolgt die Einführung der Axiome nicht in der Reihenfolge ihrer Numerierung.

Eine charakteristische Eigenschaft des Mengenbegriffs ist seine *Extensionalität*: Jede Menge ist schon durch ihre Elemente eindeutig bestimmt. Insbesondere ist die Form, in der die Menge gegeben ist, unwesentlich.

(1) Extensionalitätsaxiom.

Zwei Mengen sind genau dann gleich, wenn sie aus denselben Elementen bestehen.

Das Extensionalitätsaxiom liefert ein entscheidendes Kriterium für den Nachweis der Gleichheit von Mengen.
Die Menge, die aus genau den Elementen $a_1, \dots, a_n$ besteht, kennzeichnen wir durch $\{a_1, \dots, a_n\}$. In der Regel sind Mengen in einer mehr impliziten Form gegeben, nämlich als Menge aller Objekte, die eine bestimmte Eigenschaft E besitzen. Wir wollen hier gleich darauf aufmerksam machen, daß im allgemeinen die Gesamtheit aller Objekte mit einer bestimmten Eigenschaft keine Menge bildet. Zur Vereinfachung der Redeweise bezeichnen wir eine Gesamtheit von Mengen mit einer gegebenen Eigenschaft als *Klasse*. In diesem Sinne ist eine Menge immer eine Klasse, aber nicht alle Klassen sind Mengen, wie man am Beispiel der Klasse aller Mengen sieht. Klassen sind durch die sie definierenden Eigenschaften eindeutig bestimmt.

Welcher Art können nun die Eigenschaften von Mengen sein?

Wegen der Extensionalität kommen eigentlich nur solche Eigenschaften in Frage, die sich elementar mit Hilfe der Elementbeziehung formulieren lassen. Wir führen deshalb die elementare Sprache L_M der Mengenlehre ein, deren einziges nichtlogisches Zeichen das zweistellige Relationssymbol $\in$ ist, welches als Elementbeziehung interpretiert wird (Aufbau elementarer Sprachen in Box 9, S. 47).
Der besseren Übersicht wegen benutzen wir auch

$$(\forall x \in y)\varphi \quad \text{und} \quad (\exists x \in y)\varphi$$

als Abkürzungen für die Ausdrücke

$$\forall x(x \in y \to \varphi) \quad \text{bzw.} \quad \exists x(x \in y \wedge \varphi) \quad \text{aus } L_M.$$

Eigenschaften von Mengen können nun mit Ausdrücken (in einer freien Variablen) aus L_M identifiziert werden. Bildet die Klasse aller Objekte x mit der Eigenschaft $\varphi(x)$ eine Menge A, dann notieren wir dies auch durch

$$A = \{x : \varphi(x)\}.$$

Unter welchen Bedingungen ist nun eine Zusammenfassung von Mengen aus einer Klasse K zu einer neuen Menge möglich?

Jede in K vorkommende Menge wurde auf einer bestimmten Stufe gebildet. Um diese Mengen zu einer neuen Menge A zusammenfassen zu können, muß eine Stufe existieren, die allen Stufen nachfolgt, welche zur Bildung der Mengen in K notwendig waren. Um möglichst frei zu sein bei der Bildung neuer Mengen, setzen wir die Existenz solcher Folgezustände voraus, sobald es uns vorstellbar erscheint. Von diesen Überlegungen ausgehend, kommen wir zu den folgenden Mengenbildungsregeln, die in Form von Axiomen formuliert werden. Dazu benötigen wir noch den Begriff der Teilmenge. Eine Menge A heißt *Teilmenge* der Menge B, $A \subseteq B$, falls jedes Element von A auch Element von B ist.

(8) Teilmengen- oder Aussonderungsaxiom.

Zu jeder Menge A und jeder Eigenschaft E existiert eine Teilmenge M von A, die aus genau den Elementen von A besteht, die die Eigenschaft E besitzen.

Ist die Eigenschaft E durch den Ausdruck φ gegeben, dann schreiben wir für M auch

$$\{x \in A : \varphi(x)\}.$$

Insbesondere ergibt sich für den Ausdruck $x \neq x$: Wenn es überhaupt Mengen gibt, dann existiert auch die Teilmenge

$$\{x \in A : x \neq x\}.$$

Diese Menge heißt *leere Menge* und wird mit $\emptyset$ bezeichnet. Wegen des Extensionalitätsaxioms ist die leere Menge eindeutig bestimmt und dadurch charakterisiert, daß sie die einzige Menge ist, welche keine Elemente besitzt. Die Forderung, daß es überhaupt Mengen gibt, läßt sich durch die Annahme der Existenz der leeren Menge ersetzen.

Sind A und B Mengen, dann erhält man mit Hilfe des Teilmengenaxioms die Existenz der Menge

$$A \cap B = \{x \in A : x \in B\},$$

die als *Durchschnitt* von A und B bezeichnet wird.

Ebenso ergibt sich die Existenz der *Differenz*

$$A \setminus B = \{x \in A : x \notin B\}$$

der Mengen A und B, wobei $x \notin B$ für $\neg(x \in B)$ steht.

Dagegen läßt sich die Vereinigungsmenge zweier Mengen nicht ohne weiteres bilden, hierzu ist ein entsprechendes Axiom erforderlich. Einige wichtige mengentheoretische Grundbegriffe, die in der Mathematik häufig benutzt werden, sind in der folgenden Box näher erläutert.

Box 20. Mengentheoretische Grundbegriffe

Zu den wichtigsten mengentheoretischen Beziehungen gehört die Teilmengenbeziehung. Sie wird mit Hilfe der Elementbeziehung definiert:

$$x \subseteq y \leftrightarrow \forall z(z \in x \rightarrow z \in y).$$

Aus den logischen Axiomen und dem Extensionalitätsaxiom ergeben sich die folgenden Eigenschaften:

Reflexivität: $A \subseteq A$,
Transitivität: $A \subseteq B \ \wedge \ B \subseteq C \ \rightarrow \ A \subseteq C$,
Antisymmetrie: $A \subseteq B \ \wedge \ B \subseteq A \ \rightarrow \ A = B$.

Durch die Teilmengenbeziehung wird also das Universum partiell geordnet. Die elementaren mengentheoretischen Operationen Durchschnitt $\cap$, Vereinigung $\cup$ und Differenz $\setminus$ haben die folgende formale Definition:

$$z = x \cap y \leftrightarrow \forall u(u \in z \leftrightarrow u \in x \wedge u \in y),$$
$$z = x \cup y \leftrightarrow \forall u(u \in z \leftrightarrow u \in x \vee u \in y),$$
$$z = x \setminus y \leftrightarrow \forall u(u \in z \leftrightarrow u \in x \wedge u \notin y).$$

Für die mengentheoretischen Operationen gelten:

Kommutativität: $A \cap B = B \cap A, \quad A \cup B = B \cup A$,
Assoziativität: $A \cap (B \cap C) = (A \cap B) \cap C$,
$A \cup (B \cup C) = (A \cup B) \cup C$,
Idempotenz: $A \cap A = A, \quad A \cup A = A$,
Distributivität: $A \cap (B \cup C) = (A \cap B) \cup (A \cap C)$,
$A \cup (B \cap C) = (A \cup B) \cap (A \cup C)$.

Die Halbordnung läßt sich jeweils mittels des Durchschnitts, der Vereinigung bzw. der Differenz ausdrücken, denn es gilt:

1. $A \subseteq B \iff A \cap B = A$,
2. $A \subseteq B \iff A \cup B = B$,
3. $A \subseteq B \iff A \setminus B = \emptyset$.

Andererseits lassen sich auch Durchschnitt und Vereinigung mit Hilfe der Halbordnung ausdrücken.

4. $C = A \cap B \iff C \subseteq A \ \wedge \ C \subseteq B$
$\wedge \ \forall X(X \subseteq A \ \wedge \ X \subseteq B \ \rightarrow \ X \subseteq C)$,
5. $C = A \cup B \iff A \subseteq C \ \wedge \ B \subseteq C$
$\wedge \ \forall X(A \subseteq X \ \wedge \ B \subseteq X \ \rightarrow \ C \subseteq X)$.

Der Durchschnitt zweier Mengen ist die größte untere Schranke bezüglich $\subseteq$. Analog ist die Vereinigung zweier Mengen die kleinste obere Schranke bezüglich $\subseteq$.

Eine Menge, die aus zwei Elementen besteht, heißt *Paarmenge*. Sind A und B gegebene Mengen, so kennzeichnet $\{A, B\}$ die Paarmenge (A und B müssen nicht notwendig verschiedene Mengen sein). Die vielleicht selbstverständlich erscheinende Bildung von Paarmengen muß natürlich auch axiomatisch vereinbart werden.

(2) Paarmengenaxiom.

Zu je zwei Mengen A und B existiert eine Menge C, deren Elemente gerade A und B sind.

Sind hierbei A und B gleich der leeren Menge, dann läßt sich nach diesem Axiom auch die Einermenge $\{\emptyset\}$ bilden.
Die *Vereinigung* $\bigcup A$ von A besteht aus allen Elementen a, zu denen es eine Menge $X \in A$ mit $a \in X$ gibt.

Beispiele

1. Ist $A = \{\{a_1, a_2, a_3\}, \{a_2, a_4\}, \{a_1, a_5\}\}$, so ist $\bigcup A = \{a_1, \ldots, a_5\}$.
2. Die Vereinigung von $\{\emptyset, \{\emptyset\}\}$ ist die Menge $\{\emptyset\}$.
3. Die Vereinigung der leeren Menge ist die leere Menge.

(3) Vereinigungsmengenaxiom.

Zu jeder Menge A existiert die Vereinigungsmenge $\bigcup A$.

Sind A und B Mengen, so können wir zunächst die Paarmenge $\{A, B\}$ und anschließend die Vereinigung von $\{A, B\}$ bilden. Die so entstandene Menge heißt *Vereinigung* von A und B und wird mit $A \cup B := \bigcup\{A, B\}$ bezeichnet. Ein Element gehört der Vereinigung $A \cup B$ genau dann an, wenn es zu A oder B gehört.

Beispiele.

1. Für $A = \{a_1, a_2, a_3\}$ und $B = \{a_2, a_3, a_4, a_5\}$ erhält man $A \cup B = \{a_1, \ldots, a_5\}$.
2. Ist $M = \{a, b, c, d, e\}$ und $N = \{b, c, e\}$, so ist $M \cup N = \{a, b, c, d, e\}$.

Damit stehen uns nun die elementaren mengentheoretischen Operationen Durchschnitt, Vereinigung und Differenz zur Verfügung. Die üblichen Eigenschaften der Mengenoperationen ergeben sich aus den Axiomen.

Zur Demonstration beweisen wir die Kommutativität des Durchschnitts: $A \cap B = B \cap A$.

Beweis. Wegen der Extensionalität genügt es zu zeigen, daß beide Mengen dieselben Elemente enthalten. Ist $a \in A \cap B$, so ist $a \in A$ mit der Eigenschaft $a \in B$. Folglich ist auch $a \in B$ mit der Eigenschaft $a \in A$ und damit $a \in B \cap A$. Jedes Element aus $A \cap B$ gehört also zu $B \cap A$. Aus Symmetriegründen gilt auch die Umkehrung, woraus $A \cap B = B \cap A$ folgt. ❑

Die wenigen bisher betrachteten Axiome erlauben es bereits, natürliche Zahlen darzustellen. Jede natürliche Zahl entspricht dabei einer bestimmten Menge. Es wäre wünschenswert, wenn die natürliche Zahl n auch durch eine Menge mit n Elementen dargestellt werden könnte. Daher legen wir einfach fest, daß jede natürliche Zahl n gerade durch die Menge der natürlichen Zahlen, die kleiner sind als n, repräsentiert wird:

$$0 = \emptyset, \quad 1 = \{0\}, \quad 2 = \{0,1\}, \quad 3 = \{0,1,2\}, \ldots.$$

Die Mengen 0,1,2,3,... haben eine interessante Eigenschaft, die als *Transitivität* bezeichnet wird (nicht zu verwechseln mit der Transitivität zweistelliger Relationen). Eine Menge A heißt *transitiv*, wenn jedes Element von A gleichzeitig auch Teilmenge von A ist. Unter den transitiven Mengen spielen die Ordinale eine besondere Rolle. Eine transitive Menge ist ein *Ordinal* oder eine *Ordinalzahl*, wenn auch jedes ihrer Elemente transitiv ist.
Man überzeugt sich leicht davon, daß die Mengen 0,1,2,3,... Ordinale sind. Betrachten wir die Struktur der Ordinale etwas genauer. Zu jedem Ordinal α läßt sich wegen des Paarmengen- und des Vereinigungsmengenaxioms die Menge $\alpha^+ = \alpha \cup \{\alpha\}$ bilden, die als *Nachfolger* von α bezeichnet wird.

Satz 5.1 *Mit α ist auch α^+ ein Ordinal.*

Beweis. Ist $x \in \alpha^+$, so ist $x \in \alpha$ oder $x = \alpha$. In jedem Falle ist x eine Teilmenge von α^+. ❑

Ein Ordinal der Form α^+ heißt *Nachfolgerordinal* oder *Nachfolgerzahl*. Ordinale, die keine Nachfolgerzahlen und von null verschieden sind, heißen *Limesordinale* oder *Limeszahlen*.
Aus unseren bisherigen Axiomen folgt noch nicht, daß Limeszahlen existieren. Wir legen deshalb fest:

(4) Unendlichkeitsaxiom.
Es existiert eine Limeszahl.

Box 21. Transitive Mengen

Die Eigenschaft der Transitivität drücken wir mit dem Prädikat TRANS(x) aus. Seine formale Definition ist

$$\mathrm{TRANS}(x) \leftrightarrow \forall z(z \in x \rightarrow z \subseteq x).$$

Da sich die Halbordnung $\subseteq$ allein durch die Elementbeziehung $\in$ definieren läßt, kann TRANS(x) als Abkürzung für einen Ausdruck von L_M angesehen werden. Spezielle transitive Mengen werden als Ordinale bezeichnet und durch das Prädikat ON(x) gekennzeichnet.

$$\mathrm{ON}(x) \leftrightarrow \mathrm{TRANS}(x) \wedge (\forall z \in x)\mathrm{TRANS}(z).$$

Die Bildung des Nachfolgers läßt sich ebenfalls allein mit Hilfe der $\in$-Beziehung darstellen:

$$y = x^+ \leftrightarrow \exists z(y = x \cup z \wedge \forall w(w \in z \leftrightarrow w = x)).$$

Die Klasse der Nachfolgerzahlen ist wie folgt definierbar:

$$\mathrm{ON}^+(x) \leftrightarrow \exists z(x = z^+ \wedge \ \mathrm{ON}(z)).$$

Die Ordinale, die von null verschieden und nicht Nachfolger sind, heißen Limesordinale.

$$\mathrm{LIM}(x) \leftrightarrow \mathrm{ON}(x) \wedge \neg\ \mathrm{ON}^+(x) \wedge x \neq 0.$$

Die kleinste Limeszahl, deren Existenz im nächsten Abschnitt nachgewiesen wird, bezeichnen wir mit ω oder $\mathbb{N}$. Die Elemente von ω sind sämtlich Nachfolgerzahlen oder 0, womit sich ω als die *Menge der natürlichen Zahlen* erweist.
Das wichtigste Beweismittel im Bereich der natürlich Zahlen ist die Methode der *vollständigen Induktion*. Sie ergibt sich aus dem nachfolgend formulierten Fundierungsaxiom. Zwei Mengen A und B heißen *disjunkt*, wenn sie keine gemeinsamen Elemente besitzen.

(7) Fundierungsaxiom.

In jeder nichtleeren Menge A gibt es ein Element a, das mit A disjunkt ist.

Ein Element $a \in A$, welches mit A disjunkt ist, heißt auch *minimales Element* in A.

Satz 5.2 *Für jede Menge A gilt $A \notin A$.*

Beweis. Für jede Menge A läßt sich die Menge $M = \{A\}$ bilden. Wegen des Fundierungsaxioms besitzt M ein minimales Element, welches natürlich nur A sein kann. Also ist $A \cap \{A\} = \emptyset$, woraus sich $A \notin A$ ergibt. ❑

Satz 5.3 (Satz über die vollständige Induktion)
Trifft eine Eigenschaft E auf die natürliche Zahl 0 zu und folgt für jede natürliche Zahl n aus der Gültigkeit von $E(n)$ auch die Gültigkeit von $E(n^+)$, dann besitzen alle natürlichen Zahlen die Eigenschaft E.

Beweis. E definiert die Teilmenge $A = \{n \in \omega : E(n)\}$ von ω. Nehmen wir an, $\bar{A} = \omega \setminus A$ ist nicht leer. Wegen des Fundierungsaxioms besitzt $\bar{A}$ ein zu $\bar{A}$ disjunktes Element n_0, welches aufgrund der Definition von A eine Nachfolgerzahl m^+ sein muß.
Wegen $m \in n_0$ und $n_0 \cap \bar{A} = \emptyset$ ist $m \notin \bar{A}$, d.h. m besitzt die Eigenschaft E. Entsprechend der Voraussetzung des Satzes hat dann auch $m^+ = n_0$ die Eigenschaft E, was der Bedingung $n_0 \in \bar{A}$ widerspricht. Folglich muß $\bar{A}$ die leere Menge und $A = \omega$ sein. ❑

Obwohl bereits die Menge der natürlichen Zahlen zur Verfügung steht, ist unser Mengensystem bisher völlig unzureichend ausgestattet. Wesentliche Teile der Mathematik lassen sich in diesem Fragment der Mengenlehre noch nicht darstellen. Wir fahren deshalb mit dem Ausbau der Mengentheorie fort.
Aus den gegebenen Mengen a und b lassen sich zunächst die Mengen $\{a\}$ und $\{a, b\}$ und schließlich die Menge $\{\{a\}, \{a, b\}\}$ bilden, die auch *geordnetes Paar* der Elemente a und b genannt und mit (a, b) gekennzeichnet wird. Die Bezeichnung „geordnetes Paar" ergibt sich aus der folgenden charakteristischen Eigenschaft derartiger Paare.

Satz 5.4 *Die geordneten Paare (a, b) und (c, d) sind genau dann gleich, wenn $a = c$ und $b = d$ ist.*

Beweis. Falls $a = c$ und $b = d$, so ist natürlich auch $(a, b) = (c, d)$. Es sei nun umgekehrt $(a, b) = (c, d)$. Aus der Definition des geordneten

Paares erhält man $\{a\} = \{c\}$ oder $\{a\} = \{c, d\}$. In jedem Fall ist dann $a = c$. Weiterhin gilt $\{a, b\} = \{c, d\}$, woraus $b = d$ folgt. ❑

Für beliebige Mengen A und B und für Elemente $a \in A$ und $b \in B$ läßt sich das geordnete Paar (a, b) bilden. Betrachtet man alle so gebildeten Paare und faßt sie zu einer Menge zusammen, dann erhält man die außerordentlich wichtige Menge $A \times B = \{(a, b) : a \in A \land b \in B\}$, die als *Kreuzprodukt* oder *kartesisches Produkt* von A und B bezeichnet wird.

Beispiel. Für $A = \{0, 1, 2\}$ und $B = \{1, 3\}$ erhält man

$$A \times B = \{(0,1), (0,3), (1,1), (1,3), (2,1), (2,3)\}.$$

Um das Kreuzprodukt immer bilden zu können, benötigen wir ein weiteres Axiom. Dieses soll möglichst so formuliert werden, daß gleichzeitig die Existenz weiterer wichtiger Mengen gesichert ist. Zu jeder Menge A fassen wir die Klasse aller Teilmengen von A zu einer Menge $\mathcal{P}(A)$ zusammen. $\mathcal{P}(A)$ heißt *Potenzmenge* von A.

(5) Potenzmengenaxiom.

Für jede Menge A existiert die Potenzmenge $\mathcal{P}(A)$.

Beispiele.

1. Es sei $A = \{a_1, a_2, a_3\}$. Verschafft man sich einen Überblick über alle Teilmengen von A, so erhält man schließlich

   $$\mathcal{P}(A) = \{\emptyset, \{a_1\}, \{a_2\}, \{a_3\}, \{a_1, a_2\}, \{a_1, a_3\}, \{a_2, a_3\}, \{a_1, a_2, a_3\}\}.$$

2. Für Elemente $a \in A$ und $b \in B$ ist die Paarmenge $\{a, b\}$ eine Teilmenge von $A \cup B$ und somit ein Element von $\mathcal{P}(A \cup B)$. Also ist das Kreuzprodukt $A \times B$ eine Teilmenge von $\mathcal{P}(\mathcal{P}(A \cup B))$, die sich mittels des Teilmengenaxioms aussondern läßt.

Die Bildung geordneter Paare läßt sich verallgemeinern zur Bildung *geordneter n-Tupel* $(a_1, \ldots, a_n)$, wobei wir

$$(a_1, \ldots, a_n) := ((a_1, \ldots, a_{n-1}), a_n)$$

setzen. Als Menge der n-Tupel erhält man

$$A_1 \times \ldots \times A_n = \{(a_1, \ldots, a_n) : a_1 \in A_1 \land \ldots \land a_n \in A_n\}.$$

Eine *Abbildung* oder *Funktion* von M in N, $f : M \longrightarrow N$, ist eine Teilmenge $f \subseteq M \times N$ mit den Eigenschaften:

(1) Für jedes $x \in M$ existiert ein $y \in N$, so daß $(x, y) \in f$.

(2) Gehören die geordneten Paare (x, y_1) und (x, y_2) zu f, so ist $y_1 = y_2$.

M heißt *Definitionsbereich* der Funktion f. Die Menge

$$W = \{b \in N : \text{ es existiert ein } a \in M \text{ mit } (a, b) \in f\}$$

heißt *Wertebereich* oder *Bild* von f.

Anstelle von $(x, y) \in f$ schreiben wir vorzugsweise $y = f(x)$, da y durch x eindeutig bestimmt ist. Eine Funktion f heißt *injektiv* oder *eineindeutig*, wenn aus $f(x_1) = f(x_2)$ stets $x_1 = x_2$ folgt.
f ist *surjektiv* oder Abbildung *auf*, wenn zu jedem $y \in N$ ein $x \in M$ mit $f(x) = y$ existiert. Ist f sowohl injektiv als auch surjektiv, dann nennt man f auch *bijektiv*.

Für jede Funktion $f : M \longrightarrow N$ und für jedes Element $b \in N$ sei $f^{-1}(b)$ die Menge $\{a \in M : f(a) = b\}$, die *Urbild* des Elementes b genannt wird. Natürlich kann $f^{-1}(b)$ auch die leere Menge sein, nämlich immer dann, wenn b nicht im Wertebereich der Funktion f liegt. Ist die Funktion $f : M \longrightarrow N$ bijektiv, so besteht $f^{-1}(b)$ für jedes $b \in N$ aus genau einem Element. In diesem Fall stellt die Menge

$$\{(y, x) \in N \times M : (x, y) \in f\}$$

ebenfalls eine Funktion dar, die wir durch $f^{-1} : N \longrightarrow M$ kennzeichnen. f^{-1} ist die zu f *inverse Funktion.* Diese Bezeichnung steht im Zusammenhang mit der folgenden Überlegung. Es seien $f : M \longrightarrow N$ und $g : N \longrightarrow K$ Funktionen. Dann ist

$$g \circ f = \{(x, z) \in M \times K : \text{ es existiert ein } y \in N, \text{ so daß } (x, y) \in f \text{ und } (y, z) \in g\}$$

ebenfalls eine Funktion, die *Verknüpfung* oder *Komposition* von f und g heißt. Ist $f : M \longrightarrow N$ eine Bijektion, dann gilt

$$f \circ f^{-1} = \{(x, x) : x \in N\}$$

und

$$f^{-1} \circ f = \{(x, x) : x \in M\},$$

d.h., $f \circ f^{-1}$ und $f^{-1} \circ f$ sind identische Abbildungen von N bzw. M auf sich.
Eine Teilmenge $R \subseteq M_1 \times \ldots \times M_n$ heißt *n-stellige Relation.* Gilt insbesondere $M = M_1 = \ldots = M_n$, so wird R n-stellige Relation über M genannt. Funktionen sind spezielle Relationen.

Wir haben bereits mengentheoretische Operationen, wie Durchschnitt, Vereinigung und Differenz, eingeführt. Sie ordnen jedem Paar von Mengen wieder eine Menge zu und sind gegeben durch Ausdrücke der Sprache L_M. Folglich befinden wir uns in der allgemeinen Situation von elementar definierbaren Funktionen in einer Theorie (siehe Box 11, S. 54).

Hier tritt nun eine bezeichnungstechnische Unstimmigkeit auf. Einerseits wird der Begriff „Funktion" zur Kennzeichnung eines bestimmten Typs von Mengen benutzt, und andererseits verwenden wir ihn im Sinne definitorischer Erweiterungen einer Theorie. Um Mißverständnisse zu vermeiden, wählen wir im letzteren Falle die Bezeichnung *Funktional* anstelle von Funktion. Jeder Ausdruck $\varphi(y, x_1, \ldots, x_n)$ von L_M, der die Existenz- und Eindeutigkeitsbedingungen (siehe Box 11) erfüllt, bestimmt ein Funktional $F_\varphi(x_1, \ldots, x_n)$ mit dem definierenden Axiom

$$y = F_\varphi(x_1, \ldots, x_n) \leftrightarrow \varphi(y, x_1, \ldots, x_n).$$

Im folgenden seien für die üblichen mengentheoretischen Operationen entsprechende Funktionssymbole zur Kennzeichnung der Funktionale in die Sprache der Mengenlehre aufgenommen (die wir trotzdem weiterhin mit L_M bezeichnen wollen), und die Mengentheorie sei um die zugehörigen definierenden Axiome erweitert.
Als Beispiel betrachten wir den Ausdruck

$$\varphi(y, x_1, x_2) := \forall z(z \in y \leftrightarrow z \in x_1 \wedge z \in x_2),$$

der bezüglich der ZF-Mengenlehre die Existenz- und Eindeutigkeitsbedingungen erfüllt. Damit können wir das zweistellige Funktional $\cap$ mit dem definierenden Axiom $y = x_1 \cap x_2 \leftrightarrow \forall z(z \in y \leftrightarrow z \in x_1 \wedge z \in x_2)$ einführen. Wir vervollständigen jetzt das Axiomensystem der ZF-Mengenlehre durch das Schema der Ersetzungsaxiome.

(6) Ersetzungsaxiome.

Für jedes Funktional $F(x)$ und jede Menge A existiert die Menge $\{F(x) : x \in A\}$.

Ist die Funktion f eine Teilmenge der Funktion g, $f \subseteq g$, dann nennen wir g eine *Erweiterung* von f und f eine *Einschränkung* von g. Ist M der Definitionsbereich von f, so schreiben wir auch $f = g \restriction M$. Diese Begriffsbildungen lassen sich auch auf Funktionale übertragen. f ist Einschränkung des Funktionals $F(x)$ auf M, $f = F \restriction M$, wenn $f(x) = F(x)$ für beliebige Elemente x aus der Menge M gilt. Aus dem Ersetzungsaxiom erhält man den folgende Resultat:

Satz 5.5 (Approximationssatz)
Für jedes Funktional $F(x)$ und für jede Menge M existiert eine Funktion f, welche die Einschränkung von F auf M ist.

Beweis. Aufgrund der Ersetzungsaxiome existiert die Menge $N = \{F(x) : x \in M\}$. Wir setzen

$$f = \{(x, y) : x \in M \wedge y = F(x)\}.$$

f ist eine Teilmenge von $\mathcal{P}(\mathcal{P}(M \cup N))$, die sich mittels des Ausdrucks $x \in M \wedge y = F(x)$ aussondern läßt. ❑

Der Approximationssatz ist bei der Konstruktion von Funktionen mit bestimmten Eigenschaften recht nützlich. Beispielsweise läßt sich das Funktional $F(x) = x^+ = x \cup \{x\}$ auf der Menge der natürlichen Zahlen ω durch eine Funktion $S : \omega \longrightarrow \omega$ approximieren. Für die Struktur $\langle \omega, S \rangle$ gelten dann die folgenden (im Rahmen unserer Mengenlehre beweisbaren) Aussagen, deren Zusammenstellung auch *Peanosches Axiomensystem* genannt wird.

Peanosche Axiome:

(1) 0 ist eine natürliche Zahl.

(2) Jede natürliche Zahl n hat einen Nachfolger $S(n)$.

(3) Aus $S(n) = S(m)$ folgt $n = m$.

(4) 0 ist nicht Nachfolger einer natürlichen Zahl.

(5) Jede Menge X, die 0 und mit jeder natürlichen Zahl n auch deren Nachfolger $S(n)$ enthält, umfaßt alle natürlichen Zahlen.

Beweis. Die Bedingungen (1) – (4) lassen sich ohne Schwierigkeiten verifizieren. Zum Nachweis von (5) wählen wir die Eigenschaft $E(n) := (n \in X)$. Aus dem Satz über die vollständige Induktion erhält man unmittelbar die Gültigkeit der Aussage $\forall n (n \in \omega \rightarrow n \in X)$, was $\omega \subseteq X$ bedeutet. Damit ist (5) nachgewiesen. ❑

Box 22. Funktionen und Funktionale

Der Abbildungsbegriff ist eng verknüpft mit dem Begriff des geordneten Paares (x, y), das die formale Definition

$$z = (x, y) \leftrightarrow (\exists y_1 \in z)(\exists y_2 \in z)\,[\forall w(w \in z \leftrightarrow w = y_1 \lor w = y_2) \\ \land \forall w(w \in y_1 \leftrightarrow w = x) \land \forall w(w \in y_2 \leftrightarrow w = x \lor w = y))\,]$$

besitzt. Damit erhält man für das Kreuzprodukt $M \times N$

$$K = M \times N \leftrightarrow \forall z(z \in K \leftrightarrow (\exists x \in M)(\exists y \in N)(z = (x, y))).$$

Spezielle Teilmengen von $M \times N$ werden als Abbildungen oder Funktionen bezeichnet. $f \subseteq M \times N$ ist eine *Funktion*, wenn zu jedem $x \in M$ ein $y \in N$ mit $(x, y) \in f$ existiert und wenn dieses y eindeutig bestimmt ist. Für die Funktion $f : M \longrightarrow N$ erhalten wir formal:

$$(f : M \longrightarrow N) \leftrightarrow f \subseteq M \times N \land (\forall x \in M)(\exists y \in N)((x, y) \in f) \land \\ \forall x \forall y_1 \forall y_2[(x, y_1) \in f \land (x, y_2) \in f \rightarrow y_1 = y_2].$$

Die Mengen, die überhaupt Funktionen darstellen, werden durch das Prädikat $\mathrm{FUNC}(f)$ charakterisiert.

$$\mathrm{FUNC}(f) \leftrightarrow \exists M \exists N(f : M \longrightarrow N).$$

Ist f eine Funktion, so sind der Definitionsbereich $\mathrm{Def}(f)$ und der Wertebereich $\mathrm{W}(f)$ ebenfalls in L_M definierbar.

$$U = \mathrm{Def}(f) \iff \forall z(z \in U \leftrightarrow \exists y(z, y) \in f),$$
$$V = \mathrm{W}(f) \iff \forall z(z \in V \leftrightarrow \exists x(x, z) \in f).$$

Ein Ausdruck $\varphi(y, x_1, \ldots, x_n)$ der Sprache L_M bestimmt ein Funktional bezüglich der Mengentheorie T, wenn φ die Existenz- und Eindeutigkeitsbedingungen erfüllt (Box 11, S. 54). Die Sprache kann definitorisch erweitert werden um ein n-stelliges Funktionszeichen $F_\varphi(x_1, \ldots, x_n)$ mit dem definierenden Axiom

$$y = F_\varphi(x_1, \ldots, x_n) \leftrightarrow \varphi(y, x_1, \ldots, x_n).$$

Ist die Funktion f eine Einschränkung des Funktionals $F(x)$, so wird das formal ausgedrückt durch: $\forall x \forall y[(x, y) \in f \rightarrow \varphi(y, x)]$, wobei $\varphi(y, x)$ der $F(x)$ definierende Ausdruck ist. Mehrstellige Funktionale lassen sich prinzipiell auf einstellige zurückführen.
Ist $F(x_1, \ldots, x_n)$ ein mehrstelliges Funktional, so ist

$$G(x) = \begin{cases} F(x_1, \ldots, x_n), & \text{falls } x \text{ das } n\text{-Tupel } (x_1, \ldots, x_n) \text{ ist,} \\ \emptyset & \text{anderenfalls} \end{cases}$$

ein einstelliges Funktional. Aus $G(x)$ läßt sich F wieder zurückgewinnen: $F(x_1, \ldots, x_n) = G((x_1, \ldots, x_n))$.

Ein häufig verwendetes aber nicht allseits akzeptiertes und wegen seiner Komplexität nicht unmittelbar einsichtiges Axiom ist das *Auswahlaxiom*. Es sei A eine Menge, deren Elemente sämtlich nichtleere Mengen sind. Eine Abbildung $f : A \longrightarrow \bigcup A$ mit der Eigenschaft $f(a) \in a$ für jedes $a \in A$ heißt *Auswahlfunktion*. Durch die Funktion f wird in jeder Menge $a \in A$ ein Element, nämlich $f(a)$, ausgezeichnet. Die Existenz von Auswahlfunktionen ist äußerst nützlich, aber keineswegs plausibel.

(9) Auswahlaxiom.

Ist $A \neq \emptyset$ ein Mengensystem nichtleerer Mengen, dann besitzt A eine Auswahlfunktion.

Wird das Auswahlaxiom zum Axiomensystem hinzugenommen, dann sprechen wir von der ZFC-*Mengenlehre* (die englische Bezeichnung für „Auswahlaxiom“ ist „axiom of choice“). In der klassischen Analysis wird dieses Axiom sehr häufig benötigt (z.B. für die Auswahl von Teilfolgen). Im Abschnitt 5.4 gehen wir auf wichtige äquivalente Formulierungen des Auswahlaxioms ein.

Box 23. Axiome der Mengenlehre
nach Zermelo und Fraenkel

Zur Formulierung der mengentheoretischen Aussagen benutzen wir die elementare Sprache L_M mit dem einzigen zweistelligen nicht-logischen Zeichen $\in$ (und weiteren definierbaren Zeichen). Der besseren Übersicht wegen benutzen wir die Abkürzungen $(\forall x \in y)\varphi$ und $(\exists x \in y)\varphi$ für $\forall x(x \in y \to \varphi)$ bzw. $\exists x(x \in y \wedge \varphi)$.

Die Theorie ZF besteht aus den folgenden Axiomen:

(1) Extensionalitätsaxiom: $\forall x \forall y[x = y \leftrightarrow \forall z(z \in x \leftrightarrow z \in y)]$.

(2) Paarmengenaxiom: $\forall x \forall y \exists u \forall z(z \in u \leftrightarrow z = x \vee z = y)$.

(3) Vereinigungsmengenaxiom: $\forall x \exists u \forall z[z \in u \leftrightarrow (\exists y \in x)(z \in y)]$.

(4) Unendlichkeitsaxiom: $\exists x\,(\mathrm{LIM(x)})$.

(5) Potenzmengenaxiom: $\forall x \exists y \forall z(z \in y \leftrightarrow z \subseteq x)$.

(6) Ersetzungsschema:
$$\forall x \exists! y \varphi(y,x) \to [\forall u \exists v \forall z(z \in v \leftrightarrow (\exists x \in u)\varphi(z,x))].$$

(7) Fundierungsaxiom: $\forall y[y \neq \emptyset \to \exists x(x \in y \wedge x \cap y = \emptyset)]$.

(8) Teilmengenschema: $\forall x \exists y \forall z[z \in y \leftrightarrow z \in x \wedge \varphi(z)]$.

Die Definition des Kreuzprodukts soll jetzt auf unendlich viele Faktoren erweitert werden. Dazu sei M ein Mengensystem nichtleerer Mengen. Die Menge der Auswahlfunktionen von M bezeichnen wir mit $\prod_{X\in M} X$ und nennen sie *kartesisches Produkt* des Mengensystems M. Das Auswahlaxiom sichert nun, daß das kartesische Produkt jedes Mengensystems nichtleerer Mengen selbst nicht leer ist. Auf weitere mögliche mengentheoretische Axiome gehen wir im letzten Abschnitt dieses Kapitels ein.

5.3 Ordinale

Die Ordinale sind beim Aufbau des Mengenuniversums von besonderer Bedeutung. Woraus erwächst nun diese besondere Rolle? Bei der Motivation der Axiome vermittelten wir die Vorstellung von der Entwicklung des Mengenuniversums in Stufen. Danach sollte jede Menge auf einer bestimmten Stufe entstanden sein. Der Begriff der Stufe blieb aber weitgehend ungeklärt. Mit Hilfe der Ordinale ergibt sich nun die Möglichkeit, diesen Begriff dahingehend zu präzisieren, daß jeder Stufe eine Ordinalzahl zugeordnet wird, nämlich gerade die eindeutig bestimmte Ordinalzahl, die auf der entsprechenden Stufe gebildet wurde. Da zur Bildung der leeren Menge keine weiteren Mengen benötigt werden, existiert sie bereits auf der nullten Stufe. Aus der leeren Menge läßt sich die Menge $1 = \{\emptyset\}$ konstruieren. Auf der n-ten Stufe kann die Menge $\{0, 1, \ldots, n-1\}$ gebildet werden, usw. Diese Überlegung wird nun ins „Transfinite“ fortgesetzt. Die Menge der natürlichen Zahlen läßt sich erst dann bilden, wenn jede einzelne natürliche Zahl schon vorhanden ist. Man benötigt dazu eine Stufe, die den Stufen 0,1,2,3,... nachfolgt. Diese Stufe läßt sich gerade durch die Ordinalzahl ω kennzeichnen. Die auf ω folgende Stufe ist der Nachfolger von ω usw. Dieser Prozeß ist beliebig oft wiederholbar.
Nachdem wir nun die Idee grob erläutert haben, sollen diese Vorstellungen genauer ausgeführt werden. Dazu benötigen wir jedoch weitergehende Kenntnisse über die Klasse On der Ordinalzahlen. Anstelle von „α ist ein Ordinal“ schreiben wir auch kurz $\alpha \in$ On, obwohl On keine Menge ist, wie später noch gezeigt wird. Ordinale und Variable für Ordinale bezeichnen wir im folgenden vornehmlich mit $\alpha, \beta, \gamma, \ldots$.
Wir stellen jetzt einige grundlegende Eigenschaften für Ordinale zusammen.

(**On 1**) Jedes Element eines Ordinals ist wieder ein Ordinal.

Beweis. Es sei $\alpha \in$ On und $x \in \alpha$. Wegen der Transitivität von α ist $x \subseteq \alpha$. Weiterhin sind x und jedes $y \in x$ transitiv. Folglich ist x ein Ordinal. ❑

Für $\alpha, \beta \in$ On schreiben wir auch $\alpha < \beta$ anstelle von $\alpha \in \beta$ und weisen nach, daß $<$ eine irreflexive Ordnung in On erzeugt.

(**On 2**) $\forall\alpha\neg(\alpha < \alpha)$.

Der Beweis folgt unmittelbar aus Satz 5.2. ❑

(**On 3**) $(\alpha < \beta \wedge \beta < \gamma) \rightarrow \alpha < \gamma$.

Beweis. Ist $\alpha \in \beta$ und $\beta \in \gamma$, so ist wegen der Transitivität von γ auch $\alpha \in \gamma$. ❑

Für natürliche Zahlen gilt der folgende Schluß: Gibt es eine natürliche Zahl mit der Eigenschaft E, dann existiert eine kleinste natürliche Zahl mit der betreffenden Eigenschaft.
Diese wichtige Schlußweise läßt sich auf Ordinale übertragen.

(**On 4**) $\exists\alpha\varphi(\alpha) \rightarrow \exists\alpha[\varphi(\alpha) \wedge \forall\beta(\beta < \alpha \rightarrow \neg\varphi(\beta))]$.

Beweis. Nehmen wir an, es gibt ein α, welches φ erfüllt.
Falls $\forall\beta(\beta < \alpha \rightarrow \neg\varphi(\beta))$ gilt, ist α bereits die gesuchte Ordinalzahl. Anderenfalls ist die Menge $M = \{x \in \alpha : \varphi(x)\}$ nicht leer. Wegen der Fundierung existiert ein $\gamma \in M$, das mit M disjunkt ist. γ ist ein Ordinal und erfüllt φ. Da γ mit M disjunkt ist, kann kein Element von γ die Eigenschaft φ besitzen. Es gilt somit $\forall x(x < \gamma \rightarrow \neg\varphi(x))$. Folglich erfüllt $\alpha = \gamma$ die obige Behauptung. γ heißt auch *minimal* bezüglich φ. ❑

(**On 5**) $\alpha < \beta \vee \alpha = \beta \vee \beta < \alpha$.

Beweis. $\psi(\alpha, \beta)$ bezeichne den obigen Ausdruck. Wir zeigen die Behauptung indirekt, indem wir aus der Annahme $\exists\alpha\exists\beta\neg\psi(\alpha, \beta)$ einen Widerspruch herleiten. Entsprechend der Eigenschaft (On 4) sei α minimal bezüglich $\exists\beta\neg\psi(\alpha, \beta)$, und bei fixiertem α sei β minimal bezüglich $\neg\psi(\alpha, \beta)$. Unter dieser Voraussetzung zeigen wir jetzt, daß $\beta \subseteq \alpha$.

Ist $\gamma \in \beta$ beliebig, so ist $\gamma \in \mathrm{On}$ und es gilt $\psi(\alpha, \gamma)$, da β minimal gewählt war. Dann trifft also wenigstens einer der folgenden drei Fälle zu:

$$\alpha < \gamma, \quad \alpha = \gamma \quad \text{oder} \quad \gamma < \alpha$$

Aus $\alpha < \gamma$ bzw. $\alpha = \gamma$ erhält man wegen (On 3) $\alpha < \beta$, was der Annahme $\neg\psi(\alpha, \beta)$ widerspricht. Es bleibt nur noch $\gamma < \alpha$ übrig, was gleichbedeutend ist mit $\gamma \in \alpha$. Also gilt $\beta \subseteq \alpha$. Aus $\neg\psi(\alpha, \beta)$ folgt insbesondere $\alpha \neq \beta$, und somit ist β eine echte Teilmenge von α. Es sei nun $\gamma \in \alpha \setminus \beta$. Dann ist γ ein Ordinal mit der Eigenschaft $\psi(\gamma, \beta)$, da α minimal gewählt war. Wegen $\gamma \notin \beta$ gilt nicht $\gamma < \beta$, womit nur die Möglichkeit $\gamma = \beta \vee \beta < \gamma$ verbleibt. Aus (On 3) erhält man schließlich $\beta < \alpha$ und damit einen Widerspruch zu $\neg\psi(\alpha, \beta)$. ❑

Die Eigenschaft (On 5) hat weitreichende Konsequenzen. Sie zeigt, daß die Klasse der Ordinalzahlen durch die Elementbeziehung nicht nur partiell sondern sogar linear geordnet wird. Folglich ist die nach (On 4) existierende minimale Ordinalzahl α eindeutig bestimmt. Wir nennen sie die *kleinste Ordinalzahl, die* φ *erfüllt.* Die Bedingung (On 4) läßt sich nun auch folgendermaßen formulieren:

(**On 4′**) Gibt es eine Ordinalzahl α mit der Eigenschaft φ, dann existiert eine kleinste φ erfüllende Ordinalzahl.

Für $\varphi(x) := \mathrm{LIM}(x)$ erhält man hieraus die im vorigen Abschnitt behauptete Existenz von ω.
Mit Hilfe der $<$-Beziehung ist wie üblich die $\leq$-Beziehung durch

$$\alpha \leq \beta \iff (\alpha < \beta \vee \alpha = \beta)$$

definierbar.

(**On 6**) $\alpha \leq \beta \iff \alpha \subseteq \beta$.

Beweis. Wenn $\alpha \leq \beta$, so $\alpha < \beta$ oder $\alpha = \beta$. Wegen der Transitivität von β folgt aus $\alpha < \beta$ sofort $\alpha \subseteq \beta$.
Nun sei umgekehrt $\alpha \subseteq \beta$. Angenommen, es gilt $\neg(\alpha \leq \beta)$. Aus (On 5) erhält man dann $\beta < \alpha$ und auf Grund der Transitivität auch $\beta \subseteq \alpha$. Folglich ist $\alpha = \beta$, was der Annahme $\neg(\alpha \leq \beta)$ widerspricht. ❑

Die Klasse der von null verschiedenen Ordinalzahlen ist unterteilt in Nachfolgerzahlen und Limeszahlen. Wir wollen diese Teile jetzt genauer untersuchen.

(**On 7**) Für jedes $\alpha \in$ On ist α^+ die kleinste Ordinalzahl, die größer als α ist.

Beweis. Offensichtlich ist $\alpha < \alpha^+$. Ist β eine beliebige Ordinalzahl mit $\alpha < \beta$, so ist $\alpha^+ \leq \beta$. Anderenfalls wäre $\beta < \alpha^+$, also $\beta = \alpha$ oder $\beta \in \alpha$, was der Voraussetzung $\alpha < \beta$ widerspräche. ❑

(**On 8**) Für jede Menge M von Ordinalzahlen ist $\bigcup M$ ein Ordinal. $\bigcup M$ ist Supremum von M, $\sup M = \bigcup M$.

Beweis. Es sei $x \in \bigcup M$. Dann ist $x \in \alpha$ für ein $\alpha \in M$. α ist Ordinal und daher transitiv. Folglich gilt $x \subseteq \alpha \subseteq \bigcup M$. Wegen (On 6) ist $\bigcup M$ die kleinste obere Schranke für die Elemente in M, also $\sup M = \bigcup M$. ❑

(**On 9**) Die Klasse On aller Ordinalzahlen ist keine Menge.

Beweis. Angenommen, On ist eine Menge. Dann ist nach (On 8) $\alpha = \bigcup$ On eine Ordinalzahl. Wegen $\alpha \in \alpha^+$ und $\alpha^+ \in$ On ist $\alpha \in \bigcup$ On. Damit erhält man $\alpha \in \alpha$ im Widerspruch zu (On 2). ❑

(**On 10**) Eine Ordinalzahl $\alpha \neq 0$ ist Limeszahl gdw $\beta^+ < \alpha$ für beliebige $\beta < \alpha$.

Beweis. Es sei α eine Limeszahl und $\beta < \alpha$. β^+ ist die kleinste Ordinalzahl größer als β, folglich ist $\beta^+ \leq \alpha$. Da α eine Limeszahl und β^+ eine Nachfolgerzahl ist, gilt $\beta^+ < \alpha$.
Nun sei umgekehrt $\beta^+ < \alpha$ für beliebige $\beta < \alpha$. Dann ist insbesondere $\alpha \neq \beta^+$ für jedes $\beta \in$ On. Daher muß α eine Limeszahl sein. ❑

(**On 11**) Eine Ordinalzahl $\alpha \neq 0$ ist eine Limeszahl gdw $\alpha = \bigcup \alpha$.

Beweis. Zunächst sei α eine Limeszahl.
Wenn $x \in \bigcup \alpha$, so existiert ein $\beta \in \alpha$ mit $x \in \beta$. Also ist $x \in \alpha$ und damit auch $\bigcup \alpha \subseteq \alpha$. Ist nun $\beta \in \alpha$, so gilt auf Grund von (On 10) auch $\beta^+ \in \alpha$. Wegen $\beta \in \beta^+$ ist $\beta \in \bigcup \alpha$ und somit auch $\alpha \subseteq \bigcup \alpha$. Dies ergibt $\alpha = \bigcup \alpha$.
Ist andererseits $\alpha \neq 0$ keine Limeszahl, dann existiert ein $\beta < \alpha$ mit $\beta^+ = \alpha$. Es gilt stets $\bigcup \beta^+ = \beta$, also $\bigcup \alpha = \bigcup \beta^+ = \beta < \alpha$ und damit $\bigcup \alpha \neq \alpha$. ❑

Im folgenden soll die Methode der vollständigen Induktion auf die Klasse der Ordinale übertragen werden. Dieses verallgemeinerte Prinzip nennen wir *transfinite Induktion.*

Satz 5.6 (Prinzip der transfiniten Induktion)
Wenn $\forall\alpha[\forall\beta(\beta < \alpha \to \varphi(\beta)) \to \varphi(\alpha)]$, *so gilt* $\forall\alpha\varphi(\alpha)$.

Beweis. Angenommen, $\forall\alpha\varphi(\alpha)$ gilt nicht. Dann existiert ein α mit $\neg\varphi(\alpha)$. Wegen (On 4) können wir o.B.d.A. annehmen, daß α die kleinste Ordinalzahl mit dieser Eigenschaft ist. Folglich gilt

$$\forall\beta(\beta < \alpha \to \varphi(\beta)).$$

Entsprechend der Voraussetzung des Satzes kann man dann auf $\varphi(\alpha)$ schließen, was der Annahme $\neg\varphi(\alpha)$ widerspricht. ❑

Durch das Prinzip der transfiniten Induktion wird der Beweis einer Aussage der Form $\forall\alpha\varphi(\alpha)$ zurückgeführt auf den Beweis der Aussage

$$\forall\alpha[\forall\beta(\beta < \alpha \to \varphi(\beta)) \to \varphi(\alpha)].$$

Die Prämisse $\forall\beta(\beta < \alpha \to \varphi(\beta))$ heißt *Induktionsvoraussetzung.* Wir werden noch Gelegenheit haben, diese Art der Induktion als Beweismittel einzusetzen.

Die transfinite Induktion kann auch zur Definition von Funktionalen benutzt werden. Dabei lassen wir uns von der folgenden Vorstellung leiten: Der Wert eines Funktionals F an der Stelle α ergibt sich aus α und den Werten $F(\beta)$ für $\beta < \alpha$ mit Hilfe eines schon gegebenen zweistelligen Funktionals $G(x, y)$.

Die Definition von $F(\alpha)$ hat etwa die folgende Gestalt:

$$F(\alpha) := G(\alpha, \{(\beta, F(\beta)) : \beta < \alpha\}).$$

Das Ungewöhnliche an der obigen Definition besteht darin, daß das zu definierende Funktional F sowohl auf der linken als auch auf der rechten Seite der Definition erscheint. Derartige „induktive Definitionen“ bedürfen einer Rechtfertigung, die im Anschluß gegeben wird.

Es sei f eine Funktion mit dem Definitionsbereich α. Für $\beta < \alpha$ ist die Einschränkung $f \restriction \beta$ definiert. Wir führen jetzt ein zweistelliges Prädikat R ein, so daß $R(f, \alpha)$ genau dann gilt, wenn f eine Funktion ist, deren Definitionsbereich α umfaßt, und wenn $f(\beta) = G(\beta, \{(\gamma, f(\gamma)) : \gamma < \beta\})$ für alle $\beta < \alpha$ gilt.

Daraus erhält man unmittelbar die folgende Eigenschaft

(1) $R(f, \alpha) \wedge \beta < \alpha \to R(f, \beta)$.

Weiterhin gilt

(2) $R(f,\alpha) \wedge R(g,\alpha) \rightarrow G(\alpha, f\restriction\alpha) = G(\alpha, g\restriction\alpha)$.

Den Beweis dafür führen wir mit transfiniter Induktion.

(2) gelte bereits für $\beta < \alpha$, und f, g seien Funktionen, für die $R(f,\alpha)$ und $R(g,\alpha)$ zutreffen. Nach (1) gelten dann auch $R(f,\beta)$ und $R(g,\beta)$. Aus der Induktionsvoraussetzung folgt:

$$f(\beta) = G(\beta, f\restriction\beta) = G(\beta, g\restriction\beta) = g(\beta),$$

was sofort

$$G(\alpha, f\restriction\alpha) = G(\alpha, g\restriction\alpha)$$

impliziert.

Das Funktional F läßt sich nun folgendermaßen definieren: Wenn es eine Funktion f mit $R(f,\alpha)$ gibt, so sei $F(\alpha) = G(\alpha, f\restriction\alpha)$, anderenfalls sei $F(\alpha) = \emptyset$. Wegen (2) ist F eindeutig bestimmt und unabhängig von der Wahl der Funktion f.
Weiterhin gilt

(3) $\exists f R(f,\alpha) \rightarrow F(\alpha) = G(\alpha, \{(\beta, F(\beta)) : \beta < \alpha\})$.

Zum Nachweis dieser Eigenschaft sei f so gewählt, daß $R(f,\alpha)$ gilt. Für $\beta < \alpha$ erhält man aus (1) $R(f,\beta)$. Also ist $F(\beta) = f(\beta)$, und damit gilt

$$F(\alpha) = G(\alpha, f\restriction\alpha) = G(\alpha, \{(\beta, F(\beta)) : \beta < \alpha\}).$$

Im Hinblick auf (3) verbleibt nur noch der Nachweis von

(4) $\exists f R(f,\alpha)$.

Dies erfolgt wiederum durch transfinite Induktion. Offensichtlich ist

$$f = \{(\beta, F(\beta)) : \beta < \alpha\}$$

eine Funktion, deren Definitionsbereich die Menge α umfaßt. Entsprechend der Induktionsvoraussetzung ist (4) für $\beta < \alpha$ erfüllt, also gilt wegen (3)

$$F(\beta) = G(\beta, \{(\gamma, F(\gamma)) : \gamma < \beta\}).$$

Folglich ist

$$f(\beta) = F(\beta) = G(\beta, \{(\gamma, F(\gamma)) : \gamma < \beta\}) = G(\beta, f\restriction\beta).$$

Damit gilt aber $R(f,\alpha)$.

Fassen wir die obigen Überlegungen zusammen, so erhalten wir das

Prinzip der Definition durch transfinite Induktion:
Ist $G(x, y)$ ein zweistelliges Funktional, dann wird auf der Klasse On durch

$$F(\alpha) = G(\alpha, \{(\beta, F(\beta)) : \beta < \alpha\})$$

eindeutig ein Funktional $F(x)$ definiert.

Bemerkung: Bei der Definition durch transfinite Induktion darf das zu definierende Funktional auch Parameter enthalten.

Satz 5.7 *Zu jeder Menge x existiert eine bezüglich $\subseteq$ kleinste transitive Menge y, die x umfaßt.*

Beweis. Wir wollen ein Funktional $\mathrm{TC}(x)$ definieren, welches jeder Menge x ihren „transitiven Abschluß“ zuordnet, d.h., $\mathrm{TC}(x)$ wird sich als kleinste (bezüglich $\subseteq$) transitive Menge erweisen mit $x \subseteq \mathrm{TC}(x)$. Die Definition von $\mathrm{TC}(x)$ erfolgt durch transfinite Induktion. Die Klasse der Ordinalzahlen besteht aus der Null, den Nachfolgerzahlen und den Limeszahlen. Diese Unterteilung ist sehr nützlich bei der Formulierung derartiger Definitionen.
Es sei $\mathrm{TC}_0(x) = x$.
Für $\beta < \alpha$ sei $\mathrm{TC}_\beta(x)$ bereits festgelegt.
Wir wollen jetzt $\mathrm{TC}_\alpha(x)$ definieren. Dies geschieht in Abhängigkeit davon, ob α eine Nachfolger- oder eine Limeszahl ist.

1. Fall: $\alpha = \beta^+$.

Dann sei $\mathrm{TC}_\alpha(x) = \bigcup\ \mathrm{TC}_\beta(x)$.

2. Fall: α ist eine Limeszahl.

Hierfür sei $\mathrm{TC}_\alpha(x) = \bigcup\{\mathrm{TC}_\beta(x) : \beta < \alpha\}$.
Wir zeigen nun, daß $\mathrm{TC}_\omega(x)$ transitiv ist.
Es seien $z \in \mathrm{TC}_\omega(x)$ und $y \in z$. Dann existiert ein $\beta < \omega$, so daß $z \in \mathrm{TC}_\beta(x)$. Folglich ist $y \in \mathrm{TC}_{\beta^+}(x)$ und damit auch $y \in \mathrm{TC}_\omega(x)$.
Es ist noch zu zeigen, daß $\mathrm{TC}_\omega(x)$ die kleinste x umfassende transitive Menge ist, d.h., wenn auch y transitiv und $x \subseteq y$ ist, so muß $\mathrm{TC}_\omega(x) \subseteq y$ gelten.
Mittels vollständiger Induktion zeigen wir: $\mathrm{TC}_\beta(x) \subseteq y$ falls $\beta < \omega$.
Für $\beta = 0$ ist $\mathrm{TC}_\beta(x) = \mathrm{TC}_0(x) = x \subseteq y$.
Es gelte bereits $\mathrm{TC}_\beta(x) \subseteq y$ für $\beta \leq n$.
Ist $z \in \mathrm{TC}_{n+1}(x)$ dann existiert ein $u \in \mathrm{TC}_n(x)$ mit $z \in u$. Nach Induktionsvoraussetzung ist $u \in y$, und auf Grund der Transitivität von

y folgt $u \subseteq y$. Also ist $z \in y$ und damit auch $\mathrm{TC}_{n+1}(x) \subseteq y$. Das liefert sofort

$$\mathrm{TC}_\omega(x) = \bigcup\{\mathrm{TC}_\beta(x) : \beta < \omega\} \subseteq y.$$

Folglich ist $\mathrm{TC}_\omega(x)$ tatsächlich die bezüglich $\subseteq$ kleinste Menge, die x umfaßt und transitiv ist. ❑

Anstelle von $\mathrm{TC}_\omega(x)$ schreiben wir einfach $\mathrm{TC}(x)$ und nennen diese Menge den *transitiven Abschluß* von x.
Um die Struktur des Mengenuniversums weiter zu erhellen, definieren wir durch transfinite Induktion die Teiluniversa V_α:

$$V_0 = \emptyset.$$

Für $\beta < \alpha$ sei V_β bereits festgelegt. Schließlich sei

$$V_\alpha = \bigcup\{\mathcal{P}(V_\beta) :\ \beta < \alpha\}.$$

Wir leiten zunächst einige Eigenschaften für die Mengen V_α her.

(1) *Für $\alpha \leq \beta$ ist $V_\alpha \subseteq V_\beta$.*

Beweis. Ist $z \in V_\alpha$, so existiert ein $\gamma < \alpha$, so daß $z \subseteq V_\gamma$. Dann ist selbstverständlich auch $z \in V_\beta$. ❑

(2) *Ist α eine Nachfolgerzahl, $\alpha = \beta^+$, so gilt $V_\alpha = \mathcal{P}(V_\beta)$.*

Beweis. Wegen (1) ist $V_\gamma \subseteq V_\beta$ für $\gamma \leq \beta$ und damit auch $\mathcal{P}(V_\gamma) \subseteq \mathcal{P}(V_\beta)$. Folglich gilt $\bigcup\{\mathcal{P}(V_\gamma) : \gamma \leq \beta\} = \mathcal{P}(V_\beta)$. ❑

(3) *Für Limeszahlen α ist $V_\alpha = \bigcup\{V_\beta : \beta < \alpha\}$.*

Beweis. $V_\alpha = \bigcup\{\mathcal{P}(V_\beta) : \beta < \alpha\} = \bigcup\{V_{\beta^+} : \beta < \alpha\} = \bigcup\{V_\beta : \beta < \alpha\}$. ❑

Das Funktional V_α wird *kumulative Hierarchie* genannt.

Es wird deutlich, wie wir uns den Aufbau des Mengenuniversums vorstellen. In V_α (für fixiertes α) werden gerade alle die Mengen zu einer neuen Menge zusammengefaßt, die die Stufe α besitzen. Gehören alle Elemente einer Menge x zur Menge V_α, so ist $x \in V_{\alpha^+}$.

Die kleinste Ordinalzahl α, mit $x \in V_{\alpha^+}$ heißt der *Rang* von x. Wir schreiben dafür auch $\mathrm{rg}(x) = \alpha$.

Satz 5.8 *Hat jedes Element der Menge M einen Rang, dann besitzt M selbst auch einen Rang und es gilt* $\mathrm{rg}(M) = \bigcup\{\mathrm{rg}(y)^+ : y \in M\}$.

Beweis. Wir erweitern zunächst $\mathrm{rg}(x)$ zu einem Funktional (rg ist möglicherweise noch nicht für alle Mengen definiert). $\mathrm{rg}(x)$ sei die kleinste Ordinalzahl α mit $x \in V_{\alpha^+}$, falls ein solches α existiert, anderenfalls sei $\mathrm{rg}(x) = \{1\}$. Aufgrund der Ersetzungsaxiome existiert eine Menge $N = \{\mathrm{rg}(y) : y \in M\}$. Nach Voraussetzung ist N eine Menge von Ordinalen. Es sei nun $\alpha = \bigcup\{\mathrm{rg}(y)^+ : y \in M\}$.

1. Fall: α ist eine Limeszahl.

Für $y \in M$ ist dann wegen $\mathrm{rg}(y)^+ < \alpha$ nach Eigenschaft (1) $V_{\mathrm{rg}(y)^+} \subseteq V_\alpha$ und wegen $y \in V_{\mathrm{rg}(y)^+}$ auch $y \in V_\alpha$. Also ist $M \subseteq V_\alpha$ und damit $M \in V_{\alpha^+}$. Offensichtlich ist α auch die kleinste Ordinalzahl mit dieser Eigenschaft. Wir erhalten so $\mathrm{rg}(M) = \bigcup\{\mathrm{rg}(y)^+ : y \in M\}$.

2. Fall: $\alpha = \beta^+$.

Für $y \in M$ ist $\mathrm{rg}(y)^+ \leq \alpha$, also auch $y \in V_{\mathrm{rg}(y)^+} \subseteq V_\alpha$. Folglich ist $M \subseteq V_\alpha$. Da M ein Element y mit $\mathrm{rg}(y)^+ = \alpha$ enthält, ist α die kleinste Ordinalzahl mit $M \subseteq V_\alpha$, woraus $\mathrm{rg}(M) = \alpha = \bigcup\{\mathrm{rg}(y)^+ : y \in M\}$ folgt. ❑

Wir zeigen nun, daß durch die Mengen V_α das gesamte Universum V ausgeschöpft wird. Für die durch $\exists\alpha(x \in V_\alpha \wedge \mathrm{ON}(\alpha))$ definierte Klasse schreiben wir abkürzend $\bigcup_{\alpha\in\mathrm{On}} V_\alpha$. Die obige Behauptung läßt sich dann wie folgt ausdrücken.

Satz 5.9 $V = \bigcup_{\alpha \in On} V_\alpha$.

Beweis. Es ist zu zeigen, daß jede Menge x zu wenigstens einer der Mengen V_α gehört.
Es sei a eine beliebige Menge. Angenommen, $\forall\alpha(a \notin V_\alpha)$. Wir bilden den transitiven Abschluß $M = \mathrm{TC}(\{a\})$ von $\{a\}$. Offensichtlich ist $a \in M$. Folglich definiert $\varphi(x) := \forall\alpha(x \notin V_\alpha)$ eine Teilmenge N von M (Teilmengenaxiom), die wegen $a \in N$ nicht leer ist. Nach dem Fundierungsaxiom gibt es in N ein mit N disjunktes Element b. Aufgrund der Definition von N gehört b keiner der Mengen V_α an. Andererseits ist $b \in M$, denn M ist transitiv, und $b \cap N = \emptyset$. Folglich erfüllt jedes Element von b die Bedingung $\neg\varphi(x)$. Damit gehört jedes solche Element zu einer der Mengen V_α und besitzt deshalb einen Rang. Wegen Satz 5.8 hat dann b selbst einen Rang, d.h., b gehört wenigstens einem V_α an, was

der Definition von b widerspricht. Folglich ist unsere Annahme falsch, und es gilt $\exists\alpha(a \in V_\alpha)$. ❑

Als unmittelbare Konsequenz hieraus erhält man das folgende

Korollar. *Jede Menge besitzt einen Rang.*

5.4 Das Auswahlaxiom

Die Verwendung des Auswahlaxioms erweitert die Möglichkeiten der Mengenlehre beträchtlich. Dies zeigt sich nicht zuletzt darin, daß es überraschend viele für die Mathematik bedeutsame mengentheoretische Aussagen gibt, die zum Auswahlaxiom äquivalent sind. Mit einigen dieser Äquivalenzen wollen wir uns jetzt näher befassen.
Ist α eine Ordinalzahl, dann erzeugt die Elementbeziehung $\in$ auf α eine lineare Ordnung $<$, die eine wichtige Besonderheit aufweist: Jede nichtleere Teilmenge $A \subseteq \alpha$ besitzt bezüglich der Ordnung auf α ein kleinstes Element.
Eine geordnete Menge, für die jede nichtleere Teilmenge ein kleinstes Element besitzt, heißt *wohlgeordnet*, die entsprechende Ordnungsrelation nennt man *Wohlordnung*. Wir werden sehen, daß Wohlordnungen für Ordinalzahlen typisch sind.
Die linearen Ordnungen $(A, <)$ und $(B, <)$ heißen *isomorph*, wenn es eine *streng monotone* Bijektion $f : A \longrightarrow B$ gibt, d.h., wenn für beliebige Elemente $x, y \in A$ gilt: $x < y \iff f(x) < f(y)$.

Satz 5.10 *Zu jeder wohlgeordneten Menge $(A, <)$ gibt es eine eindeutig bestimmte Ordinalzahl α, deren Ordnung zu $(A, <)$ isomorph ist.*

Beweis. Durch transfinite Induktion definieren wir ein Funktional $F(x)$ wie folgt:

$$F(\alpha) = \begin{cases} b_\alpha, & \text{falls } X_\alpha = A \setminus \{F(\beta) : \beta < \alpha\} \text{ nicht leer} \\ & \text{und } b_\alpha \text{ das kleinste Element von } X_\alpha \text{ ist,} \\ A & \text{sonst.} \end{cases}$$

Dann gilt:

(1) Wenn $X_\alpha \neq \emptyset, X_\beta \neq \emptyset$ und $\alpha < \beta$, so $F(\alpha) < F(\beta)$.

Aus der Voraussetzung von (1) erhält man $X_\beta \subset X_\alpha$ und somit $F(\alpha) < F(\beta)$, da $F(\alpha), F(\beta)$ die jeweils kleinsten Elemente von X_α bzw. X_β sind. Hieraus folgt unmittelbar: Ist $F(\alpha) \neq A$ für alle α, so ist F eineindeutig. Wir zeigen:

(2) Es existiert ein α mit $F(\alpha) = A$.

Annahme, $F(\alpha) \neq A$ gilt für alle α. Dann ist durch die folgende Definition ein Funktional G gegeben:

$$G(x) = \begin{cases} y, & \text{falls } x \text{ im Wertebereich von } F \text{ liegt und} \\ & x = F(y) \text{ ist,} \\ \emptyset & \text{sonst.} \end{cases}$$

Wegen des Ersetzungsaxioms existiert eine Menge $B = \{G(x) : x \in A\}$. Für beliebige Ordinalzahlen β ist $F(\beta) \in A$, also $G(F(\beta)) = \beta \in B$. Dann ist aber (unter Benutzung des Teilmengenaxioms) On eine Teilmenge von B, also insbesondere eine Menge, was der Eigenschaft (On 9), S. 173, widerspricht. Folglich gilt (2). Es sei nun α die kleinste nach Bedingung (2) existierende Ordinalzahl und $f = F \restriction \alpha$. Nach Satz 5.5 ist f eine Funktion.

(3) f ist ein Isomorphismus zwischen der durch $\in$ geordneten Menge α und der Wohlordnung $(A, <)$.

Die strenge Monotonie von f folgt unmittelbar aus (1). Es muß noch gezeigt werden, daß f surjektiv ist.
Angenommen, f ist nicht surjektiv. Dann ist

$$X_\alpha = A \setminus \{F(\beta) : \beta < \alpha\} \neq \emptyset$$

und somit $F(\alpha) \in A$, insbesondere also $F(\alpha) \neq A$. Dies widerspricht aber der Wahl von α. Folglich ist f ein Isomorphismus zwischen α und $(A, <)$. ❑

Offensichtlich ist jede Teilmenge einer wohlgeordneten Menge wieder wohlgeordnet, und zwar durch die Einschränkung der entsprechenden Ordnungsrelation.

Korollar. *Ist $A \subseteq \beta$ und $<$ die Einschränkung der Wohlordnung von β auf A, so ist die zu $(A, <)$ isomorphe Ordinalzahl α kleiner oder gleich β.*

Beweis. Für das im Beweis des vorhergehenden Satzes definierte Funktional F gilt offenbar:

(1) Aus $\gamma < \delta < \alpha$ folgt $F(\gamma) < F(\delta) < \beta$.

Daraus ergeben sich als weitere Konsequenzen:

(2) $F(\gamma) < \beta$ für alle $\gamma < \alpha$.

(3) $\gamma \leq F(\gamma)$ für alle $\gamma < \alpha$.

Während (2) unmittelbar klar ist, beweisen wir (3) mittels transfiniter Induktion.
Angenommen, es gibt ein $\gamma < \alpha$, so daß nicht $\gamma \leq F(\gamma)$. O.B.d.A. sei γ die kleinste derartige Ordinalzahl. Wegen (On 5) ist $F(\gamma) < \gamma$. Auf Grund der strengen Monotonie von F gilt dann $F(F(\gamma)) < F(\gamma) < \gamma$. Damit ist $\delta = F(\gamma)$ eine Ordinalzahl kleiner als γ mit $F(\delta) < \delta$. Dies steht im Widerspruch zur Minimalität von γ. Also gilt (3).
Aus (2) folgt sofort $\sup\{F(\gamma) : \gamma < \alpha\} \leq \beta$, während Bedingung (3) $\sup\{F(\gamma) : \gamma < \alpha\} \geq \alpha$ liefert. Insgesamt erhält man $\alpha \leq \beta$ ❑

Satz 5.10 besagt, daß es zu einer beliebigen wohlgeordneten Menge A eine streng monotone Bijektion f zwischen A und einer eindeutig bestimmten Ordinalzahl α gibt. Andererseits läßt sich eine solche Bijektion zwischen α und einer Menge A auch dazu benutzen, eine Wohlordnung auf A zu definieren: Für $a, b \in A$ setzen wir:

$$a < b \iff \exists\beta\exists\gamma(\beta < \gamma \wedge a = f(\beta) \wedge b = f(\gamma)).$$

Eine Menge A *läßt sich wohlordnen*, wenn es eine Wohlordnung auf A gibt.
Aus den obigen Betrachtungen ist unmittelbar klar, daß sich eine Menge A genau dann wohlordnen läßt, wenn eine Bijektion zwischen A und einer Ordinalzahl α existiert. Unter Benutzung des Auswahlaxioms zusammen mit den anderen Axiomen der Mengenlehre, wir schreiben dafür ZFC, ergibt sich der folgende **Wohlordnungssatz**.

Satz 5.11 (ZFC) *Jede Menge läßt sich wohlordnen.*

Beweis. Die Beweisidee und die einzelnen Beweisschritte sind ähnlich wie die für den vorhergehenden Satz. Daher führen wir nicht alle Details vollständig aus.
Es sei M eine nichtleere Menge und $N = \mathcal{P}(M) \setminus \{\emptyset\}$. N ist also ein nichtleeres Mengensystem von nichtleeren Mengen. Aufgrund des Auswahlaxioms existiert eine Auswahlfunktion $g : N \longrightarrow \bigcup N$ auf N. Jetzt definieren wir ein Funktional F durch

$$F(\alpha) = \begin{cases} g(X_\alpha), & \text{falls } X_\alpha = M \setminus \{F(\beta) : \beta < \alpha\} \neq \emptyset, \\ M & \text{sonst.} \end{cases}$$

Es gilt:

(1) Wenn $X_\alpha \neq \emptyset$, $X_\beta \neq \emptyset$ und $\alpha < \beta$, so $F(\alpha) \neq F(\beta)$.

(2) Es existiert ein α mit $F(\alpha) = M$.

Nun sei α die kleinste derartige Ordinalzahl und $f = F \restriction \alpha$. Analog wie im vorhergehenden Beweis gilt dann auch

(3) f ist eine Bijektion zwischen α und M. ❑

Beim Beweis des Wohlordnungssatzes haben wir wesentlichen Gebrauch vom Auswahlaxiom gemacht. Es entsteht nun die Frage, ob dieses Axiom dafür tatsächlich benötigt wird. Hierauf soll im folgenden eine positive Antwort gegeben werden.
Unter Ausnutzung des Wohlordnungssatzes zeigen wir

Satz 5.12 (ZF + Wohlordnungssatz) *Jedes Mengensystem $M \neq \emptyset$ von nichtleeren Mengen besitzt eine Auswahlfunktion.*

Beweis. Es sei $M \neq \emptyset$ ein Mengensystem nichtleerer Mengen. Wir setzen $N = \bigcup M$. Nach dem Wohlordnungssatz läßt sich N wohlordnen, $<$ sei eine entsprechende Wohlordnung auf N. Durch transfinite Induktion definieren wir ein Funktional F :

$$F(x) = \begin{cases} z, & \text{falls } x \in M \text{ und } z \text{ das bezüglich } < \text{ kleinste} \\ & \text{Element von } x \text{ ist,} \\ N & \textit{sonst.} \end{cases}$$

Wegen Satz 5.5 ist $f = F \restriction M$ eine Funktion, die offensichtlich eine Auswahlfunktion auf M ist. ❑

Die Sätze 5.11 und 5.12 liefern die Äquivalenz des Auswahlaxioms zum Wohlordnungssatz im Rahmen von ZF.
Neben dem Wohlordnungssatz ist das Zornsche Lemma eine weitere, in der Mathematik häufig benutzte Aussage, die ebenfalls zum Auswahlaxiom äquivalent ist. Wir erläutern zunächst die damit im Zusammenhang stehenden Begriffe.
Es sei A eine nichtleere Menge und $\leq$ eine auf A gegebene reflexive Halbordnung (siehe Box 15, S. 96). Eine Teilmenge $X \subseteq A$ heißt *Kette* (bezüglich $\leq$), wenn die Elemente von X durch $\leq$ geordnet sind. Die Kette $X \subseteq A$ ist *nach oben beschränkt*, wenn es ein Element $s \in A$ gibt, so daß für alle $x \in X$ gilt: $x \leq s$.

Satz 5.13 (Zornsches Lemma) (ZFC)
Ist jede Kette der nichtleeren halbgeordneten Menge $(A, \leq)$ *nach oben beschränkt, dann besitzt* A *ein maximales Element.*

Beweis. Zunächst wollen wir mit Hilfe des Teilmengenaxioms aus der Potenzmenge $\mathcal{P}(A)$ alle Ketten von A aussondern und zu einer Menge K zusammenfassen. Für jede Kette $X \in K$ sei $S(X)$ die Menge aller oberen Schranken von X in A. Die Elemente aus $S^*(X) = S(X) \setminus X$ heißen *echte obere Schranken.* Es sei $M = \{S^*(X) : X \in K \wedge S^*(X) \neq \emptyset\}$. M ist nicht leer, da in jedem Fall $S^*(\emptyset)$ zu M gehört. Nach dem Auswahlaxiom existiert auf M eine Auswahlfunktion $f : M \longrightarrow \bigcup M$. Wir verfahren nun ähnlich wie in den vorhergehenden Beweisen und definieren zunächst ein Funktional F durch

$$F(\alpha) = \begin{cases} f(S^*(X_\alpha)), & \text{falls } X_\alpha = \{F(\beta) : \beta < \alpha\} \text{ eine Kette} \\ & \text{in } (A, \leq) \text{ ist mit } S^*(X_\alpha) \neq \emptyset, \\ A & \text{sonst.} \end{cases}$$

Dann gilt:

(1) Sind X_α und X_γ Ketten in $(A, \leq)$ und ist $S^*(X_\alpha) \neq \emptyset$, $S^*(X_\gamma) \neq \emptyset$ und $\gamma < \alpha$, so ist $F(\gamma) < F(\alpha)$.

Weiterhin gilt:

(2) Es existiert ein α mit $F(\alpha) = A$.

α sei die kleinste derartige Ordinalzahl. Wegen der Wahl von α ist X_β für $\beta < \alpha$ eine Kette in $(A, \leq)$ und $S^*(X_\beta) \neq \emptyset$. Also gilt wegen (1) auch

(3) $X_\alpha = \{F(\beta) : \beta < \alpha\}$ ist eine Kette in $(A, \leq)$.

Nach Voraussetzung besitzt X_α eine obere Schranke m in A.
Wir zeigen nun

(4) m ist ein maximales Element in A.

Angenommen, m ist nicht maximal. Dann existiert ein $a > m$ in A. Offenbar ist $a \in S^*(X_\alpha)$, insbesondere also $S^*(X_\alpha) \neq \emptyset$. Folglich ist $F(\alpha) = f(S^*(X_\alpha)) \neq A$ im Widerspruch zur Wahl von α. ❑

In ZF folgt aus dem Auswahlaxiom das Zornsche Lemma. Wir zeigen nun die Umkehrung.

Satz 5.14 (ZF + Zornsches Lemma)
Jede Menge $M \neq \emptyset$ *nichtleerer Mengen besitzt eine Auswahlfunktion.*

Beweis. Ist $S \subseteq M$ und $f : S \longrightarrow \bigcup M$, dann heißt f *partielle Auswahlfunktion* von M, wenn $f(a) \in a$ für alle $a \in S$. Jede solche Auswahlfunktion ist eine Teilmenge von $M \times \bigcup M$ und damit ein Element von $\mathcal{P}(M \times \bigcup M)$. Folglich können wir die Menge P aller partiellen Auswahlfunktionen von M bilden. P wird durch die Teilmengenbeziehung $\subseteq$ halbgeordnet. Ist X eine Kette in $(P, \subseteq)$, so ist $g = \bigcup X$ eine partielle Auswahlfunktion von M. g ist eine obere Schranke für die Funktionen in X. Damit sind die Voraussetzungen des Zornschen Lemmas erfüllt. Folglich besitzt $(P, \subseteq)$ ein maximales Element $h : N \longrightarrow \bigcup M$.
Wir zeigen nun, daß h eine Auswahlfunktion von M ist. Dazu genügt es nachzuweisen, daß h auf ganz M definiert ist, d.h., $N = M$. Nehmen wir an, N ist eine echte Teilmenge von M. Es sei $w \in M \setminus N$ und $x \in w$. Wir bilden $f = h \cup \{(w, x)\}$. Offensichtlich ist f eine partielle Auswahlfunktion von M, die eine echte Erweiterung von h ist. Das widerspricht aber der Maximalität von h, womit unsere Annahme widerlegt ist. ❑

Es gibt noch weitere zum Auswahlaxiom äquivalente Aussagen (bezüglich der Theorie ZF). Auch wegen dieser Äquivalenz zu teilweise recht seltsam anmutenden Aussagen ist das Auswahlaxiom nicht unumstritten.

5.5 Kardinalzahlen

Für alle weiteren Betrachtungen legen wir die Zermelo-Fraenkel-Mengenlehre mit Auswahlaxiom (ZFC) zugrunde.
Zwei Mengen A und B heißen *gleichmächtig*, $A \approx B$, wenn es eine Bijektion $f : A \longrightarrow B$ gibt. Mit Hilfe der Gleichmächtigkeitsbeziehung soll jetzt unsere Vorstellung von der „Anzahl" der Elemente einer Menge M präzisiert werden.
Eine Ordinalzahl α heißt *Kardinalzahl*, wenn sie zu keiner kleineren Ordinalzahl gleichmächtig ist.

Satz 5.15 *Jede natürliche Zahl ist eine Kardinalzahl.*

Beweis. Der Beweis erfolgt durch vollständige Induktion.
0 ist trivialerweise eine Kardinalzahl.
Wir setzen nun voraus, daß alle natürlichen Zahlen $\leq n$ bereits Kardinalzahlen sind, und nehmen an, n^+ wäre keine. Dann gibt es eine Ordinalzahl

$m \leq n$ und eine Bijektion $f : m \longrightarrow n^+$. Für ein $k \in m$ ist demzufolge $f(k) = n$. Offenbar existiert eine Bijektion $g : m \setminus \{k\} \longrightarrow m^-$, wobei m^- den Vorgänger von m bezeichnet. Aus f und g läßt sich eine Bijektion $h : m^- \longrightarrow n$ gewinnen, was der Induktionsvoraussetzung widerspricht. ❑

Wir untersuchen jetzt die Frage, welche Ordinalzahlen außer den natürlichen Zahlen sonst noch Kardinalzahlen sind. Eine erste Antwort darauf liefert die folgende Aussage.

Satz 5.16 *Ist α eine Kardinalzahl und keine natürliche Zahl, dann ist α eine Limeszahl.*

Beweis. Angenommen, es existiert eine Nachfolgerzahl $\alpha \geq \omega$, die Kardinalzahl ist. Es sei α die kleinste derartige Ordinalzahl. Nach Voraussetzung ist $\alpha = \beta^+$ für ein $\beta \in \mathrm{On}$.

1. Fall: β ist Nachfolgerzahl.

Dann existieren ein $\gamma < \beta$ und eine Bijektion $f : \gamma \longrightarrow \beta$. Daraus erhält man die Bijektion $f^+ : \gamma^+ \longrightarrow \beta^+$ mit $f^+ = f \cup \{(\gamma, \beta)\}$. Folglich ist $\alpha = \beta^+$ keine Kardinalzahl.

2. Fall: β ist eine Limeszahl.

Dann ist $\beta \approx \beta^+$, denn in diesem Fall läßt sich eine Bijektion $g : \beta \longrightarrow \beta^+$ wie folgt definieren:

$$g(\gamma) = \begin{cases} \beta, & \text{falls } \gamma = 0, \\ n, & \text{falls } n^+ = \gamma \text{ und } \gamma < \omega, \\ \gamma, & \text{falls } \gamma \geq \omega. \end{cases}$$

Also ist β keine Kardinalzahl, und damit ist die obige Annahme falsch. ❑

Die natürlichen Zahlen sind somit die einzigen Kardinalzahlen, die keine Limeszahlen sind.

Satz 5.17 *ω ist die kleinste Kardinalzahl, die keine natürliche Zahl ist.*

Der **Beweis** ist nicht schwierig und soll hier weggelassen werden.

Als Konsequenz aus dem Wohlordnungssatz ergibt sich, daß jede Menge A zu einer Ordinalzahl α gleichmächtig ist. Wegen Eigenschaft (On 4) existiert ein kleinstes derartiges α, welches die *Mächtigkeit* oder *Kardinalzahl* von A genannt und mit $\alpha = |A|$ bezeichnet wird.

Satz 5.18 (ZFC) *Jede Menge A besitzt eine Mächtigkeit $|A|$.*

Diese Aussage ist offensichtlich äquivalent zum Wohlordnungssatz und damit auch zum Auswahlaxiom. Die als Mächtigkeiten auftretenden Ordinalzahlen sind gerade die Kardinalzahlen. Mengen, deren Kardinalzahl eine natürliche Zahl ist, heißen *endlich*, alle anderen *unendlich*. Unter Berücksichtigung von Satz 5.16 erklärt sich so auch der Name „Unendlichkeitsaxiom“ für Axiom (4) der ZF-Mengenlehre. Während in der Kombinatorik die Eigenschaften endlicher Mengen untersucht werden, befaßt man sich in der Mengenlehre vornehmlich mit unendlichen Mengen. Eine Menge ist *abzählbar*, wenn ihre Kardinalzahl endlich oder gleich ω ist. Alle nicht abzählbaren Mengen werden *überabzählbar* genannt. Die Existenz überabzählbarer Mengen ist erstmals von CANTOR nachgewiesen worden. Wir befassen uns jetzt mit einigen grundlegenden Eigenschaften von Mengen, die im Zusammenhang mit Kardinalzahlen auftreten.

Satz 5.19 *Ist $f : M \longrightarrow N$ injektiv, dann ist $|M| \leq |N|$.*

Beweis. Wir betrachten zunächst den Fall, daß N eine Ordinalzahl β ist. Es sei $A = \{f(x) : x \in M\}$, also $A \subseteq N$. Nach dem Korollar zu Satz 5.10 gibt es eine Ordinalzahl $\alpha \leq \beta$ und eine Bijektion $g : \alpha \longrightarrow A$. Schließlich sichern f und g die Existenz einer Bijektion von α auf M, und folglich ist $|M| \leq \alpha \leq \beta = |N|$.
Nun sei N beliebig. Nach Definition existiert eine Bijektion $h : N \longrightarrow |N|$. Dann ist $h \circ f$ eine Bijektion von M auf $|N|$, womit der allgemeine Fall auf den oben betrachteten Spezialfall zurückgeführt wurde. ❑

Satz 5.20 *Ist $f : M \longrightarrow N$ surjektiv, so ist $|M| \geq |N|$.*

Beweis. Für $N = \emptyset$ gilt offensichtlich die Behauptung.
Jetzt sei $N \neq \emptyset$, $K = \{f^{-1}(a) : a \in N\}$ und $g : N \longrightarrow K$ die Funktion, die jedem Element $a \in N$ das Urbild $f^{-1}(a) \in K$ zuordnet. Für das Mengensystem $K \neq \emptyset$ von nichtleeren Mengen existiert per Axiom eine Auswahlfunktion $h : K \longrightarrow M$. Durch Verknüpfung der Funktionen h und g erhält man eine Funktion $h_1 = h \circ g : N \longrightarrow M$.
Für voneinander verschiedene Elemente a und b aus N sind $f^{-1}(a)$ und $f^{-1}(b)$ disjunkt, also $h(f^{-1}(a)) \neq h(f^{-1}(b))$. Folglich ist h_1 injektiv. Aus Satz 5.19 erhält man dann unmittelbar $|N| \leq |M|$. ❑

Als Konsequenzen aus den beiden vorhergehenden Sätzen ergeben sich sofort die folgenden Korollare:

Korollar 1. *Teilmengen abzählbarer Mengen sind wieder abzählbar.*

Korollar 2. *Existieren Funktionen $f : M \longrightarrow N$ und $g : N \longrightarrow M$, die beide injektiv oder beide surjektiv sind, dann sind M und N gleichmächtig.*

Für den Fall, daß beide Funktionen injektiv sind, heißt das Korollar 2 auch *Bernsteinscher Äquivalenzsatz.*

Satz 5.21 $\omega \times \omega$ *ist abzählbar unendlich.*

Beweis. Die durch $f(x, y) = 2^x \cdot 3^y$ definierte Funktion $f : \omega \times \omega \longrightarrow \omega$ ist injektiv, also gilt wegen Satz 5.19 $|\omega \times \omega| \leq \omega$. Da aber $\omega \times \omega$ offenbar unendlich ist, bleibt nur $|\omega \times \omega| = \omega$ übrig. ❑

Korollar. *Sind $A_1, \ldots, A_n$ abzählbar, dann ist auch $A_1 \times \ldots \times A_n$ abzählbar.*

Ist A eine abzählbar unendliche Menge, dann existiert eine Bijektion $f : \omega \longrightarrow A$, folglich ist $A = \{f(n) : n < \omega\}$. f heißt *Aufzählung* von A. Anstelle von $f(n)$ schreiben wir auch a_n, wobei a_n das der natürlichen Zahl n zugeordnete Element aus A ist. Eine Abbildung $f : \omega \longrightarrow A$ von ω in eine beliebige Menge $A \neq \emptyset$ heißt auch *Folge* von Elementen aus A und wird mit $(a_n)_{n<\omega}$ bezeichnet.

Satz 5.22 *Die Vereinigung abzählbar vieler abzählbarer Mengen ist wieder abzählbar.*

Beweis. Es sei $M = \{A_n : n < \alpha\}$ ein System von abzählbaren Mengen A_n, wobei $\alpha \leq \omega$ ist. Dann existiert offenbar für jedes $n < \alpha$ eine surjektive Abbildung $f_n : \omega \longrightarrow A_n$. Mit Hilfe dieser f_n läßt sich eine surjektive Abbildung $f : \omega \times \omega \longrightarrow \bigcup M$ folgendermaßen definieren:

$$f(m, n) = f_n(m).$$

Folglich ist $|\bigcup M| \leq \omega$. ❑

Korollar. *Ist A überabzählbar und B abzählbar, so ist $A \setminus B$ überabzählbar.*

Beweis. Angenommen, $A \setminus B$ ist abzählbar. Dann ist A als Teilmenge von $(A \setminus B) \cup B$ ebenfalls abzählbar, was unserer Voraussetzung widerspricht. ❑

Für die Vereinigung einer abzählbaren Menge $M = \{A_n : n < \omega\}$ sind die Schreibweisen $\bigcup_{n<\omega} A_n$ bzw. $\bigcup_{n=0}^{\infty} A_n$ gebräuchlicher als $\bigcup M$. Das zuletzt bewiesene Resultat zeigt, daß die Operation der Vereinigung nicht aus dem Bereich der abzählbaren Mengen herausführt. Insbesondere ist damit die Vereinigung für den Nachweis der Existenz überabzählbarer Mengen ungeeignet.
Auch Auswahlaxiom und Ersetzungsaxiome sind für diesen Zweck wenig hilfreich. Mit Hilfe des Potenzmengenaxioms erhalten wir jedoch eine ganze Fülle von überabzählbaren Mengen.

Satz 5.23 *Für jede Menge M ist die Kardinalzahl der Potenzmenge $\mathcal{P}(M)$ größer als die von M.*

Beweis. Für endliche Mengen läßt sich die obige Behauptung leicht durch vollständige Induktion nachweisen. Wir setzen daher im folgenden M als unendlich voraus.
Da M gleichmächtig mit der Teilmenge $N = \{\{x\} : x \in M\}$ von $\mathcal{P}(M)$ ist, gilt $|M| \leq |\mathcal{P}(M)|$.
Angenommen, $|M| = |\mathcal{P}(M)|$. Dann existiert eine Bijektion

$$f : M \longrightarrow \mathcal{P}(M).$$

Wir bilden die Menge $A = \{x \in M : x \notin f(x)\}$. Wegen $A \subseteq M$, also $A \in \mathcal{P}(M)$, existiert ein $a \in M$ mit $A = f(a)$. Für a gilt offenbar:

$$a \in A \iff a \notin f(a) \iff a \notin A.$$

Dieser Widerspruch widerlegt unsere Annahme, so daß $|M| < |\mathcal{P}(M)|$ gilt. ❑

Als Spezialfall erhält man aus Satz 5.23 unmittelbar das folgende

Korollar 1. *Ist M abzählbar unendlich, so ist $\mathcal{P}(M)$ überabzählbar.*

Damit ist insbesondere die Existenz überabzählbarer Mengen nachgewiesen. Als weitere Folgerung des obigen Satzes ergibt sich, daß die Kardinalzahlen eine unbeschränkte (*kofinale*) Teilklasse der Ordinale bilden.

Korollar 2. *Zu jeder Ordinalzahl* α *existiert eine Kardinalzahl* $\beta > \alpha$.

In Bezug auf die in der Mathematik außerordentlich wichtigen Mengen der ganzen, der rationalen und der reellen Zahlen kam bereits CANTOR zu folgendem Ergebnis.

Satz 5.24 *Die Mengen der ganzen und der rationalen Zahlen sind abzählbar. Dagegen ist die Menge der reellen Zahlen überabzählbar.*

Beweis. Eine verbreitete Konstruktion der ganzen Zahlen verwendet die folgende Äquivalenzrelation $\sim$ auf der Menge $\omega \times \omega$:

$$(a,b) \sim (c,d) \iff a + d = b + c.$$

$\mathbb{Z}$ ergibt sich als Menge der Äquivalenzklassen von $\sim$. Anschaulich repräsentiert die Äquivalenzklasse von (a,b) die Differenz $a \setminus b$. Damit existiert eine surjektive Abbildung von $\omega \times \omega$ auf $\mathbb{Z}$, woraus wegen Satz 5.20 die Abzählbarkeit von $\mathbb{Z}$ folgt. Auf die algebraischen Einzelheiten – die Definition der Addition und Multiplikation – gehen wir nicht weiter ein.

Ähnlich werden auch die rationalen Zahlen eingeführt: Auf der Menge $A = \mathbb{Z} \times \mathbb{Z} \setminus \{(m,0) : m \in \mathbb{Z}\}$ wird die Äquivalenz $\sim$ definiert:

$$(p,q) \sim (s,t) \iff p \cdot t = s \cdot q$$

(siehe Beispiel S. 40). $\mathbb{Q}$ ergibt sich als Menge der Äquivalenzklassen von $\sim$. Dabei repräsentiert die Äquivalenzklasse von (p,q) die rationale Zahl p/q. Ähnlich wie für die ganzen Zahlen $\mathbb{Z}$ erhält man auch für die Menge der rationalen Zahlen $\mathbb{Q}$ die Abzählbarkeit.

Betrachten wir nun im Bereich der reellen Zahlen $\mathbb{R}$ zunächst das Intervall $(0,1) = \{a \in \mathbb{R} : 0 < a < 1\}$. Für jede reelle Zahl a aus $(0,1)$ gibt es eine eindeutige Entwicklung in einen nicht abbrechenden Dualbruch. Jedem solchen Bruch $a = 0,a_1a_2a_3\ldots$ kann demzufolge in eindeutiger Weise eine unendliche Teilmenge von ω, nämlich $X_a = \{n \in \omega : a_n = 1\}$, zugeordnet werden.
Mit Hilfe des Korollars 2 zu Satz 5.20 erhält man leicht, daß

$$\mathcal{P}(\omega) \text{ und } \mathcal{P}_0(\omega) = \{X \in \mathcal{P}(\omega) : X \text{ ist unendlich}\}$$

gleichmächtig sind. Es sei $h : \mathcal{P}_0(\omega) \longrightarrow \mathcal{P}(\omega)$ eine entsprechende Bijektion. Dann ist die Abbildung $f : (0,1) \longrightarrow \mathcal{P}(\omega)$, definiert durch $f(a) = h(X_a)$, ebenfalls eine Bijektion, woraus sich die Gleichmächtigkeit von $(0,1)$ und $\mathcal{P}(\omega)$ ergibt.

Da die reelle Funktion $\ln(y/(1-y))$ eine Bijektion zwischen dem Intervall $(0,1)$ und $\mathbb{R}$ vermittelt, sind auch $\mathbb{R}$ und $\mathcal{P}(\omega)$ gleichmächtig. Insbesondere ist $\mathbb{R}$ überabzählbar. ❑

Ist A eine endliche Menge, bestehend aus n Elementen, so hat $\mathcal{P}(A)$ die Kardinalzahl 2^n. Daran anknüpfend wird allgemein die Kardinalzahl von $\mathcal{P}(A)$ mit 2^α bezeichnet, wobei $\alpha = |A|$ ist. Insbesondere hat damit $\mathbb{R}$ die Mächtigkeit 2^ω, die auch Mächtigkeit des *Kontinuums* genannt wird. Ohne den Nachweis zu führen, geben wir die Mächtigkeiten einiger weiterer Mengen an.

Beispiele

1. Die Mengen der irrationalen, der komplexen bzw. der reell transzendenten Zahlen besitzen sämtlich die Mächtigkeit 2^ω.
2. Dagegen sind die Mengen der (reell) algebraischen Zahlen und der Polynome mit rationalen Koeffizienten abzählbar.

Kardinalzahlen sind insbesondere auch Ordinalzahlen. Da 2^ω überabzählbar ist, existiert nach (On 4′) auch eine kleinste überabzählbare Kardinalzahl. Diese wird mit ω_1 bezeichnet. Selbstverständlich gilt $\omega_1 \leq 2^\omega$. Es drängt sich die Frage auf, ob vielleicht $\omega_1 = 2^\omega$ ist oder ob es möglicherweise eine überabzählbare Teilmenge von $\mathbb{R}$ gibt, deren Kardinalzahl kleiner als 2^ω ist. Mit diesem Problem hat sich schon CANTOR viele Jahre befaßt, ohne daß ihm eine Lösung gelang. Die Gleichung $\omega_1 = 2^\omega$ wurde als *Kontinuum-Hypothese* und die Frage selbst als *Kontinuum-Problem* bekannt. Sie erschien vielen Mathematikern von grundlegender Bedeutung, und DAVID HILBERT stellte das Kontinuum-Problem an den Anfang seiner Liste der berühmten 23 Probleme, die er im Jahre 1900 auf dem internationalen Mathematikerkongreß in Paris vortrug.
Die weitere Erörterung der Problematik erfolgt in einem allgemeinen Zusammenhang im nächsten Abschnitt.

5.6 Erweiterungen der Mengenlehre

Im Rahmen der ZF-Mengenlehre ließen sich die natürlichen Zahlen einführen und die Gültigkeit der Peanoschen Axiome nachweisen. Damit kann nun die gesamte Arithmetik der natürlichen Zahlen aufgebaut werden.

Insbesondere erhalten wir eine Interpretation des Fragments Q der Arithmetik in der ZF-Theorie.

Unter der Voraussetzung, daß ZF konsistent ist, erhält man aufgrund des Theorems von CHURCH und des Unvollständigkeitssatzes von GÖDEL die Unentscheidbarkeit und die Unvollständigkeit von ZF. Ebenso ist jede konsistente Erweiterung von ZF unentscheidbar und jede derartige rekursiv-axiomatisierbare Erweiterung unvollständig. In einer axiomatischen Mengentheorie wird es also immer unabhängige Aussagen geben. Dennoch ist man bestrebt, die unvollständige Grundlage, wie sie durch ZF oder durch ZFC gegeben ist, zu erweitern und neue mengentheoretische Axiome zu finden, die die Lösung weiterer mathematischer Probleme ermöglichen. Bevor wir uns den Erweiterungen der ZF-Mengenlehre zuwenden, wollen wir noch auf die Frage der Widerspruchsfreiheit von ZF eingehen. Diese Frage ist von grundlegender Bedeutung, da sich bekanntlich aus einer widerspruchsvollen Theorie jede Aussage beweisen läßt.

Wir äußern hier unsere Überzeugung: *Die Theorie ZF ist konsistent.*

Aus gegenwärtiger Sicht läßt sich die Widerspruchsfreiheit von ZF (im mathematischen Sinne) nicht beweisen, da jeder Beweis auf der Grundlage bestimmter Annahmen geführt werden muß und diese allgemeinsten Voraussetzungen gerade in den ZF-Axiomen formuliert sind. Die ZFC-Mengenlehre bietet eine gute Grundlage für die Entwicklung weiter Teile der Mathematik. Durch diesen einheitlichen Rahmen wird der Austausch von Ideen und Methoden zwischen den Gebieten der Mathematik gefördert. Trotzdem sollte man die Mengenlehre nicht als Dogma auffassen:

Gibt es Gründe für die Erweiterung von ZFC oder sogar für die Benutzung eines ganz anderen Kalküls, so wird dies in jedem Falle durch den praktischen Erfolg gerechtfertigt; denn auch nur dieser praktische Nutzen rechtfertigt die Mengentheorie ZFC.

Wir geben jetzt einige wichtige Ergebnisse der Mengentheorie an, die sich vorwiegend mit der Erweiterung von ZF befassen. Unser Ziel ist es, einen Eindruck von den Möglichkeiten und Schwierigkeiten dieser äußerst komplizierten Problematik zu vermitteln. Auf Beweise kann in diesem Zusammenhang nicht eingegangen werden.

Die Erweiterung von ZF zur Theorie ZFC = ZF + Auswahlaxiom wurde bereits betrachtet. Das Auswahlaxiom hat weitreichende Konsequenzen und wird in der klassischen Mathematik uneingeschränkt benutzt. Man könnte vermuten, daß die Theorie ZFC eher als die Theorie ZF widerspruchsvoll ist. Es gilt aber

Satz 5.25 *Ist* ZF *konsistent, so ist auch* ZFC *konsistent.*

Ein möglicher Widerspruch in der Mengentheorie wird also nicht durch das Auswahlaxiom verursacht. Entsprechend unserer Überzeugung ist damit auch ZFC konsistent.
Bei den Erweiterungen von ZF spielen Aussagen über Mächtigkeiten eine wesentliche Rolle.
Um zu einer günstigeren Darstellung der Kardinalzahlen zu kommen, definieren wir durch transfinite Induktion das folgende Funktional F auf der Klasse On:

$$F(\alpha) = \gamma,$$

wobei γ die kleinste unendliche Kardinalzahl sei, die größer als alle Kardinalzahlen in $\{F(\beta) : \beta < \alpha\}$ ist.
Wegen Korollar 2 zu Satz 5.23 ist die Definition von F korrekt. F ordnet in eindeutiger Weise jeder Ordinalzahl α eine Kardinalzahl $F(\alpha)$ zu (die α-te unendliche Kardinalzahl). Anstelle von $F(\alpha)$ schreiben wir ω_α oder $\aleph_\alpha$ (Aleph Alpha). Es ist $\omega = \omega_0 = \aleph_0$. Trotzdem werden wir weiterhin die Schreibweise ω bevorzugen.
Im Zusammenhang mit der Mächtigkeit der reellen Zahlen hatten wir schon auf die *Kontinuum-Hypothese*

$$\text{(CH)}: \ \omega_1 = 2^\omega$$

aufmerksam gemacht, die inhaltlich besagt, daß die Potenzmenge der natürlichen Zahlen von kleinster überabzählbarer Mächtigkeit ist. Diese Hypothese läßt sich erweitern zur
verallgemeinerten Kontinuum-Hypothese

$$\text{(GCH)}: \ \omega_{\alpha+1} = 2^{\omega_\alpha}.$$

(Die Potenzmenge jeder unendlichen Kardinalzahl ist von nächstgrößerer Mächtigkeit).
Die Frage, ob die verallgemeinerte Kontinuum-Hypothese aus ZFC folgt oder nicht, blieb jahrzehntelang unbeantwortet. In den 30er Jahren erzielte KURT GÖDEL das folgende wichtige Resultat.

Satz 5.26 *Ist* ZF *konsistent, so ist auch* ZFC + GCH *konsistent.*

Damit ist natürlich nicht gesagt, daß GCH aus ZF folgt. In der Tat konnte PAUL COHEN 1963 mit völlig neuen Beweismitteln zeigen, daß GCH **nicht** aus ZFC folgt.

Satz 5.27 *Sowohl* GCH *als auch* CH *sind unabhängig von* ZFC.

Für Nachfolgerordinalzahlen α heißt ω_α *Nachfolgerkardinalzahl.* Entsprechend wird ω_α *Limeskardinalzahl* genannt, wenn α eine Limeszahl ist. Eine Menge $X \subseteq \beta$ heißt *kofinal* in β, wenn zu jedem Ordinal $\gamma < \beta$ ein $\delta \in X$ mit $\gamma \leq \delta$ existiert. Die *Kofinalität* von β, cf(β), ist die kleinste Kardinalzahl κ, so daß eine Teilmenge von β mit der Mächtigkeit κ in β kofinal ist.

Beispiele.

1. Ist β eine Nachfolgerordinalzahl, so ist $\mathrm{cf}(\beta) = 1$. Man wählt als Teilmenge $X = \{$größtes Element von $\beta\}$.
2. $\mathrm{cf}(\omega) = \omega$.
3. $\mathrm{cf}(\omega_1) = \omega_1$. Denn ist $X \subseteq \omega_1$ und X abzählbar, dann ist auch $\bigcup X$ abzählbar, also $\alpha = \bigcup X < \omega_1$. In X gibt es keine Ordinalzahl $\beta \geq \alpha^+$.

Offensichtlich gilt für $\beta \in \mathrm{On}$ stets $\mathrm{cf}(\beta) \leq \beta$.
Eine unendliche Kardinalzahl κ heißt *regulär*, wenn $\mathrm{cf}(\kappa) = \kappa$, anderenfalls heißt κ *singulär.*

Satz 5.28 *Jede unendliche Nachfolgerkardinalzahl ist regulär.*

Die Kontraposition des Satzes besagt, daß jede singuläre Kardinalzahl eine Limeskardinalzahl ist. Es entsteht nun die Frage, ob beide Arten von Kardinalzahlen vielleicht übereinstimmen. Diese Frage ist nicht ohne weiteres zu beantworten. Zu ihrer Behandlung sind weitere Begriffsbildungen nötig.

Eine Kardinalzahl κ heißt *schwach unerreichbar*, wenn κ eine reguläre Limeskardinalzahl ist. Über die Existenz schwach unerreichbarer Kardinalzahlen läßt sich innerhalb von ZFC nichts aussagen, nicht einmal, ob die Existenz solcher Zahlen unabhängig ist von ZFC. Wir glauben, es gibt außerhalb der Mathematik liegende Gründe anzunehmen, daß die Theorie ZFC + „Es existiert eine schwach unerreichbare Kardinalzahl" konsistent ist.

Eine überabzählbare Kardinalzahl κ heißt *unerreichbar*, wenn für jede Kardinalzahl $\lambda < \kappa$ gilt: $2^\lambda < \kappa$.
Jede unerreichbare Kardinalzahl ist auch schwach unerreichbar. Unter der Voraussetzung der verallgemeinerten Kontinuum-Hypothese stimmen beide Begriffe überein.

Satz 5.29 (ZFC + GCH)
Eine Kardinalzahl ist unerreichbar gdw sie schwach unerreichbar ist.

Warum ist die Existenz von unerreichbaren Kardinalzahlen von Interesse? Nehmen wir an, es gibt eine unerreichbare Kardinalzahl; κ sei die kleinste unter ihnen. Insbesondere ist κ eine Ordinalzahl, so daß sich das Teiluniversum V_κ von V bilden läßt. Man kann zeigen, daß V_κ ein Modell von ZFC ist, woraus sich entsprechend dem Vollständigkeitssatz die Konsistenz von ZFC ergibt. Es gilt

Satz 5.30 ZFC + *„Es existiert eine unerreichbare Kardinalzahl"* $\vdash$ „ZFC *ist konsistent"*.

Die Existenz unerreichbarer Kardinalzahlen ermöglicht den Nachweis der Konsistenz von ZFC. Obwohl die unerreichbaren Kardinalzahlen als „unerreichbar" erscheinen, sind sie doch „winzig", gemessen an den noch viel größeren Kardinalzahlen, die darüber hinaus in der Mengenlehre betrachtet werden.

5.7 Aufgaben

5.1 Man verifiziere die Peanoschen Axiome für die Struktur $\langle\, \omega, S, 0\, \rangle$ mit $Sx = x^+$!
(Hinweis: siehe Ersetzungsaxiome)

5.2 Zeigen Sie, daß die Klassen

a) aller Mengen,

b) aller abzählbaren Mengen,

c) aller Kardinalzahlen,

d) aller Gruppen

keine Mengen sind!

5.3 Beweisen Sie, daß für V_ω alle Axiome von ZF außer dem Unendlichkeitsaxiom erfüllt sind!

5.4 A und B seien unendliche Mengen. Man zeige:

a) $|A \cup B| = \max\{|A|, |B|\}$,

b) $|A \times B| = \max\{|A|, |B|\}$,

c) $|\omega \times A| = |A|$,

d) $|V_\omega| = \omega$,

e) $|V_{\omega+1}| = 2^\omega$.

5.5 Man beweise das Theorem von LINDENBAUM (Satz 2.27, S. 76) für überabzählbare Sprachen L!

5.6 Die Menge der nichtlogischen Zeichen der Sprache L habe die Mächtigkeit κ. Ist κ unendlich, so hat die Menge der Ausdrücke von L ebenfalls die Mächtigkeit κ.

5.7 Man zeige, daß sich jedes echte Filter zu einem Ultrafilter erweitern läßt!
(Hinweis: Mittels des Zornschen Lemmas verschaffe man sich ein maximales echtes Erweiterungsfilter, dieses ist das Ultrafilter.)

5.8 Man beweise, daß keine Folge $\{x_i\}_{i=1,2,\ldots}$ von Mengen existiert, so daß $x_j \in x_i$ für $i < j < \omega$ gilt!

5.9 Zeigen Sie, daß die Menge der Polynome über einem unendlichen Körper $\mathcal{K}$ dieselbe Mächtigkeit wie $\mathcal{K}$ hat!

5.10 Es sei κ eine reguläre unendliche Kardinalzahl und $\{A_\nu : \nu < \alpha\}$ eine Familie von Mengen, die alle eine kleinere Mächtigkeit als κ haben. Beweisen Sie, daß für $|\alpha| < \kappa$ die Mächtigkeit von $\bigcup_{\nu<\alpha} A_\nu$ kleiner als κ ist!

Verzeichnis der Boxen

Literatur

In englischer Sprache:

[1] BARWISE, J.: Handbook of Mathematical Logic. Studies in Logic and the Foundations of Mathematics, Vol. 90. North-Holland, Amsterdam, New York, Oxford 1977.

[2] BELL, J.L., und A.B. SLOMSON: Models and Ultraproducts. An Introduction. North-Holland, Amsterdam, London 1969.

[3] CHANG, C.C, und H.J. KEISLER: Model Theory. Studies in Logic and the Foundations of Mathematics, Vol. 73. North-Holland, Amsterdam, London; American Elsevier, New York 1973.

[4] VAN DALEN, D: Logic and Structure, North-Holland, 1983.

[5] SHOENFIELD, J.R.: Mathematical Logic. Addison-Wesley, Reading (Massachusetts), Menlo Park (California), London, Don Mills (Ontario) 1967.

In deutscher Sprache:

[6] EBBINGHAUS, H.-D., J. FLUM und W. THOMAS: Einführung in die mathematische Logik, 3. Auflage, B.I.-Wissenschaftsverlag, Mannheim, Leipzig, Wien, Zürich 1992.

[7] PRESTEL, A.: Einführung in die mathematische Logik und Modelltheorie, Vieweg, Braunschweig, Wiesbaden 1986.

[8] SCHWABHÄUSER, W.: Modelltheorie I, Bibliographisches Institut, Mannheim, Wien, Zürich 1971.

[9] VAN DER WAERDEN, B.L.: Algebra I, 6.Auflage. Springer Verlag, Berlin, Heidelberg, New York 1964.

Sachregister

Verwendete Zeichen